工业和信息化部"十二五"规划专著
"十三五"国家重点图书出版规划项目

被动毫米波近场成像技术与应用

Near-Field Passive Millimeter Wave Imaging: Technology and Application

● 邱景辉　王楠楠　祁嘉然　著

U0222494

哈尔滨工业大学出版社
HARBIN INSTITUTE OF TECHNOLOGY PRESS

内 容 简 介

本书以机场安全检查、海关缉私和反恐为应用背景,围绕被动毫米波近场成像的关键技术展开讨论,系统地介绍了毫米波成像系统的分类、被动毫米波成像技术的主要成像体制、被动毫米波近场成像的辐射探测机理、毫米波辐射计、毫米波成像系统馈源天线、毫米波近场成像准光理论,以及典型的 Ka 频段被动毫米波成像系统应用等。本书总结了作者及其领导的学术团队在被动毫米波近场成像领域近 15 年的基本研究成果,同时也介绍了近年来国内外在被动毫米波近场成像领域的发展概况。

本书对于从事毫米波辐射探测理论、天线、辐射计和系统研究的人员是一本极具实用价值的工具书,可作为高等学校电磁场与无线技术、遥感科学与技术等专业本科生和研究生的学习参考书,也可作为安全检查、防盗反恐、医疗器械等领域从事探测技术研究的工程技术人员的参考用书。

图书在版编目(CIP)数据

被动毫米波近场成像技术与应用/邱景辉,王楠楠,祁嘉然著.
—哈尔滨:哈尔滨工业大学出版社,2018.8
ISBN 978 - 7 - 5603 - 5980 - 9

Ⅰ.①被…　Ⅱ.①邱…　②王…　③祁…　Ⅲ.①微波光学－微波成像－研究　Ⅳ.①TN015

中国版本图书馆 CIP 数据核字(2016)第 089017 号

电子与通信工程
图书工作室

策划编辑　许雅莹　杨 桦　张秀华
责任编辑　李长波
封面设计　卞秉利
出版发行　哈尔滨工业大学出版社
社　　址　哈尔滨市南岗区复华四道街 10 号　邮编 150006
传　　真　0451 - 86414749
网　　址　http://hitpress.hit.edu.cn
印　　刷　黑龙江艺德印刷有限责任公司
开　　本　787mm×1092mm　1/16　印张 14　字数 340 千字
版　　次　2018 年 8 月第 1 版　2018 年 8 月第 1 次印刷
书　　号　ISBN 978 - 7 - 5603 - 5980 - 9
定　　价　48.00 元

(如因印装质量问题影响阅读,我社负责调换)

前　言

自然界中所有物体都能发射电磁波,电磁频谱中 30～300 GHz 的频段通常称为极高频频段,其对应波长为 1 cm～1 mm,称为毫米波。毫米波介于红外波段与微波波段之间,兼具两者特点。与微波波段相比,毫米波波长短,在相同的天线尺寸下可获得较高的角分辨率,且频带宽,频谱资源十分丰富;与红外及可见光成像相比,尽管毫米波成像系统的空间分辨率相对较低,但其在 35 GHz、94 GHz、140 GHz 和 220 GHz 几个大气窗口处,能穿透雾、云、烟尘等,具有在较恶劣气候条件下全天候工作的能力,这在遥感、导航、卫星通信和军事等应用中具有重要的意义。同时,毫米波具有穿透织物的特点,使其在机场安全检查、海关缉私和反恐领域展现了蓬勃的发展趋势。

近年来,恐怖主义猖獗,安全问题日益得到世界人民的关注,对安检系统的可靠性与智能化也提出了更高的要求。当前国内机场采用的金属门和金属探测器只能对近距离小范围目标进行检测,同时对金属以外的危险品不具备探测能力。尽管 X 光背散射人体扫描仪可以探测人体衣物下隐匿的危险品,但会对被测人体造成轻微的辐射,因此不适宜对普通的乘机人员进行这种类型的安检。红外线是靠物体表面温度成像,在有织物遮挡的情况下无法清晰成像。而毫米波成像系统可以探测到人体衣物下隐藏的危险品,不仅可以检测出金属物体,还可以检测出塑料手枪、炸药等危险品,获得的信息更加详尽、准确,可以大大降低误警率。被动毫米波成像技术由于其对人体完全无辐射、无电磁污染,因此具有很广阔的应用前景。

本书从国内外被动毫米波成像技术在安检领域的研究概况入手,首先介绍了毫米波的辐射探测理论,并围绕毫米波近场成像,详细分析了室内及室外人体与隐匿物的温度对比度。其次,详细介绍了毫米波成像系统的关键技术:毫米波辐射计、毫米波馈源天线和聚焦天线以及相关的准光学理论。最后,给出了 Ka 频段被动毫米波焦平面阵列成像仪的具体设计案例,以供读者参考。

本书的撰写是基于作者及其团队近 15 年来在毫米波近场成像领域的研究成果。邱景辉、王楠楠、祁嘉然共同撰写 1.2 节,王楠楠撰写 1.3.1 节、第 5 章和第 6 章,祁嘉然撰写 1.1 节、1.3.2 节及第 2～4 章。邱景辉负责全书统稿和校稿。本书参考了陆凯、于锋、庄重、张瑞东、付彦志、董佳鑫等人的硕士学位论文和相关文章,在此表示衷心感谢。同时,汪立青、杜天尧、肖姗姗、张梓福、刘畅、翟璇、林霁暖、赵鹏、邱爽、尹智颖等人在本书的撰写和校对过程中付出了辛勤的劳动,在此一并表示感谢。

哈尔滨工业大学的姜义成教授、哈尔滨工程大学的杨莘元教授和清华大学的赵自然研究员对书稿的修改提出了中肯的建议,作者从他们提出的宝贵建议中获益良多,在此向他们表示衷心的感谢。

被动毫米波近场成像技术近年来发展迅速,涉及面广,作者水平有限且时间仓促,难免存在疏漏与不足之处,希望读者批评指正。

作　者
2018 年 6 月

2

目　　录

第1章 绪 论

1.1 毫米波成像技术简介

自然界中所有物体都能发射电磁波,电磁频谱中 30～300 GHz 的频段通常称为极高频(Extremely High Frequency,EHF)频段,其对应波长为 1 cm～1 mm,称为毫米波[1,2]。毫米波介于红外(Infrared,IR)波段与微波(Microwave,MW)波段之间,兼具两者特点。与微波波段相比,毫米波波长短,在相同的天线尺寸下可获得较高的角分辨率,且频带宽,频谱资源十分丰富;与红外及可见光成像相比,尽管毫米波成像系统的空间分辨率相对较低,但其在 35 GHz、94 GHz、140 GHz 和 220 GHz 几个大气窗口处,能穿透雾、云、尘及织物等,具有在较恶劣气候条件下全天候工作的能力,这在遥感、导航、卫星通信和军事等应用中具有重要的意义[3,4]。

被动毫米波(Passive Millimeter Wave,PMMW)成像是一种新型的无源探测技术,它利用毫米波辐射计(一种高灵敏度毫米波接收机)接收来自目标、背景的毫米波辐射,将其转变为电压信号,由信号处理单元进行分析,最终给出直观的毫米波成像图,以此来反映各景物之间以及景物各部分之间辐射能力的差异,以实现对目标的识别和探测功能[5]。

毫米波成像系统分为主动毫米波成像系统、半主动毫米波成像系统和被动毫米波成像系统。与主动毫米波成像系统相比,被动毫米波成像系统不向外发射电磁波,无电磁污染,同时,也不存在类似雷达在近距离时的"角闪烁效应";并且理论和实验研究表明:隐身涂层材料对雷达系统的隐身性能越好,越容易被被动系统发现,这使 PMMW 成像在各种应用领域成为一种新的技术手段,日益受到各国的重视[6,7]。

20 世纪 30 年代后期,基于各种真空管的相干微波源的发展成为该领域首次具有象征意义的事件[8]。毫米波成像技术最早源于第二次世界大战后射电天文学的发展,其基本理论的成熟和技术上的初步探索是在 20 世纪 50 年代,研究的主要动力是军事上在雨雾、扬沙天气条件下对目标成像探测的需求[9]。20 世纪 50 年代英国国防研究中心(Defense Research Agency,DRA,原称为 Radar and Signals Research Establishment,RRE 或 RSRE)研制出第一台毫米波辐射计成像系统"Green Minnow",该系统包含 16 个工作于 35 GHz 的迪克式辐射计和口径为 0.5 m 的透镜天线,不仅体积庞大,而且空间分辨率与温度分辨率都很差[10,11]。

此后,英美等国科学家一直致力于 PMMW 成像技术的研究和开发。在随后近 30 年里毫米波成像技术进展相对缓慢。20 世纪八九十年代,随着人们对毫米波认识的增长,以及砷化镓(Gallium Arsenide,GaAs)、磷化铟(Indium Phosphide,InP)等半导体工艺的进步,毫米波有源、无源器件日臻成熟和完善,微波单片集成电路(Microwave Monolithic Integrated Circuit,MMIC)的研究取得了突破性进展,得到了广泛应用,为毫米波成像技术的更新换代创造了良好的条件,对该技术的发展产生了巨大的推动作用[12-14]。

MMIC 的迅速发展是毫米波成像技术的一个重要里程碑,当前,MMIC 正向高集成、低噪声、高频工作发展[15]。例如:高增益、低噪声放大器是毫米波成像辐射计前端的关键部件,文献[16]利用 70 nm 变形异质结高迁移场效应晶体管(Metamorphic High Electron Mobility Transistor,MHEMT)技术研究了 W 频段两级和三级的低噪声放大器(Low-Noise Amplifier,LNA)MMIC,芯片尺寸分别为 1 mm×2 mm 和 1 mm×3 mm,小信号增益分别为 13 dB 和 19 dB,室温时两种 LNA 噪声系数均小于 3 dB,测量的其 1 dB 压缩点输出功率为 5 dBm。文献[17-20]采用上述技术研究了 220~320 GHz 的 LNA MMIC 等。

毫米波元器件技术和信号处理技术迅速发展,使被动毫米波辐射成像的研究步入活跃时期,获得了突破性进展。毫米波成像系统逐渐向小体积、高频率及低成本方向发展,并在进入 21 世纪后逐渐投入商用。

毫米波成像技术的应用范围极其广泛,涉及遥感、盲降、导航、精确制导、安检、医学、环境监测及射电天文观测等众多军事和国民经济领域。例如,在无损检测方面,可利用亚毫米波准近场实时成像对微小结构工业电子排线进行检测[21];在交通方面,毫米波成像系统可用于低能见度天气条件下引导飞机着陆,以及汽车、轮船防撞[22];在军事方面,利用毫米波在几个大气窗口处对雨雾的穿透性和被动工作方式的隐匿性,被动毫米波成像系统可以完成海上侦察任务,也可用于在海岸缉私中搜索雨雾中的船只[23],此外,在末制导方面,PMMW 成像不仅能弥补红外与激光探测的不足,而且在反涂层隐身应用方面具有极其重要的作用,对提高我军在未来战争中的突防能力和生存能力具有十分重要的意义[24];在安全检查方面,利用人体和违禁物品毫米波辐射特性的不同以及毫米波对织物的穿透能力,可以发现隐匿违禁物品,且由于不发射电磁波,不会对人体造成任何伤害,因此 PMMW 成像技术可用于在机场、海关等处检测人体隐匿违禁物品,此类应用已成为当前毫米波成像技术的应用热点[25,26]。

2010 年 3 月 29 日,俄罗斯首都莫斯科市中心发生两次爆炸,2011 年 4 月 11 日白俄罗斯发生地铁爆炸案,相关事件严重威胁着人们的生命和财产安全,造成极大的损失。因此,安全问题日益得到世界人民的关注,对安检系统的可靠性与智能化也提出了更高的要求。传统的金属探测器只能对近距离小范围目标进行检测,效率低,已远远不能满足安检的需求。尽管 X 光等各种射线具有很强的穿透力,但会对被测人体造成辐射伤害,即使当前存在低辐射剂量的 X 光机,但其依然不容易被公众接受。红外线是靠物体表面温度成像,在有织物遮挡的情况下无法清晰成像。而毫米波成像系统不仅可以检测出金属物体,还可以检测出塑料手枪、炸药等危险品,获得的信息更加详尽、准确,可以大大地降低误警率[27,28]。因此,近年来 PMMW 成像技术在人员安检等方面发展迅速,得到了极大重视和广泛应用。

1.2　毫米波成像系统分类

根据是否对目标及背景采用电磁波照射,毫米波成像系统可分为主动毫米波成像系统、半主动毫米波成像系统和被动毫米波成像系统。

1. 主动毫米波成像系统

主动毫米波成像系统是对目标及背景发射毫米波信号,并采用毫米波接收机接收回波信号进行加工处理的毫米波成像系统。以美国太平洋西北国家实验室(Pacific Northwest National Laboratory,PNNL)的隐匿物品探测全息毫米波成像系统为例,该系统利用 SAR 成像原理,采用宽带模式获得成像的距离分辨率,实现了三维成像。如图 1.1 和图 1.2 所示,该系统工作于 27~33 GHz 频段,水平方向为两排天线阵列,上排为 64 路发射天线阵列,下排为 64 路接收天线阵列。采用一套收发信机和 9 个单刀八掷开关实现对水平视场(Field of View,FOV)的电扫描。垂直方向采用 2 m 线性机械扫描,实现对视场的覆盖。该系统的成像分辨率可达到 0.5~1 cm[29]。

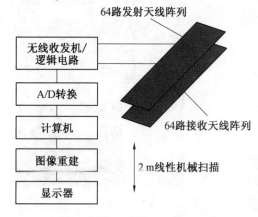

图 1.1　宽带毫米波全息成像系统框图　　　　图 1.2　宽带毫米波全息成像系统样机

在上述研究基础上,PNNL 联合 L-3 公司研制了工作于 W 频段的旋转扫描成像系统,成像效果如图 1.3 所示[30-33],可见,主动成像分辨率较高,工作于宽带时能获得距离分辨率。但主动成像会发射电磁波,对人体产生辐射,同时存在侵犯隐私问题,不易被人接受。

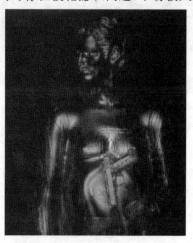

图 1.3　光学图像(左)和 100~112 GHz 宽带毫米波图像(右)

2. 半主动毫米波成像系统

半主动毫米波成像系统是指在被动毫米波成像系统的基础上,采用高斯白噪声对目标平面进行照射,以提高系统的成像质量并缩短成像时间。如图 1.4 所示,俄罗斯 ELVA-1 公司采用非相干辐射脉冲噪声源对目标平面进行照射,接收机通过聚焦天线接收来自目标反射的噪声,提高目标和背景的温度分辨率。该系统的工作频段为 92～96 GHz,平均脉冲功率为 50 mW,脉冲周期为 100 ns,接收机噪声系数为 7 dB,系统空间分辨率约为 1 cm。系统样机及毫米波成像图如图 1.5 和图 1.6 所示[34]。

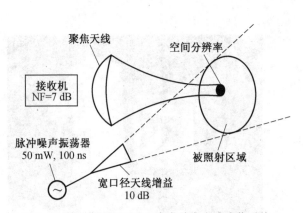

图 1.4　俄罗斯 ELVA-1 半主动毫米波成像系统
原理图

图 1.5　俄罗斯 ELVA-1 半主动毫米波
成像系统样机

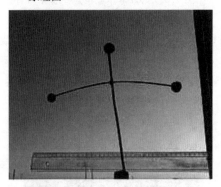

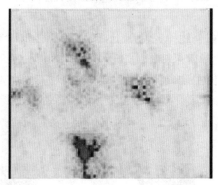

图 1.6　样品目标(小管上的铝箔球)及其毫米波图像

图 1.7 和图 1.8 为 QinetiQ 公司 8 mm 半主动毫米波成像系统及其毫米波成像图。该系统在 PMMW 成像系统的基础上引入了主动照射室,通过均匀的毫米波照射模拟白噪声,提高目标与背景的亮温(亮度温度)差;同时,准光路中采用了法拉第旋转器(Faraday Rotator)与极化旋转技术(Polarization Rotating Technique),使光路变得更加紧凑,但增加了光路的损耗[35,36]。系统空间分辨率约为 2 cm,垂直视场为 1.8 m,水平视场为 0.9 m,帧频可达 10 Hz。

尽管外加噪声毫米波成像系统提高了目标和背景的温度对比度,但由于外加噪声很难实现对目标平面的均匀照射,导致相同亮温的目标点显示出不同的亮温值,使得该技术未能被普遍应用。同时,尽管提高目标与背景的温度对比度所需的噪声功率较小,对人体的辐射量低于美国电气电子工程协会(Institute of Electrical and Electronics Engineers,IEEE)在 3～300 GHz 频段对人体辐射的安全标准 10 mW/cm² ,但依然不容易被人们所接受[37]。

图 1.7　QinetiQ 公司 8 mm 半主动毫米波成像系统

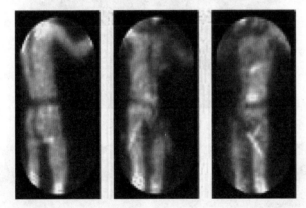

图 1.8　QinetiQ 公司 8 mm 半主动毫米波成像图

3. 被动毫米波成像系统

PMMW 成像系统完全不发射电磁波,仅靠接受物体自身的辐射来识别目标,因此,无目标闪烁和对人体辐射等缺点[38]。图 1.9 和图 1.10 为乌克兰科学院"冰山"国家科研中心研制的 8 mm 波段 PMMW 成像系统原理框图和系统实物图。系统工作于 8 mm 波段,采用 16 通道辐射计和天线组成焦平面阵列完成垂直方向的扫描,水平方向采用机械扫描,角分辨率为 0.3°,成像时间为 3 s。该系统对室外场景探测的被动毫米波成像图及相同场景的光学照片如图 1.11 所示[39,40]。

综上所述,PMMW 成像技术是当前人体隐匿物品探测(Detection of Concealed weapons,CWD)应用的重要发展方向,为提高温度分辨率、提高成像速率和节省成本,逐渐衍生出多种体制的 PMMW 成像系统,本章将结合当前国际上的研究现状重点加以阐述。

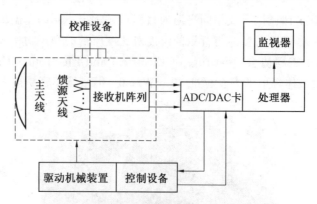

图 1.9　8 mm 波段被动毫米波成像系统框图

图 1.10　8 mm 波段被动毫米波成像系统

图 1.11　被动毫米波成像图(上)及相同场景的光学照片(下)

1.3　隐匿物品探测被动毫米波成像技术研究现状

1.3.1　国外发展现状

PMMW 成像技术的发展可根据是否在辐射计接收机前端加入 LNA 而分为两代。20世纪 90 年代中期,美国和欧洲几家公司开始投入财力和物力进行第一代 PMMW 成像系统的研究。在 CWD 方面的应用最初采用单通道机械扫描,尽管该成像体制成本低,但完成对视场的扫描时间过长,不能实现实时成像,因此在 CWD 应用方面实用性较差。为此,各国学者研究了各种多通道 PMMW 成像技术,但随着阵列通道数目的增加出现了新的问题,例如:温度灵敏度较低,在室内,辐射计接收机没有足够的灵敏度分辨出隐匿的金属武器;各通道的灵敏度和增益均衡性较差,严重影响了系统整体的温度灵敏度,导致对隐匿物探测性能下降;不能提供足够多的像素以覆盖视域。

为解决第一代 PMMW 成像系统中存在的问题,各国学者采取了多种技术途径,研究了第二代 PMMW 成像系统,技术途径主要包括:为减小系统噪声,在毫米波前端加入 LNA,并且尽量减小低噪声放大器前面部件的损耗;通过采用机械扫描或电扫描方式减少接收机通道数量以实现通道之间的最佳平衡,并且精心选用低噪声放大器和检波器使整个通道实现最佳匹配等。

目前,多通道 PMMW 成像技术相对于单通道机械扫描成像引入了许多新的理论和研究方法,其成像体制主要包括焦平面阵列(焦面阵)成像、焦面阵结合线性机械扫描成像、频率扫描结合机械扫描成像等,代表性研究机构主要包括美国的 Millivision、Trex、Lockheed Martin、Brijot、TRW,英国的 QinetiQ 等。

1. 焦平面阵列成像

如图 1.12 所示,被动毫米波焦平面阵列(Focal Plane Array,FPA)成像的基本原理是:将毫米波接收阵列置于聚焦天线的焦面,利用馈源阵列的偏焦产生多个不同指向的高增益固定波束来覆盖视场[41]。在空间分布的目标可看成无数个点目标的集合,来自点目标的电磁波入射至聚焦天线,点目标的空间位置决定了该点对聚焦天线的入射角,每个点目标的位置与电磁波聚焦在焦平面上的位置一一对应;来自每个点目标的电磁波的强度不同,辐射计接收机接收到的功率也就不同,于是在焦平面上形成目标的像[42]。

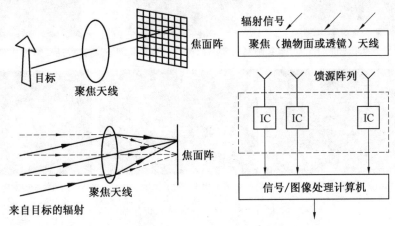

图 1.12 被动毫米波焦平面阵列成像原理图

美国 TRW(Thompson Ramo Wooldrige Inc)公司在毫米波 FPA 成像技术方面居于世界领先地位,现其毫米波成像技术已经转让给 NGC(Northrop Grumman Corporation)。图 1.13 和图 1.14 为 NGC 3 mm FPA 成像系统及其室内隐匿物品探测成像效果图,在该毫米波图像(图 1.14 的中间子图)中黑色代表高温[43]。该系统采用工作于 W 频段的直接放大检波(Direct Amplification and Detection,DAD)MMIC(2 mm×7 mm),每个模块包含 4 路接收器和天线。如图 1.15 所示,由 10 个模块组成一个"1×40 卡",再由 13 个"1×40 卡"组成系统的焦面阵。图 1.13 所示系统采用了 26×40 路 DAD MMIC 组成 1 040 个单元的 FPA,并利用与水平方向成 45°角的反射镜的微小位移实现 4 倍像素的过采样。该系统研发初期主要用于低能见度条件下飞机着陆,后用于室内人体隐匿物品探测。系统指标参数见表 1.1[44,45]。

图 1.13　NGC 3 mm FPA 成像系统

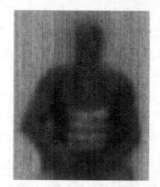

图 1.14　人体运动衫下(左)藏有塑料包装金属弹片(右)的可见光及其被动毫米波成像图(中)

(a) 1×4接收模块　　　　　　(b) 1×40卡集成　　　　(c) 13个1×40卡集成的焦面阵

图 1.15　NGC 520 单元焦面阵

表 1.1　NGC 1 040 单元被动毫米波焦面阵成像仪参数

参数名称	参数值	参数名称	参数值
工作中心频率	89 GHz	像素	H40×V104
带宽	10 GHz	焦面阵单元数	H40×V26
视场	H15°×V10°	接收机类型	直接检波式
温度灵敏度	2 K	透镜天线口径	45.72 cm
帧频	17 Hz	角分辨率	0.5°

　　毫米波 FPA 成像具有诸多优点：一是该技术类似光学摄像，对目标视场形成凝视，不需要扫描，可实现实时成像和对目标跟踪；二是由于不需要扫描，可以适当增大接收机积分时间，提高辐射计的温度灵敏度；三是结构简单，易于集成。其缺点是：为满足采样要求和对视场的覆盖，需要大量的辐射计接收机和天线单元，在当前 MMIC 还较为昂贵的情况下，对系统成本提出了较高要求。所以实际应用中，多采用一维辐射计阵列与机械扫描相结合（包括平扫和圆锥扫描等）实现对视域的覆盖，既降低了系统成本，又提高了成像速率，使实时成像成为可能。该成像方式是当前 PMMW 成像技术研究的热点，将毫米波成像技术推向了一个新的应用时代。

2. 焦面阵结合线性机械扫描成像

　　焦面阵结合线性机械扫描成像体制是在毫米波 FPA 成像体制上发展而来的。该体制是在聚焦天线的焦平面上一维采用辐射计接收机阵列覆盖视域，另一维采用机械扫描覆盖视域，这样不仅降低了成本，还能满足采样率和实时成像的要求。

　　日本东北大学（Tohoku University）与日本万视宝株式会社（Maspro Denkoh Corpora-tion）和中央电子株式会社（Chuo Electronics Corporation Ltd.）联合研制了 77 GHz PMMW CWD 成像仪，其工作原理图和系统实物图如图 1.16 和图 1.17 所示。该成像仪一维采用 25 单元辐射计接收机和天线阵实现对水平视域的覆盖，另一维采用金属反射镜的转动实现对垂直视域的扫描。来自目标点的电磁波被透镜聚焦，再经过一个固定反射镜和一个转动反射镜后，被天线和接收机阵列接收。透镜采用聚乙烯作为材料，表面曲线采用射线追迹法（Ray-Tracing Method）设计，如图 1.18 所示。系统馈源采用费尔米－狄拉克函数（Fermi－Dirac Function）渐变的渐变缝隙天线（Tapered Slot Antenna，TSA），增益为 17 dBi，10 dB 波束宽度为 35°，馈源天线与接收机阵列如图 1.19 所示，系统对炸药探测的毫米波成像图如图 1.20 所示，系统参数见表 1.2[46,47]。

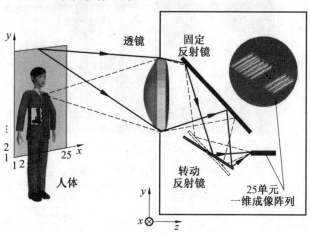

图 1.16　被动毫米波成像仪光学系统

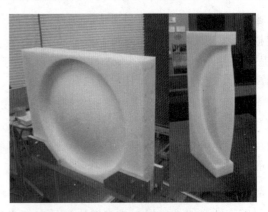

图 1.17　77 GHz 被动毫米波成像仪　　　　　图 1.18　非球面介质透镜（聚乙烯）

图 1.19　77 GHz 成像系统馈源天线及 25 单元一维接收机阵列

图 1.20　4 帧/s 时爆炸物的 77 GHz 毫米波成像图

表 1.2　77 GHz 被动毫米波成像仪参数

参数名称	参数值	参数名称	参数值
工作中心频率	77 GHz	馈源天线	TSA
一维线阵单元数	25	透镜天线口径	50 cm
视场	H60 cm×V60 cm@3 m	空间分辨率	24 mm@3 m
帧频	4 Hz		

该成像方式由于采用反射镜,减少了辐射计接收机的数量,降低了成本,但两次反射又引入了损耗,降低了系统的温度灵敏度,因此,需要谨慎分析系统准光路对温度灵敏度的影响,以实现在室内探测人体隐匿物品的功能。

Brijot 公司开发了工作于 3 mm 波段的商用隐匿武器探测被动毫米波实时成像系统。该系统结构与外形如图 1.21 所示,系统参数见表 1.3。

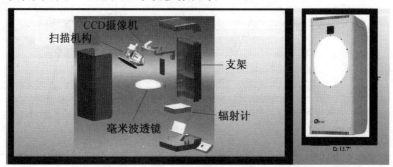

图 1.21　Brijot 公司开发的被动毫米波成像系统结构与外形

表 1.3　Brijot 公司开发的被动毫米波成像系统参数

参数名称	参数值	参数名称	参数值
工作中心频率	90 GHz	空间分辨率	5 cm
带宽	20 GHz	系统质量	39 kg
帧频	4～12 Hz	系统尺寸	83.8 cm×34.5 cm×34.9 cm

3. 焦面阵结合圆锥机械扫描成像

Millivision 公司在毫米波成像领域的研究具有很长的历史,经历了第一代和第二代 PMMW 成像技术的发展,研究了几代 PMMW CWD 成像仪。该公司名称经历了一系列变化,1982～1996 年为 Millitech Corporation,1996～2001 年为 Millimetrix, LLC,2001 年至今为 Millivision, Inc. Millivision 公司采用 8 个 1×8 的超外差式接收机阵列模块组成 8×8 的焦平面阵列,利用楔形透镜的旋转完成对视场的圆锥扫描,系统原理框图如图 1.22 所示[48]。来自目标点的电磁波经楔形透镜折射至主透镜,再聚焦于焦平面阵列上,如图 1.23

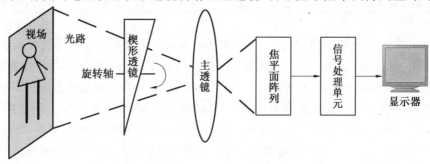

图 1.22　被动毫米波成像仪原理图

所示,楔形透镜的角度与采样间隔相关[49]。该公司研制的 Vela 125 型毫米波成像仪具有结构紧凑、可实时成像、成本较低等优点,系统实物及其焦平面阵列如图 1.24 所示,系统参数见表 1.4,成像效果图如图 1.25 所示[50]。

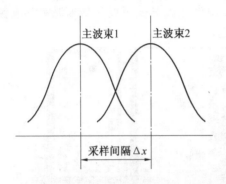
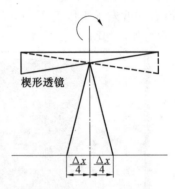

图 1.23　信号采样间隔与楔形透镜关系

图 1.24　Vela 125 被动毫米波成像仪及其焦平面阵列

表 1.4　Vela 125 被动毫米波成像仪参数

参数名称	参数值	参数名称	参数值
工作中心频率	94 GHz	温度分辨率	3K@10 Hz
焦面阵单元数	8×8		1K@1 Hz
视场	H26°×V26°	透镜天线口径	125 mm
帧频	10 Hz	空间分辨率	5 cm@1.5 m
辐射计类型	超外差式	质量	11.8 kg
本振频率	47 GHz	尺寸	20.32 cm×20.32 cm×55.88 cm

与 Millivision 公司不同,英国 QinetiQ 公司研制了焦面阵结合圆锥机械扫描的毫米波成像仪 iSPO-30,该成像仪不是采用楔形透镜的旋转实现圆锥扫描和对视场的覆盖,而是采用如图 1.26 所示的光路,采用如图 1.27 所示的 64 路接收器组成的曲线焦平面阵列完成对一维视场的覆盖,采用与垂直方向成 5°角的反射镜旋转实现对另一维视场的圆锥扫描[51]。为了减小体积,该系统采用加入卡塞格伦副反射面以实现折叠光路,改进后的光路图如图 1.28 所示,94 GHz 被动毫米波成像仪如图 1.29 所示。系统分辨率测试图如图 1.30 所示,系统参数见表 1.5,系统最高帧频可达 25 Hz[52]。

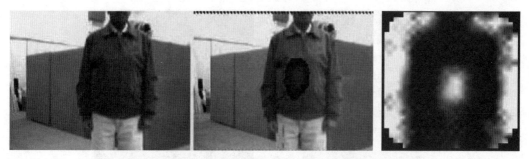

图 1.25 光学照片(左)及相应的被动毫米波成像图(右)

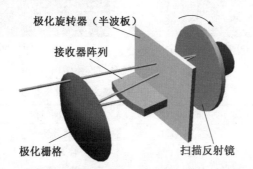

图 1.26 QinetiQ iSPO－30 被动毫米波成像仪折叠扫描光路

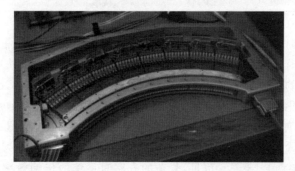

图 1.27 QinetiQ iSPO－30 64 路接收器组成的曲线焦平面阵列

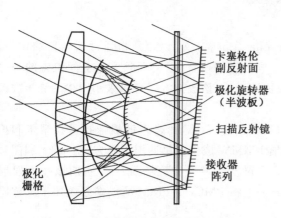

图 1.28 卡塞格伦光线追迹(顶视图)

图 1.29 94 GHz 被动毫米波成像仪

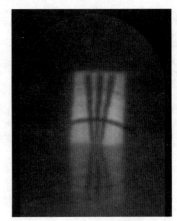

(a) 光学图片　　　　　　　　　(b) 94 GHz 成像图

图 1.30　系统分辨率测试图

表 1.5　QinetiQ 被动毫米波成像仪参数

参数名称	参数值	参数名称	参数值
工作中心频率	94 GHz	温度分辨率	5 K
焦面阵单元数	一维 64 单元	入射天线孔径	800 mm
视场	H10°×V20°	波束宽度	0.29°
帧频	15 Hz	接收机类型	直接检波式

　　焦面阵结合圆锥扫描的成像方式在使用较少的辐射计接收机条件下提高了成像像素，大大节省了成本，同时，相对于平板扫描可以实现更高的扫描速率。缺点是引入了较多的光路损耗，影响了系统的温度灵敏度，同时信号处理较为复杂。例如：QinetiQ 的 PMMW 成像仪光路中，前端极化栅格的传输效率为 0.9，半波板的双向传输系数为 0.83，扫描反射镜的反射效率为 0.95，前端极化栅格的反射效率为 0.66，卡塞格伦副反射面的反射效率为 0.99，因此系统的传输效率为 0.46，加之系统的遮挡和溢出效率分别为 0.75 和 0.5，最后得出系统的传输效率仅为 0.18[53]。可见，复杂的光路对系统的传输效率产生了极大影响，从而降低了系统的温度灵敏度，使成像效果变差。

4. 频率扫描相控阵成像

　　频率扫描相控阵成像（Frequency-Scanned Phased Arrays）是指通过移相器的作用，使每个天线单元的主波束随频率变化指向不同的空间位置，以实现频率—空间位置的一一对应，完成对视场的扫描。不同于传统的焦面阵成像，该成像方式可以采用很少的毫米波接收机，利用电扫描实现对视场的实时成像[54]。

　　美国 Trex Enterprises Corporation（后面简称 Trex）的毫米波成像技术在聚焦和扫描方式上独树一帜。该公司研究的频率扫描 PMMW 成像仪早期用于军方，图 1.31 和图 1.32 所示为 Trex 研制的 PMC—2 PMMW 成像仪及其飞行实验场景[55]。后期该技术发展到 CWD 等民用领域，如图 1.33 所示。Trex 公司将 PMC—2 PMMW 成像系统用于人体隐匿物品探测，成像效果如图 1.34 所示[56]。

　　该系统采用两组罗德曼透镜（Rotman Lens），一组直接用于水平方向相位扫描，另一组用于竖直方向频率扫描。来自目标的毫米波辐射入射到如图 1.35 所示的天线阵上,天线阵采用 0.762 mm 的聚乙烯夹在两层铜板之间形成平行板波导,并在一侧开缝形成波导缝隙阵。来自天线的宽带信号由 232 路馈线引导至第一级 LNA,并馈送到如图 1.36 所示的相位处理器进行傅里叶变换,该相位处理器包括输入线、延迟线、罗德曼透镜以及透镜输入输出端的天线阵,连接到输出天线的信号线终止于特定谐振频率的毫米波探测器电路。水平方向入射角与相位呈线性关系,垂直方向的入射角与信号的频率相关,即

$$\begin{cases} E_{1t} = E_{2t} \\ H_{1t} = H_{2t} nd + d\sin\theta = k\lambda \end{cases} \tag{1.1}$$

式中　n——介质折射率;

　　　d——波导缝隙间隔,mm;

　　　θ——入射角,(°);

　　　λ——波长,mm;

　　　k——波导模式数。

系统的工作原理框图如图 1.37 所示[57],系统参数见表 1.6[58]。

图 1.31　安装于直升机机头的 PMC−2 PMMW 成像仪

图 1.32　安装有 PMC−2 被动毫米波成像仪的
　　　　UH−1H 直升机

图 1.33　放置于手推车上的被动毫米波
　　　　成像系统

图 1.34   室外隐匿金属枪的人体光学照片和毫米波成像图

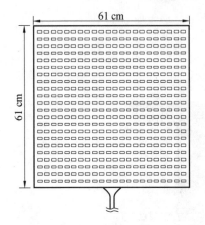

图 1.35   连接 W 频段接收机的 WR－10 波导

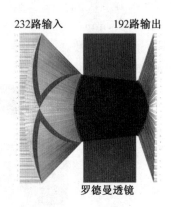

图 1.36   相位处理器

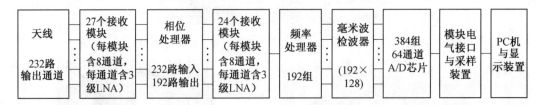

图 1.37   PMC－2 系统框图

表 1.6   PMC－2 被动毫米波成像仪参数

参数名称	参数值	参数名称	参数值
工作中心频率	84.5 GHz	温度分辨率	2.9 K
带宽	18 GHz	像素	128×192
天线尺寸	61 cm×61 cm	系统功率	400 W
帧频	30 Hz	极化方式	线极化
视场	20°×30°	系统质量	68.04 kg
角分辨率	0.33°	辐射计类型	迪克式

在上述研究基础上，Trex 公司又研究了 Sentinel 150（简称 S-150）PMMW 成像系统。如图 1.38 所示，系统天线采用在窄面上以 2 mm 间距刻有斜槽的 WR-10 波导构成。天线可在 75.5~93.5 GHz 接收机工作频带上实现频率扫描。一个狭窄的棒状圆柱透镜覆盖了波导槽，并将天线波束垂直聚焦于距天线 5 m 处。椭圆柱反射面口径为 0.6 m×0.8 m。天线接收到的信号经由一个宽带辐射计放大后通过罗德曼透镜实现多波束频率扫描，覆盖垂直视场。水平方向采用机械扫描的方式，实现对视场的覆盖[59]。系统成像时间为 2 s，温度灵敏度为 2~3 K，像素为 128×60。S-150 系统实物及毫米波成像图如图 1.39 所示，毫米波成像图左侧是温度分辨率为 2~3 K 时的成像效果，右侧是温度分辨率为 0.5 K 时的成像效果[60]。

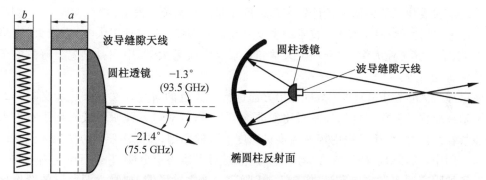

图 1.38　S-150 被动毫米波成像系统原理图

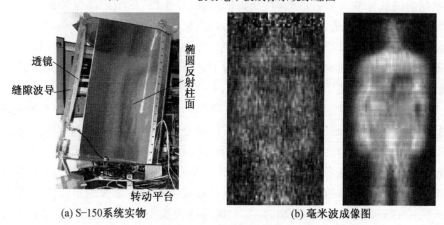

(a) S-150系统实物　　　　　　　(b) 毫米波成像图

图 1.39　S-150 被动毫米波成像系统样机及其室内毫米波成像图

由上述分析可见，频率扫描系统的优点是可以减少辐射计的数量，节省成本，而且电扫描速率快，可以实现较高的帧频。缺点是其关键部件之一的罗德曼透镜是开发的难点，成本较高，且馈电复杂，会引入光路损耗，影响系统温度灵敏度，同时，频分会使检波前带宽减小，再次降低了系统的温度灵敏度。

除上述成像体制外，还存在干涉孔径合成毫米波成像系统等体制。干涉孔径合成毫米波成像系统是基于部分相干原理，将 N 个真实孔径的小天线加信号处理器等于一个合成的大孔径天线。该系统过于复杂和昂贵，且干涉阵列所需的空间很大，因而主要应用于射电天文领域，在 PMMW CWD 应用中采用较少。

1.3.2　国内研究现状

国内在 PMMW CWD 成像技术方面的发展较国外缓慢,主要表现在国外已经从毫米波向亚毫米波、THz 成像技术发展,而国内的技术暂时还停留在 Ka 频段的研究,对 W 频段的研究略有涉及。导致这种现象的主要原因是 W 频段及更高频段的 LNA MMIC 研制和获取较为困难,这是限制国内该技术向更高频段发展的主要因素。

中国科学院空间科学与应用研究中心国家"863 计划"微波遥感技术实验室和中国科学院长春地理所在微波、毫米波遥感技术方面进行了深入的研究,取得了较好的成果。目前,国内多所高校已开展被动式毫米波成像技术研究,但由于受到毫米波器件制造水平的限制,对被动毫米波成像系统的研究还停留在理论研究和样机系统开发上。

近年来,进行 PMMW CWD 技术的主要研究机构包括:南京理工大学、东南大学、华中科技大学、哈尔滨工业大学、北京理工大学和北京航空航天大学、中国科学院上海微电子与信息技术研究所等。

南京理工大学在 PMMW CWD 应用方面进行了大量的研究。文献[61]和文献[62]对室内毫米波成像的辐射温度传递及对比度进行了分析,针对毫米波辐射成像用于室内人体隐匿违禁物品探测,分析了室内辐射温度对比度下降的原因;将噪声照射方法引入到室内辐射成像应用中,从辐射功率密度方面论证噪声照射对人体的安全性,并进行了室内不加噪声源照射和加噪声源照射成像实验,如图 1.40 所示。该实验说明:加噪声源照射的图像比不加噪声源照射的成像效果要好。同时,获得的图像中"手枪"的中间部位特别"亮",图像下半部分出现波纹状亮带,这是由噪声源照射不均匀造成的。

文献[63]将交流辐射计用于 PMMW 成像,讨论了交流辐射计的结构与能量频谱,分析了其成像解读与补偿机制,针对安全检查进行了室外、室内成像实验,系统实物如图 1.41 所示,室外、室内成像实验结果如图 1.42 和图 1.43 所示。

图 1.42 为室外成像实验,金属板与人体成 30°,反射冷空亮温;图 1.43 为室内成像实验,被测人员衣服内携带藏匿的金属圆盘。系统中心工作频率为 92 GHz,垂直极化,扫描速度为 60(°)/s,积分时间为 5 ms,每点的空间采样间隔为 0.19°,波束宽度为 0.5°。

文献[64]针对近程毫米波合成孔径辐射计成像存在非线性相位项和像差等因素影响而使图像模糊和分辨率降低的问题,在分析合成孔径成像和衍射成像的相似性的基础上,把衍射成像算法中的分数阶傅里叶变换和拉冬－魏格纳变换引入近程成像,通过在时频平面的相关和坐标旋转减小非线性相位项的影响,改善成像质量。同时提出了基于互强度传播方程的近程成像算法,通过两次傅里叶变换来消除成像模糊问题。此外,南京理工大学还研究了七元线列并扫毫米波焦平面成像系统[65]和 W 频段辐射测量接收机等[66],对 W 频段目标辐射特性进行了分析。

(a) 成像场景

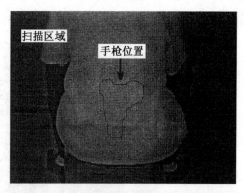
(b) 成像目标

(c) 不加噪声源照射获取的原始图像

(d) 加噪声源照射获取的原始图像

图 1.40 室内成像实验

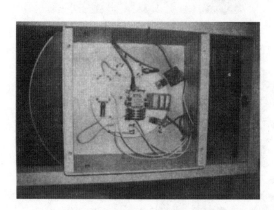

图 1.41 3 mm 波段成像交流辐射计

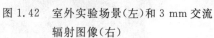

图 1.42 室外实验场景(左)和 3 mm 交流
辐射图像(右)

东南大学毫米波重点实验室窦文斌等对用于毫米波焦平面成像的天线——扩展半球介质透镜进行了研究,做了隐蔽武器的毫米波成像实验[67]。对毫米波扩展半球透镜进行了分析[67],开展了针对隐匿武器的毫米波成像实验。研究了平面波倾斜入射在小 F 数(F 为聚焦天线焦距与口径之比)毫米波焦面阵成像系统上衍射斑像差减小即视场扩大问题[68]。分析了有望用于毫米波成像焦面阵的介质加载波导阵元,采用时域有限差分法(Finite Difference Time Domain,FDTD)计算输入特性,优化了输入基本匹配时的结构尺寸参数[69]。如图 1.44 所示,东南大学进行了对衣物隐匿下手枪的成像实验,系统工作于 94 GHz,成像系统距离隐匿物 1 m，成像像素为 30×30，手枪的毫米波成像图如图 1.45 所示[70]。

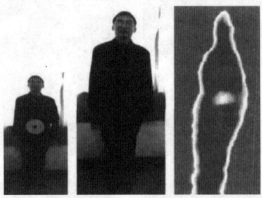

图 1.43　室内实验场景（左）和 3 mm 交流辐射图像（右）

(a) 枪模型光学图片　　　　　　　　(b) 枪被隐匿光学图片

图 1.44　用于成像的隐匿物品

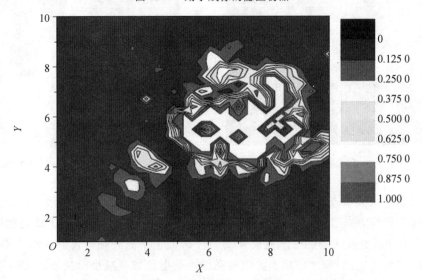

图 1.45　手枪的毫米波成像图

华中科技大学对 3 mm 波段的辐射特性、成像机制和超分辨率算法进行了分析，并研究了金属目标的毫米波辐射探测与识别和被动毫米波阵列探测成像的关键技术。分析了一种融合干涉测量的 PMMW FPA 成像方法[71]，探索了 8 mm 波段和 3 mm 波段的地物辐射特性[72]，研制了全自动数字补偿毫米波辐射计等[73]。并对毫米波超综合孔径辐射计成像技术进行了研究，推导了超综合孔径辐射计在近场条件下采用傅里叶反演方法进行成像的基本理论，研制了由两个天线单元组成的最简单的毫米波超综合孔径辐射计原理样机[74]。

哈尔滨工业大学微波与天线技术研究所研制了 Ka 频段 20 通道毫米波焦面阵成像系统样机，可以实现在室内探测人体隐藏物体。该系统空间分辨率约为 4 cm，系统温度分辨率小于 1 K，可以实现室内近距离探测人体隐匿物品，用于安全检查等领域。图 1.46 为 PMMW FPA 成像系统示意图和实物图，图 1.47 为毫米波和光学图像对比图[9]。

北京航空航天大学在研究空间遥感综合孔径辐射计成像技术的基础上，为实现人体安检的实时成像需求，开展了大量的工作，研制了高灵敏度 8 mm 波段辐射计和高速数字信号处理机，实现了基于综合孔径辐射计技术的被动毫米波实时成像。2005～2007 年研制了一台 8 mm 波段 10 单元二维综合孔径辐射计 BHU－2D，并分别用圆盘阵列和 T 形阵列进行了成像实验。2010 年研制出一套 24 单元 Y 形阵列实时被动毫米波成像样机，并对携带有各种违禁物品的人体进行了成像实验。2012 年，针对机场人体安检应用需求，研制了一套 48 单元 U 形阵列被动毫米波实时成像系统（SAIR－U）。该成像系统用于人体安检，采用了综合孔径辐射计技术，系统的总体技术指标见表 1.7[75-77]。

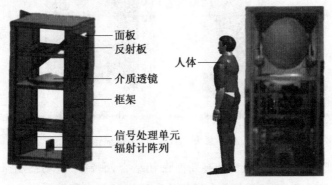

图 1.46 PMMW FPA 成像系统示意图和实物图

图 1.47 毫米波和光学图像对比图

表 1.7　SAIR－U 系统总体技术指标

参数名称	参数值
工作频率/GHz	34
视场范围	22°(水平)×40°(垂直)
空间分辨率/cm	6～7 cm@3 m
灵敏度/K	1～2 K@1 s
成像速度	24 帧/s

　　人体安检实验的成像场景如下：人体距离系统大约 3 m 远，右手握着一把尺寸约为 10 cm×3 cm 的水果刀并放在胸前。该系统反演的毫米波图像如图 1.48 所示。从反演图像中可以明显地看出，人体胸前有一条较长的黑色条带，其位置和形状均与人体手中的刀具一致。

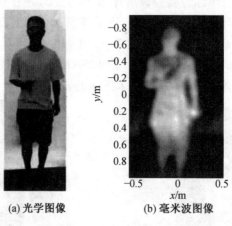

(a) 光学图像　　　　(b) 毫米波图像

图 1.48　系统 SAIR－U 人体成像结果

　　公安部第三研究所将几何光学和高斯波束相结合，研制了近场被动毫米波成像的准光学系统，其探测距离为 1.5 m，成像视场为 1.2 m×1.2 m，空间分辨率优于 3 cm。具体参数见表 1.8。

表 1.8　公安部第三研究所研制的被动毫米波成像系统参数

内容	目标值
整体尺寸($L×W×H$)	<1.5 m×0.8 m×0.8 m
成像范围	1.2 m×1.2 m
分辨率	<3 cm
物体距离 D	1～1.5 m
入射角度	<16°
探测器尺寸($D×H$)	10 mm×10 mm

　　中国科学院上海微系统与信息技术研究所研制了一种工作于 Ka 频段用于被动式毫米

波成像的基于单片微波集成电路(MMIC)的小型化接收机。该接收机的有效带宽约为7.4 GHz,噪声小于3.8 dB,增益约为30 dB。

综上所述,当前PMMW CWD技术在国内的发展尚处于初级阶段,为实现实时、高温度灵敏度成像,使之在机场安检等应用中探测人体衣物下隐匿违禁物品,还存在许多关键技术需要解决。尽管由于芯片的原因研究亚毫米波或更高频段的成像技术存在困难,但是可以在当前条件下研究 Ka 或 W 频段实时、高温度灵敏度成像的关键技术,而且毫米波辐射计、准光路理论和馈源天线研究的成果可以很好地由 Ka 频段推广到更高频段。同时,在现有器件的条件下,可以通过对 PMMW 成像理论的探索,实现系统的最佳匹配,以提高系统的温度分辨率,达到国际领先水平。

本章参考文献

[1] 姚欣,吴谨. 无源毫米波成像系统设计研究[J]. 现代电子技术,2010,17:10-16.

[2] CHEN C, SCHUETZ C A, MARTIN R D. Analytical model and optical design of distributed aperture system for millimeter-wave imaging[C]. Cardiff, Wales, United Kingdom: Proc. of SPIE Vol. 7117, Millimetre Wave and Terahertz Sensors and Technology, 2008: 711706-1-711706-11.

[3] MARKUS P, STEPHAN D, MATTHIAS J, et al. The monitoring of critical infrastructures using microwave radiometers[C]. Orlando, FL, USA: Proc. of SPIE, 2008, 6948: 1-12.

[4] 仲民,张更新,王华力,等. 毫米波通信技术与系统[M]. 北京:电子工业出版社,2003: 3-6.

[5] 李良超,杨建宇,姜正茂,等. 3 mm 辐射成像研究[J]. 红外与毫米波学报,2009,28(1): 11-15.

[6] 黄建. 第十届全国雷达学术年会论文集:多波束辐射计的跟踪测角技术[C]. 北京:国防工业出版社,2008:705.

[7] 聂建英,李兴国,娄国伟. 涂层隐身目标毫米波被动探测分析与计算[J]. 光电工程, 2010,37(5):1-6.

[8] WILTSE J C. History of millimeter and submillimeter waves[J]. IEEE Trans. on Microwave Theory and Techniques, MTT-32(9): 1118-1127.

[9] 庄重. 毫米波成像准光学技术研究[D]. 哈尔滨:哈尔滨工业大学,2009:2.

[10] LETTINGTON A, HONG Q H, DEAN A. An overview of recent advances in passive millimetre wave imaging in the UK[C]. Orlando, FL, USA: Proc. of SPIE, Infrared Technology and Applications XXII, 1996: 146-153.

[11] DITCHFIELD C R, ENGLAND T S. RRE Memorandum: Passive Detection at Q Band[R]. London:RRE,1955: 1124.

[12] ARCHER J, LAI R, GOUGH R. Ultra-low-noise indium-phosphide MMIC amplifiers for 85~115 GHz[J]. IEEE MTT Transactions, 2001, 49(11): 2080-2085.

[13] HOEL V, BORET S, GRIMBERT B, et al. 94 GHz low noise amplifier on InP in coplanar technology[C]. Bologna, Italy: European Gallium Arsenide and Related ⅢV Compounds Application Symposium, GAAS , 1999: 257-262.

[14] CASE M, POBANZ C, WEINREB S, et al. Low-cost, high-performance W-band LNA MMICs for millimeter-wave imaging[C]. Orlando, FL, United States: Proceedings of SPIE, 2000, 4032:89-96.

[15] SULLIVAN C O, MURPHY J A, GRADZIEL M L, et al. Optical modelling using gaussian beam modes for the terahertz band[C]. San Jose, CA, USA: Proceedings of SPIE: Terahertz Technology and Applications Ⅱ ,2009: 72150P-1-72150P-12.

[16] SCHWÖRER C, TESSMANN A, LEUTHER A, et al. Low-noise W-band amplifiers for radiometer applications using a 70 nm metamorphic HEMT technology[C]. Munich: 11th GAAS Symposium, 2003: 373-376.

[17] TESSMANN A, LEUTHER A, MASSLER H, et al. A 220 GHz metamorphic HEMT amplifier MMIC[C]. Piscataway: Compound Semiconductor Integrated Circuit Symposium 2004, 2004: 297-300.

[18] TESSMANN A, LEUTHER A, MASSLER H, et al. A metamorphic 220 ~ 320 GHz HEMT amplifier MMIC[C]. Piscataway: Compound Semiconductor Integrated Circuits Symposium, 2008, CSIC '08, 2008: 1-4.

[19] TESSMANN A, KALLFASS I, LEUTHER A, et al. Metamorphic MMICs for operation beyond 200 GHz[C]. Amsterdam, The Netherlands: Proceedings of the 3rd European Microwave Integrated Circuits Conference, 2008: 210-213.

[20] WEISSBRODT E, KALLFASS I, WEBER R, et al. Low-noise amplifiers in D-band using 100 nm and 50 nm MHEMT technology[C]. Berlin, Germany: German Microwave Conference 2010, GeMiC 2010, 2010: 55-58.

[21] 孙文峰,王新柯,崔烨,等. 亚毫米波成像技术对工业排线的无损检测[J]. 无损检测, 2010,32(2):112-115.

[22] CLARK S, LOVBERG J, MARTIN C, et al. Passive millimeter-wave imaging for airborne and security applications[C]. Orlando, FL, USA: Proceedings of SPIE Vol. 5077,Passive Millimeter-wave Imaging Technology VI and Radar Sensor Technology Ⅶ, 2003: 16-2l.

[23] DOWGIALLO D, TWAROG E, RAUEN S, et al. Millimeter wave interferometric radiometry for passive imaging and the detection of low-power manmade signals[C]. Washington DC, USA: Microwave Radiometry and Remote Sensing of the Environment (MicroRad), 2010 11th Specialist Meeting on, 2010: 211-216.

[24] 聂建英. 毫米波被动探测系统反涂层隐身机理研究[D]. 南京:南京理工大学,2010:2-3.

[25] YUJIRI L, SHOUCRI M, MOFFA P. Passive millimeter-wave imaging[J]. IEEE Microwave Magazine. 2003, 4(3): 39-50.

[26] STANKO S, NÖTEL D, HUCK J, et al. Millimeter wave imaging for concealed weapon detection and surveillance at up to 220 GHz[C]. Orlando, FL, USA: Proc. of SPIE Vol. 6948, Passive Millimeter-Wave Imaging Technology XI, 2008: 69480N-1- 69480N-7.

[27] ALEXANDER N, CALLEJEROA C, FIOREB F, et al. Suicide bomber detection [C]. Orlando, FL, USA: Proc. of SPIE Vol. 7309, Passive Millimeter-Wave Imaging Technology XII, 2009: 73090D-1-73090D-12.

[28] 王楠楠,邱景辉,邓维波. 隐匿物品探测毫米波成像系统发展现状[J]. 红外技术, 2009,31(03):129-135.

[29] SHEEN D, MCMAKIN D, COLLINS H, et al. Concealed explosive detection on personnel using a wideband holographic millimeter-wave imaging system[C]. Orlando, FL, USA: Proceedings of SPIE Vol. 2755, Signal Processing, Sensor Fusion, and Target Recognition V,1996: 1-11.

[30] SHEEN D, MCMAKIN D, HALL T. Speckle in active millimeter-wave and terahertz imaging and spectroscopy[C]. Orlando, FL, USA: Proc. of SPIE Vol. 6548, Passive Millimeter-Wave Imaging Technology X ,2007: 654809-1- 654809-10.

[31] KELLER P, MCMAKIN D, HALL T, et al. Use of a neural network to identify man-made structure in millimeter-wave images for security screening applications [C]. Vancouver, BC, Canada: 2006 International Joint Conference on Neural Networks, 2006: 2009-2014.

[32] SHEEN D M, MCMAKIN D L, HALL T E. Cylindrical Millimeter-Wave Imaging Technique and Applications[C]. Orlando, FL, USA: Proc. of SPIE Vol. 6211, Passive Millimeter-Wave Imaging Technology IX, 2006:62110A-1-62110A-10.

[33] MCMAKIN D L, KELLER P E, SHEEN D M, et al. Dual surface dielectric depth detector for holographic millimeter-wave security scanners[C]. Orlando, FL, USA: Proc. of SPIE Vol. 7309, Passive Millimeter-Wave Imaging Technology XII, 2009: 73090G-1-73090G-10.

[34] KOMEEV D O, BOGDANOV L Y, NALIVKIN A V. Passive millimeter wave imaging system with white noise illumination for concealed weapons detection[C]. St. Petersburg, FL, USA: 2004 Joint 29th Int. Conf. on Infrared and Millimeter Waves and 12th Int. Conf. on Terahertz Electronics,2004, 741-742.

[35] APPLEBY R. Passive millimetre wave imaging and security[C]. Amsterdam: European Radar Conference, 2004: 275-278.

[36] COWARD P, APPLEBY R. Development of an illumination chamber for indoor millimetre-wave imaging[C]. Orlando, FL, USA: Proceedings of SPIE Vol. 5077, Passive Millimeter-Wave Imaging Technology VI and Radar Sensor Technology VII, 2003: 54-61.

[37] IEEE Standards Coordinating Committee 28 on Non-Ionizing Radiation Hazards.

IEEE Standard for Safety Levels with Respect to Human Exposure to Radio Frequency Electromagnetic Fields, 3 kHz to 300 GHz[S]. Piscataway, New York, USA: The Institute of Electrical and Electronics Engineers, Inc., 1992: 13.

[38] RICHTER J, NOTEL D, KLOPPEL F, et al. A multi-channel radiometer with focal plane array antenna for w-band passive millimeterwave imaging[C]. San Francisco:Microwave Symposium Digest, IEEE MTT-S International Microwave Symposium Digest, 2006: 1592-1595.

[39] GORISHNIAK V, DENISOV A, KUZMIN S, et al. Passive multichannels millimeter-waves imaging system[C]. Kharkov, Ukraine:The Fifth International Kharkov Symposium on Physics and Engineering of Microwaves, Millimeter, and Submillimeter Waves, 2004, MSMW 04, 2004: 202-204.

[40] DENISOV A, GORISHNYAK V, KUZMIN S, et al. Some experiments concerning resolution of 32 sensors passive 8 mm wave imaging system[C]. Charlottesville, the USA:20th International Symposium on Space Terahertz Technology, 2009: 20-22.

[41] 肖庆,李银波,李焱,等. 8 mm 频段焦平面阵列成像技术[J]. 电视技术,2008,48(5): 97-100.

[42] 窦文斌. 毫米波准光理论与技术[M]. 2 版. 北京:高等教育出版社,2006:200-201.

[43] YUJIRI L. Passive millimeter wave imaging[C]. San Francisco, California, USA: 2006 IEEE MTT-S International Microwave Symposium Digest, 2006: 98-101.

[44] YUJIRI L, AGRAVANTE H, BIEDENBENDER M, et al. Passive millimeter-wave camera[C]. Orlando, FL, USA:Proc. SPIE 3064, Passive Millimeter-Wave Imaging Technology, 1997: 15-22.

[45] YUJIRI L, SHOUCRI M, MOFFA P. Passive millimeter wave imaging[J]. IEEE Microwave Magazine, 2003, 4(3): 1527-3342.

[46] SATO H, SAWAYA K, MIZUNO K, et al. Development of 77 GHz millimeter wave passive imaging camera[C]. Christchurch:The 8th Annual IEEE Conference on Sensors, 2009: 1632-1635.

[47] SATO H, MURAKAMI Y, SAWAYAK, et al. FDTD analysis of 81-element antipodal fermi antenna array with axially symmetric array element pattern[C]. San Diego, CA:IEEE Antennas and Propagation Society International Symposium, 2008, AP-S 2008, 2008: 1-4.

[48] VAIDYA N, HUGUENIN R. Baseline compensating method and camera used in millimeter wave imaging: US 6,900,438[P]. 2005-05-31. http://www. google. com/patents/about? id=_VYVAAAAEBAJ&dq=Baseline+Compensating+Method+and+Camera+Used+in+Millimeter+Wave+Imaging.

[49] HUGENIN R. Millimeter-wave imaging system: US 5,047,783[P]. 1992-09-10. http://www. google. com/patents/about? id = 8_snAAAAEBAJ&dq = Millimeter-Wave+Imaging+System+1991.

[50] WILLIAMS T, VAIDYA N. A compact, low-cost, passive MMW security scanner [C]. Orlando, FL, USA: Proceedings of SPIE Vol. 5789, Passive Millimeter-Wave Imaging Technology Ⅷ, 2005: 109-116.

[51] MUNDAY P, POWELL J, BANNISTER D, et al. The development of affordable front-end hardware for MM-wave imaging using multilayer softboard technology[C]. Orlando, FL, USA: Proc. of SPIE Vol. 6548, Passive Millimeter-Wave Imaging Technology Ⅹ, 2007: 65480G-1-65480G-8.

[52] ANDERTON R, APPLEBY R, BEALE J, et al. Security scanning at 94 GHz[C]. Orlando, FL, USA: Proc. of SPIE Vol. 6211, Passive Millimeter-WaveImaging Technology Ⅸ, 2006: 62110C-1-62110C-7.

[53] ANDERTON R, APPLEBY R, COWARD. Sampling passive millimeter wave imagery[C]. Orlando, FL, USA: Proc. of SPIE Vol. 5989, Technologies for Optical Countermeasures Ⅱ; Femtosecond Phenomena Ⅱ; Passive Millimetre-Wave & Terahertz Imaging Ⅱ, 2005: 598915-1-598915-1.

[54] WIKNERD. Progress in millimeter-wave imaging[C]. Orlando, FL, USA: Proc. of SPIE Vol. 7936, RF and Millimeter-Wave Photonics, 2011: 79360D-1- 79360D-9.

[55] MARTIN C, MANNING W, KOLINKO V, et al. Flight test of a passive millimeter-wave imaging system[C]. Orlando, FL, USA: Proceedings of SPIE Vol. 5789, Passive Millimeter-Wave Imaging Technology Ⅷ, 2005: 24-34.

[56] MARTIN C, KOLINKO V. Concealed weapons detection with an improved passive millimeterwave imager[C]. Orlando, FL, USA: Proceedings of SPIE Vol. 5410, Radar Sensor Technology Ⅷ and Passive Millimeter- Wave Imaging Technology VII, 2004: 252-259.

[57] CLARK S, MARTIN C, COSTIANES P. A real-time wide field of view passive millimeter-wave imaging camera[C]. AIPR'03, Washington, DC, USA: Proceedings of the 32nd Applied Imagery Pattern Recognition Workshop, 2003: 250-254.

[58] MARTIN C, CLARK S, LOVBERG J, et al. Real-time wide field of view passive millimeter-wave imaging[C]. Orlando, FL, USA: Proceedings of SPIE Vol. 4719, Infrared and Passive Millimeter-wave Imaging Systems: Design, Analysis, Modeling, and Testing, 2002: 341-349.

[59] JOHN A L, VLADIMIR K, ROBERT BIBLE J R. Millimeter wave portal imaging system, US Patent: 0017605[P]. 2006-01-26.

[60] KOLINKO V, LIN S H, SHEK A, et al. A passive millimeter-wave imaging system for concealed weapons and explosives detection[C]. Bellingham, WA, USA: Proceedings of SPIE Vol. 5781, Optics and Photonics in Global Homeland Security, 2005: 85-92.

[61] 胡泰洋,肖泽龙,张坤,等. 室内毫米波成像的辐射温度传递及对比度分析[J]. 光电工程,2011,38(1):85-92.

[62] 张坤. 噪声照射下毫米波辐射测量的实验研究[D]. 南京：南京理工大学，2010.

[63] 张光锋，李兴国，娄国伟. 基于交流辐射计的被动毫米波成像研究[J]. 红外与毫米波学报，2007，26(6)：461-464.

[64] 王本庆，李兴国. 近程毫米波合成孔径辐射计成像算法[J]. 电子学报，2009，37(6)：1353-1356.

[65] 章勇，李兴国，李跃华. 7元线列并扫毫米波焦平面成像系统的研究[J]. 红外与毫米波学报，1999，18(2)：157-162.

[66] 彭树生. W频段测量辐射计接收机设计[D]. 南京：南京理工大学，2008.

[67] 窦文斌，曾刚，孙忠良. 毫米波扩展半球透镜/物镜天线系统辐射特性分析[J]. 红外与毫米波学报，1998，17(4)：267-270.

[68] 邓小丹，潘君骅，窦文斌. 毫米波焦面阵成像视场扩大分析[J]. 电子学报，2003，31(12A)：2012-2014.

[69] 陈昊，窦文斌. 用于毫米波焦面成像阵的介质加载波导阵元分析[J]. 红外与毫米波学报，2003，22(5)：398-400.

[70] DOU W B. Researches on millimeter wave imaging in SKL of MMW at Nanjing, China[J]. IEICE Trans. Electron., 2005, E88-C(7): 1451-1457.

[71] 胡飞，冯宇. 一种融合干涉测量的被动毫米波焦平面成像方法[J]. 红外与毫米波学报，2009，28(5)：382-385.

[72] 张光锋. 毫米波辐射特性及成像研究[D]. 武汉：华中科技大学，2005.

[73] 桂良启. 全自动数字补偿毫米波辐射计及其应用研究[D]. 武汉：华中科技大学，2005.

[74] 郎量，张祖荫，郭伟，等. 毫米波超综合孔径辐射计成像技术[J]. 系统工程与电子技术，2009，31(7)：1623-1626.

[75] WANG F, MIAO J G. Design of an 8 mm-band inter-ferometric microwave radiometer imaging system[J]. E-lectronic Measurement Technology, 2006, 29 (5) : 195-197.

[76] XUE Y, MIAO J, WAN G, et al. Development ofthe disk antenna array aperture synthesis millimeter waveradiometer[C]. Nanjing, China: Proceedings of International Conference on Microwave and Millimeter Wave Technology, 2008: 806-809.

[77] 薛永，苗俊刚，万国龙. 8 mm 波段二维干涉式综合孔径微波辐射计(BHU-2D)[J]. 北京航空航天大学学报，2008，34(9) : 1020-1023.

第 2 章　被动毫米波近场成像原理

所有媒质(气体、液体、固体和等离子体)都向外辐射电磁能,而液体和固体的辐射谱是连续的,即在全频段上辐射电磁能。被动毫米波成像技术的主要原理是利用辐射计被动接收目标及背景的电磁辐射,并将亮温差异反映在接收机的输出电压上,从而显示目标及背景的毫米波图像。对于被动毫米波焦平面成像系统,温度灵敏度即系统能检测的最小温度差异是其最重要的考核指标之一。物质的辐射率、透射率和反射率、馈源天线的效率、聚焦天线的传输特性、准光路的匹配和辐射计的性能等对成像系统的温度灵敏度均有较大影响,因此,分析从辐射源到辐射计输入端的亮温变化过程,探索不同物质的毫米波辐射特性,对系统各部分进行优化,研究提高成像系统温度灵敏度的方法,在研究被动毫米波成像的关键技术中是尤为重要的。

本章以普朗克黑体辐射定律为基础,分析物体在毫米波波段的辐射探测原理和近似条件,建立人体衣物下隐匿物品探测辐射温度传递模型,讨论从目标到辐射计接收机的亮温变化过程,导出物体亮温、投射到天线的功率方向分布和在天线输出端测量到的功率之间的关系,探索影响人体隐匿物品毫米波成像系统温度灵敏度的因素,并对不同遮挡物(衣物)和隐匿物的毫米波辐射特性进行实验研究。

2.1　黑体辐射探测理论

热辐射原理表明,分子能级或原子能级之间的跃迁,会导致处于绝对零度以上的所有物质都辐射出电磁能量。通常,原子气体具有线光谱,即在离散的频率上辐射电磁波;分子气体的谱线紧密地排列在一起;而分子液体和固体在所有频率上都能辐射电磁波,即其辐射谱是连续的。

2.1.1　普朗克黑体辐射定律

一般来说,当电磁波辐射到固体(或液体)物质表面上时,一部分能量被吸收,其余部分被反射。黑体可以定义为在所有频率上吸收全部入射辐射而没有反射的理想不透明材料。热力学平衡条件指出,黑体不仅是一个完全的吸收体,也是一个完全的发射体。

1901 年,德国物理学家普朗克基于量子理论提出了定量描述黑体辐射特性的普朗克定律(Planck Radiation Law),该定律说明:黑体在所有方向上都以相同的光谱亮度辐射能量,即黑体的光谱亮度是无方向性的,它仅是温度和频率的函数,表征单位立体角、单位面积、单位带宽的辐射功率,此定律的表达式如下[1]:

$$B_f = \frac{2hf^3}{c^2}\left(\frac{1}{e^{hf/(kT)} - 1}\right) \tag{2.1}$$

式中　　B_f ——黑体辐射谱亮度，$W \cdot m^{-2} \cdot Sr^{-1} \cdot Hz^{-1}$；

　　　　h ——普朗克常数，$h = 6.63 \times 10^{-34}$ J $\cdot$ s；

　　　　f ——频率，Hz；

　　　　k ——玻耳兹曼常数，$k = 1.38 \times 10^{-23}$ J $\cdot$ K^{-1}；

　　　　T ——绝对温度，K。

　　　　c ——光速，$c = 3 \times 10^{8}$ m $\cdot$ s^{-1}。

　　式(2.1)中只有两个变量 f 和 T。以频率 f 为自变量的普朗克黑体辐射谱亮度 B_f 曲线族(以 T 为参变量)如图 2.1 所示，图中两个坐标轴均采用对数刻度。由图可见：随着温度 T 的升高，谱亮度曲线的总水平也上升；B_f 取最大值的频率随 T 的升高而增大；在微波波段，随着频率的上升，B_f 的值也随之增大。

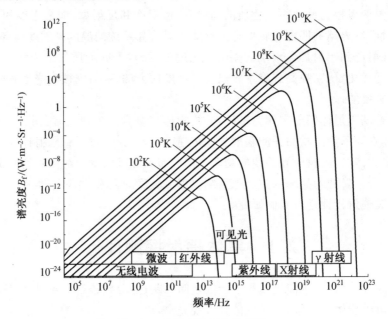

图 2.1　普朗克辐射定律曲线

2.1.2　瑞利－琼斯定律

当 $hf/(kT) \ll 1$，即频率较低时，利用近似

$$e^x - 1 = (1 + x + \frac{x'}{2} + \cdots) - 1 \simeq x \quad (x \ll 1)$$

可将普朗克黑体辐射公式(2.1)简化为

$$B_f = \frac{2f^2 kT}{c^2} = \frac{2kT}{\lambda^2} \tag{2.2}$$

式中　　λ ——波长，m。

　　式(2.2)称为瑞利－琼斯公式。在微波范围，瑞利－琼斯公式与普朗克黑体辐射公式的误差很小，且数学上更为简单。若用 $B_f(P)$ 表示普朗克黑体辐射公式计算的谱亮度，用 $B_f(R)$ 表示瑞利－琼斯公式计算的谱亮度，则二者的误差可表示为

$$\Delta B_{f} = \frac{B_{f}(P) - B_{f}(R)}{B_{f}(P)} \times 100\% = \left[1 - \frac{kT}{hf} (e^{hf/(kT)} - 1) \right] \times 100\% \quad (2.3)$$

当 T 取室温 293 K 时,分析普朗克定律与瑞利—琼斯定律的近似比较,如图 2.2 所示,频率和谱亮度坐标轴采用对数刻度。由图可见,当频率小于 3×10^{12} Hz 时,二者的误差小于 1%,即在无线电波范围内二者有很好的近似。特别指出,当频率为 35 GHz 时,误差约为 0.008%,当频率为 94 GHz 时,误差约为 0.02%。

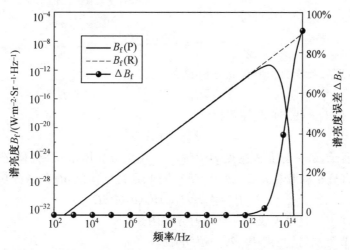

图 2.2　$T = 293$ K 时普朗克定律与瑞利—琼斯定律的近似比较

2.1.3　功率—温度对应关系

1. 亮度与天线接收总功率

如图 2.3 所示,有效面积为 A_t 的发射天线和有效面积为 A_r 的无损接收天线的距离为 r,两个天线在最大增益方向上是相互对准的,并假定距离足够大,因而可以认为由发射天线发出的辐射功率密度 W_{rad} 在立体角 Ω_r 范围内是常数。则接收天线所截获的功率为

$$P = W_{rad} A_r \quad (2.4)$$

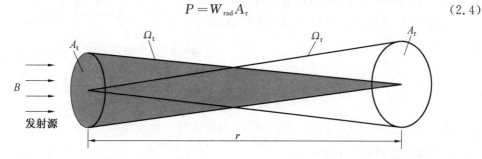

图 2.3　天线接收来自发射源功率几何示意图

此外,由于发射天线辐射强度 U 与辐射功率密度有如下关系:

$$U = r^2 W_{rad} \quad (2.5)$$

因而,可以得到

$$P = \frac{U A_{\mathrm{r}}}{r^2} \tag{2.6}$$

发射天线辐射强度 U 的单位为 $\mathrm{W \cdot Sr^{-1}}$，表征"发射天线在单位立体角内的辐射功率"，定义亮度 B 为"发射天线单位立体角内、单位面积的辐射功率"，单位为 $\mathrm{W \cdot Sr^{-1} \cdot m^{-2}}$。则

$$B = U / A_{\mathrm{t}} \tag{2.7}$$

将式（2.7）代入式（2.6），可得

$$P = \frac{B A_{\mathrm{t}} A_{\mathrm{r}}}{r^2} \tag{2.8}$$

根据定义，发射天线面积所张立体角 Ω_{t} 为

$$\Omega_{\mathrm{t}} = A_{\mathrm{t}} / r^2 \tag{2.9}$$

将式（2.9）代入式（2.8），化简可得

$$P = B \Omega_{\mathrm{t}} A_{\mathrm{r}} \tag{2.10}$$

如图 2.4 所示，若一分布源亮度为 $B(\theta, \varphi)$，用微分立体角 $\mathrm{d}\Omega$ 代替立体角 Ω_{t}，那么天线所接收的来自分布源沿着天线坐标 (θ, φ) 方向、通过立体角 $\mathrm{d}\Omega$ 的微分功率为

$$\mathrm{d}P = A_{\mathrm{r}} B(\theta, \varphi) F_{\mathrm{n}}(\theta, \varphi) \mathrm{d}\Omega \tag{2.11}$$

式中　$F_{\mathrm{n}}(\theta, \varphi)$ ——接收天线归一化辐射方向图。

由 2.1.1 节可知，谱亮度 $B_{\mathrm{f}}(\theta, \varphi)$ 为单位带宽的亮度，单位为 $\mathrm{W \cdot m^{-2} \cdot Sr^{-1} \cdot Hz^{-1}}$，因此从频率 f 到 $f + \Delta f$ 的带宽 Δf 范围内，天线接收的总功率可表示为

$$P = A_{\mathrm{r}} \int_{f}^{f+\Delta f} \iint\limits_{4\pi} B_{\mathrm{f}}(\theta, \varphi) F_{\mathrm{n}}(\theta, \varphi) \mathrm{d}\Omega \mathrm{d}f \tag{2.12}$$

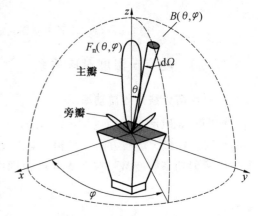

式（2.12）中，立体角积分遍及整个 4π 球面度。由于 $B_{\mathrm{f}}(\theta, \varphi)$ 是无极化的，而接收天线通常是有极化的，所以天线仅仅检测到天线表面总功率的一半，即

$$P = \frac{1}{2} A_{\mathrm{r}} \int_{f}^{f+\Delta f} \iint\limits_{4\pi} B_{\mathrm{f}}(\theta, \varphi) F_{\mathrm{n}}(\theta, \varphi) \mathrm{d}\Omega \mathrm{d}f \tag{2.13}$$

图 2.4　亮度为 $B(\theta, \varphi)$ 的分布源对天线的辐射几何示意图

式（2.13）说明，可以用谱亮度 $B_{\mathrm{f}}(\theta, \varphi)$ 计算天线的接收功率。

2. 功率—温度对应关系

假设一个无损微波天线置于保持在恒定温度 T 的黑体闭室内，如图 2.5 所示。则将式（2.2）代入式（2.13），可得

$$P = \frac{1}{2} A_{\mathrm{r}} \int_{f}^{f+\Delta f} \iint\limits_{4\pi} \frac{2kT}{\lambda^2} F_{\mathrm{n}}(\theta, \varphi) \mathrm{d}\Omega \mathrm{d}f \tag{2.14}$$

当 $\Delta f \ll f$ 时，B_{f} 在 Δf 范围内近似为常数，式（2.14）可化简为

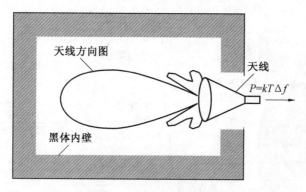

图 2.5 置于温度为 T 的黑体外壳内无损天线的接收功率

$$P = \frac{1}{2} A_r \Delta f \frac{2kT}{\lambda^2} \iint\limits_{4\pi} F_n(\theta, \varphi) \mathrm{d}\Omega \qquad (2.15)$$

显而易见,式(2.15)中的积分即为天线辐射图立体角 Ω_p,又因为 Ω_p 与有效面积 A_r 有关,所以

$$\iint\limits_{4\pi} F_n(\theta, \varphi) \mathrm{d}\Omega = \Omega_p = \lambda^2 / A_r \qquad (2.16)$$

将式(2.16)代入式(2.15),得

$$P = kT\Delta f \qquad (2.17)$$

由式(2.17)可见,温度和功率呈直接的线性关系,该结果具有重要的意义,在某些场合二者可进行等效。

2.2 人体衣物下隐匿物探测被动毫米波近场成像原理

2.2.1 被动毫米波近场成像辐射温度传递模型

如图 2.6 所示,通过分析辐射源物理温度与其亮温的关系,亮温与天线视在温度的关系,以及天线视在温度与天线辐射测量温度的关系,推导出辐射源与辐射计输入功率之间的关系表达式,同时,借助于辐射计定标方程,进一步建立辐射源与辐射计输出电压之间的关系,提出被动毫米波成像人体衣物下隐匿物品探测辐射温度传递模型,为后续隐匿物品与人体温度对比度研究奠定理论基础。

1. 辐射源亮温与发射率

黑体仅是一种理想物体,实际的物体均为"灰体"。在相同的温度 T 时,灰体发射的能量小于黑体发射的能量,而且能量入射到灰体上时也不会被全部吸收。

由式(2.2),在微波范围内,对于窄带 Δf,黑体在温度 T 的亮度 B_{bb} 为

$$B_{bb} = B_f \Delta f = \frac{2kT}{\lambda^2} \Delta f \qquad (2.18)$$

若辐射目标源的物理温度为 T,亮度为 $B(\theta, \varphi)$,则其等效黑体辐射测量温度,即亮温 $T_B(\theta, \varphi)$ 定义如下:

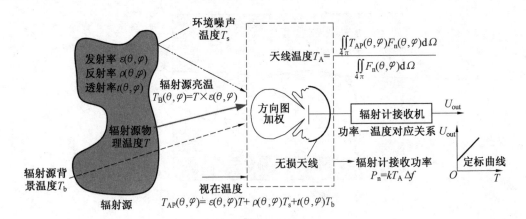

图 2.6　辐射温度传递模型

$$B(\theta,\varphi) = \frac{2k}{\lambda^2} T_B(\theta,\varphi) \Delta f \tag{2.19}$$

灰体亮度 $B(\theta,\varphi)$ 与同一物理温度时的黑体亮度 B_{bb} 之比定义为发射率 $\varepsilon(\theta,\varphi)$，即

$$\varepsilon(\theta,\varphi) = \frac{B(\theta,\varphi)}{B_{bb}} = \frac{T_B(\theta,\varphi)}{T} \tag{2.20}$$

可见，发射率 $0 \leqslant \varepsilon(\theta,\varphi) \leqslant 1$，即任何辐射源的亮温总是小于或等于其物理温度，此时，亮温 $T_B(\theta,\varphi) = \varepsilon(\theta,\varphi) \cdot T$，该式给出了辐射源物理温度与其亮温之间的关系。

2. 视在温度

从任何一个特定方向入射到天线的辐射可能包括若干种不同的源产生的成分。在对人体隐匿物品探测毫米波成像过程的分析中，忽略大气的辐射。任何物体都存在反射率 ρ、吸收率 α 和透射率 t，根据能量守恒定律，三者有如下关系[2,3]：

$$\rho + \alpha + t = 1 \tag{2.21}$$

在热力学平衡条件下任何物质的发射等于它的吸收，即处于热力学稳定的物体其发射率 ε 等于吸收率 α。故式(2.21)可变化为

$$\rho + \varepsilon + t = 1 \tag{2.22}$$

因此，天线所观测到的"景物"的辐射，即"视在辐射测量温度分布"（简称视在温度）$T_{AP}(\theta,\varphi)$ 可表示为

$$\begin{cases} T_{AP}(\theta,\varphi) = \varepsilon(\theta,\varphi)T + \rho(\theta,\varphi)T_s + t(\theta,\varphi)T_b \\ \qquad\qquad = T_B(\theta,\varphi) + \rho(\theta,\varphi)T_s + t(\theta,\varphi)T \\ \varepsilon(\theta,\varphi) + \rho(\theta,\varphi) + t(\theta,\varphi) = 1 \end{cases} \tag{2.23}$$

式中　　T——辐射源物理温度；

　　　　T_s——环境噪声温度；

　　　　T_b——辐射源背景噪声温度。

式(2.23)给出了视在温度 $T_{AP}(\theta,\varphi)$ 与亮温 $T_B(\theta,\varphi)$ 及其物理温度 T 之间的关系。

视在温度是一种黑体等效温度分布，它代表着入射到天线的能量的亮度分布 $B_i(\theta,\varphi)$，类似式(2.19)，有

$$B_i(\theta,\varphi) = \frac{2k}{\lambda^2} T_{AP}(\theta,\varphi)\Delta f \qquad (2.24)$$

对于人体隐匿物品探测毫米波成像,忽略大气本身的辐射时,影响视在温度的各种因素包括衣物本身的辐射,透过衣物的"隐匿物和人体本身的辐射及其对环境温度的反射",还包括衣物对周围环境温度的反射等,较为复杂,将在隐匿物品与人体温度对比度分析中做详细的讨论。

3. 天线温度

由于视在温度 $T_{AP}(\theta,\varphi)$ 是一种黑体等效温度分布,因此根据式(2.15)可得入射到天线的功率为

$$P = \frac{1}{2} A_r \iint\limits_{4\pi} \frac{2k}{\lambda^2} T_{AP}(\theta,\varphi)\Delta f \, F_n(\theta,\varphi)\mathrm{d}\Omega \qquad (2.25)$$

根据功率与温度的对应关系,定义一个等效温度 T_A,称为"天线辐射测量温度"(简称天线温度),它与天线提供给辐射计接收机的功率 P_n 有如下关系(无损天线情况):

$$P_n = kT_A\Delta f = P \qquad (2.26)$$

根据式(2.25)和式(2.26),可得

$$T_A = \frac{A_r}{\lambda^2} \iint\limits_{4\pi} T_{AP}(\theta,\varphi)F_n(\theta,\varphi)\mathrm{d}\Omega = \frac{\displaystyle\iint\limits_{4\pi} T_{AP}(\theta,\varphi)F_n(\theta,\varphi)\mathrm{d}\Omega}{\displaystyle\iint\limits_{4\pi} F_n(\theta,\varphi)\mathrm{d}\Omega} \qquad (2.27)$$

由式(2.27)可见,该公式表征了天线温度 T_A 与视在温度 $T_{AP}(\theta,\varphi)$ 之间的关系,即天线温度等于视在温度分布按天线加权函数 $F_n(\theta,\varphi)$ 在 4π 立体角上积分,并按加权函数的积分(即辐射方向图立体角 Ω_p)归一化。

4. 有损天线温度

式(2.27)所示的天线温度是假设天线为无损耗天线前提下推导的,实际上,成像系统各部分的损耗和匹配对天线温度会产生较大影响。下面将讨论有损耗天线的天线温度。

(1)馈源天线波束效率。

馈源天线除了通过天线主瓣接收热辐射之外,还通过辐射方向图的其余部分接收其他"多余的"辐射,为了预估这些不希望的辐射对温度灵敏度所产生的影响,可将天线温度表达式(2.27)分子中的积分分为两个部分:

$$T_A = \frac{\displaystyle\iint\limits_{\text{主瓣}} T_{AP}(\theta,\varphi)F_n(\theta,\varphi)\mathrm{d}\Omega}{\displaystyle\iint\limits_{4\pi} F_n(\theta,\varphi)\mathrm{d}\Omega} + \frac{\displaystyle\iint\limits_{4\pi-\text{主瓣}} T_{AP}(\theta,\varphi)F_n(\theta,\varphi)\mathrm{d}\Omega}{\displaystyle\iint\limits_{4\pi} F_n(\theta,\varphi)\mathrm{d}\Omega} \qquad (2.28)$$

式(2.28)中的第一项为主瓣贡献,第二项为旁瓣贡献。

定义 $\bar{T}_{ML}$ 为主瓣贡献的有效视在温度,$\bar{T}_{SL}$ 为旁瓣贡献的有效视在温度,二者表示如下:

$$\bar{T}_{ML} = \frac{\displaystyle\iint\limits_{\text{主瓣}} T_{AP}(\theta,\varphi)F_n(\theta,\varphi)\mathrm{d}\Omega}{\displaystyle\iint\limits_{\text{主瓣}} F_n(\theta,\varphi)\mathrm{d}\Omega} \qquad (2.29)$$

$$\overline{T}_{SL} = \frac{\iint\limits_{4\pi-主瓣} T_{AP}(\theta,\varphi)F_n(\theta,\varphi)\mathrm{d}\Omega}{\iint\limits_{4\pi-主瓣} F_n(\theta,\varphi)\mathrm{d}\Omega} \tag{2.30}$$

式(2.29)中分子和分母的积分是在天线辐射方向图的主瓣所张的立体角上进行的,式(2.30)中分子和分母的积分是在天线辐射方向图的主瓣以外的立体角上进行的。

天线主波束效率 η_M 和天线杂散因子 η_m 的定义:

$$\eta_M = \frac{\iint\limits_{主瓣} F_n(\theta,\varphi)\mathrm{d}\Omega}{\iint\limits_{4\pi} F_n(\theta,\varphi)\mathrm{d}\Omega} \tag{2.31}$$

$$\eta_m = \frac{\iint\limits_{4\pi-主瓣} F_n(\theta,\varphi)\mathrm{d}\Omega}{\iint\limits_{4\pi} F_n(\theta,\varphi)\mathrm{d}\Omega} = 1-\eta_M \tag{2.32}$$

利用式(2.29)～(2.32)可将式(2.28)化简为

$$T_A = \eta_M \overline{T}_{ML} + (1-\eta_M)\overline{T}_{SL} \tag{2.33}$$

由于人体隐匿物品探测一般为近距离探测,因此,常常需要在人体和辐射计阵列之间加入聚焦天线以提高空间分辨率。由于聚焦天线的引入,当馈源天线的主波束对准透镜时,馈源天线接收到的是人体或目标上某一个小范围焦斑的视在温度,该温度在天线的主波束范围内可近似为常数,因此主瓣贡献的有效视在温度等于人体或隐匿物品在该方向(即目标点通过聚焦天线投射到馈源天线的方向)上的视在温度,即

$$\overline{T}_{ML} = T_{AP}(\theta,\varphi) \tag{2.34}$$

假设副瓣贡献的有效视在温度是均匀的,等于环境温度,即

$$\overline{T}_{SL} = T_s \tag{2.35}$$

则式(2.33)可表示为

$$T_A = \eta_M T_{AP}(\theta,\varphi) + (1-\eta_M)T_s \tag{2.36}$$

一般,聚焦天线会采用介质透镜,假设介质透镜的透射率为 α,介质透镜本身的物理温度为 T_{op},则在人体和辐射计阵列间加入透镜后的天线温度可表示为

$$T_A = \eta_M[\alpha T_{AP}(\theta,\varphi) + (1-\alpha)T_{op}] + (1-\eta_M)T_s \tag{2.37}$$

(2)馈源天线辐射效率。

前面讨论的天线温度 T_A 的表达式是在假设天线是无损的条件下推出的,但实际上天线是一种有损器件,天线接收的部分能量以热损耗的形式被天线材料吸收了。定义天线端口的接收功率与入射功率之比为 η_1,从接收机"看"时,有损天线的天线温度为 T'_A,则有损天线的天线温度既包括通过天线传递的热辐射,又包括天线自身发射的辐射,根据功率—温度对应关系,有

$$T'_A = \eta_1 T_A + (1-\eta_1)T_0 \tag{2.38}$$

式中　T_0——天线的物理温度,K。

将式(2.37)代入式(2.38),得

$$T'_A = \eta_1 \{ \eta_M [\alpha T_{AP}(\theta, \varphi) + (1-\alpha) T_{op}] + (1-\eta_M) T_s \} + (1-\eta_1) T_0 \quad (2.39)$$

式(2.39)给出了有损天线温度与视在温度之间的关系,其中,考虑了天线的波束效率、辐射效率和近场成像引入聚焦天线的影响。

5. 有损天线温度辐射计输入功率与输出电压

根据温度－功率对应关系,可得有损天线温度 T'_A 与辐射计接收机输入端的噪声功率 P 之间的关系为

$$P = k T'_A \Delta f \quad (2.40)$$

式中　　Δf——辐射计接收机带宽;

　　　　k——玻耳兹曼常数。

根据辐射计定标方程,可得有损天线温度 T'_A 与辐射计接收机输出电压 U_{out} 之间的关系为

$$U_{out} = a T'_A + b \quad (2.41)$$

式中　　a、b——定标系数。

6. 各种辐射测量温度关系总结

上述分析中讨论了辐射源物理温度 T、辐射源亮温 $T_B(\theta, \varphi)$、视在温度 $T_{AP}(\theta, \varphi)$、天线温度 T_A、有损天线温度 T'_A 和辐射计接收机输入噪声功率 P 及其输出电压 U_{out} 之间的关系,可见,辐射源亮温表征了辐射源表面或体积的自身辐射,仅与其物理温度和发射率有关;视在温度表征了天线“看到的”即入射到天线上的能量对应的亮温,它是辐射源本身亮温、反射环境温度和透射背景温度的复杂函数;天线温度是视在温度分布按天线加权函数 $F_n(\theta, \varphi)$ 在 4π 立体角上积分,并按加权函数的积分归一化;结合功率－温度对应关系,建立了辐射计接收机输入噪声功率和输出电压与有损天线温度之间的关系。辐射源亮温、视在温度和天线温度都是等效黑体辐射测量温度,通过分析可以清晰地了解从辐射源到接收机的亮温变化,为进一步探索毫米波成像系统可探测的最小温度差异提供了重要的理论依据。

2.2.2　隐匿物品与人体温度对比度分析

被动毫米波成像系统的关键技术指标包括温度灵敏度、空间分辨率、成像帧频、采样率等。其中温度灵敏度是指成像系统能分辨的最小温差,它不仅与辐射计接收机本身的性能有关,还与系统整体的匹配密切相关,因此,系统的温度灵敏度不等同于辐射计本身的温度灵敏度。

在室内环境,隐匿物品与人体的毫米波亮温差异较小,因此,在研究毫米波成像的关键技术之前,需要探索不同隐匿物品和不同透射率的衣物对系统温度灵敏度及接收机温度灵敏度的要求。本节首先对隐匿物品与人体的视在温度差异进行分析,进而建立视在温度差异与天线温度差异的关系,其中包含天线波束效率、辐射效率等多种复杂因素,最终得出室内外探测人体隐匿物品对接收机温度灵敏度及系统温度灵敏度的要求。

1. 人体隐匿物品探测视在温度差异

如图 2.7 所示,人体和目标的视在亮温主要包括三部分:一是衣物自身对天线的辐射;二是环境温度经衣物反射后对天线的辐射;三是从衣物后透射的亮温对天线的辐射。其中第三部分从衣物后透射的亮温较为复杂,它包括人体或隐匿物自身的辐射和人体对等效环境温度的反射两部分,而等效环境温度包括环境温度经衣物的透射、衣物本身对人体的辐射和衣物反射的人体或隐匿物的亮温。因此,人体和目标的亮温可由下式表示(人体和隐匿目标透射率视为 0):

$$T_{AP}^{h} = [\varepsilon_h T_h + T'_s \rho_h] t_c + \varepsilon_c T_c + \rho_c T_s$$
$$= [\varepsilon_h T_h + (T_s t_c + \varepsilon_c T_c + \rho_c T_h) \rho_h] t_c + \varepsilon_c T_c + \rho_c T_s \tag{2.42}$$

$$T_{AP}^{o} = [\varepsilon_o T_o + T'_s \rho_o] t_c + \varepsilon_c T_c + \rho_c T_s$$
$$= [\varepsilon_o T_o + (T_s t_c + \varepsilon_c T_c + \rho_c T'_o) \rho_o] t_c + \varepsilon_c T_c + \rho_c T_s \tag{2.43}$$

式中　　T_{AP}^{h}—— 人体视在亮温,K;

　　　　T_{AP}^{o}—— 目标视在亮温,K;

　　　　ε_h—— 人体发射率;

　　　　ρ_h—— 人体反射率;

　　　　ε_c—— 衣物发射率;

　　　　t_c—— 衣物透射率;

　　　　ρ_c—— 衣物反射率;

　　　　ε_o—— 隐匿目标发射率;

　　　　ρ_o—— 隐匿目标反射率;

　　　　T_h—— 人体物理温度,K;

　　　　T_c—— 衣物物理温度,K;

　　　　T_o—— 隐匿物理温度,K,$T_o = T_h$;

　　　　T'_o—— 隐匿物等效物理温度,K;

　　　　T_s—— 环境温度,K;

　　　　T'_s—— 等效环境温度,K。

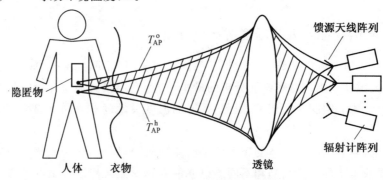

图 2.7　人体与隐匿目标视在亮温差异示意图

隐匿物等效物理温度 T'_o 随其发射率和反射率变化而改变,介于环境温度 T_s 和人体物理温度 T_h 之间。衣物对人体辐射时,其朝向人体的一侧温度小于且接近人体温度,因此式

(2.42) 和式(2.43) 中的等效环境温度 T'_s 中的 T_c 和 T_h 可近似为 T_h，于是，这两个公式可简化为

$$
\begin{aligned}
T^h_{AP} &= [\varepsilon_h T_h + (T_s t_c + \varepsilon_c T_h + \rho_c T_h)\rho_h] t_c + \varepsilon_c T_c + \rho_c T_s \\
&= \{\varepsilon_h T_h + [T_s t_c + (\varepsilon_c + \rho_c) T_h]\rho_h\} t_c + \varepsilon_c T_c + \rho_c T_s \\
&= \{\varepsilon_h T_h + [T_s t_c + (1 - t_c) T_h]\rho_h\} t_c + \varepsilon_c T_c + \rho_c T_s
\end{aligned} \tag{2.44}
$$

$$
\begin{aligned}
T^o_{AP} &= [\varepsilon_o T_o + (T_s t_c + \varepsilon_c T_h + \rho_c T_h)\rho_o] t_c + \varepsilon_c T_c + \rho_c T_s \\
&= \{\varepsilon_o T_o + [T_s t_c + (\varepsilon_c + \rho_c) T_h]\rho_o\} t_c + \varepsilon_c T_c + \rho_c T_s \\
&= \{\varepsilon_o T_o + [T_s t_c + (1 - t_c) T_h]\rho_o\} t_c + \varepsilon_c T_c + \rho_c T_s
\end{aligned} \tag{2.45}
$$

由式(2.44) 和式(2.45) 可以推导出隐匿目标与人体的视在亮温差异 ΔT_{AP} 为

$$
\begin{aligned}
\Delta T_{AP} &= T^h_{AP} - T^o_{AP} \\
&= t_c \{(\varepsilon_h T_h - \varepsilon_o T_o) + (\rho_h - \rho_o)[T_s t_c + (1 - t_c) T_h]\}
\end{aligned} \tag{2.46}
$$

2. 人体隐匿物品探测有损天线温度差异

成像系统各部分及各部分匹配对隐匿物与人体温度对比度存在较大的影响。将人体和隐匿目标的视在温度表达式(2.44) 和式(2.45) 代入式(2.39)，可得有损天线温度与人体和隐匿物亮温之间的关系为

$$
\begin{aligned}
T'^h_A &= \eta_1 \{\eta_M \{\alpha[(\varepsilon_h T_h + (T_s t_c + (1 - t_c) T_h)\rho_h) t_c + \varepsilon_c T_c + \rho_c T_s] + \\
&\quad (1 - \alpha) T_{op}\} + (1 - \eta_M) T_s\} + (1 - \eta_1) T_0
\end{aligned} \tag{2.47}
$$

$$
\begin{aligned}
T'^o_A &= \eta_1 \{\eta_M \{\alpha[(\varepsilon_o T_o + (T_s t_c + (1 - t_c) T_h)\rho_o) t_c + \varepsilon_c T_c + \rho_c T_s] + \\
&\quad (1 - \alpha) T_{op}\} + (1 - \eta_M) T_s\} + (1 - \eta_1) T_0
\end{aligned} \tag{2.48}
$$

式中　　T'^h_A—— 人体上某一点对应的有损天线温度；

　　　　T'^o_A—— 隐匿物品上某一点对应的有损天线温度。

由式(2.47) 和式(2.48) 可推导出有损天线温度差异 $\Delta T'_A$ 为

$$
\begin{aligned}
\Delta T'_A &= \eta_1 \eta_M \alpha \{t_c [(\varepsilon_h T_h - \varepsilon_o T_o) + (\rho_h - \rho_o)(T_s t_c + (1 - t_c) T_h)]\} \\
&= \eta_1 \eta_M \alpha \Delta T_{AP}
\end{aligned} \tag{2.49}
$$

考虑系统其他因素产生的损耗，例如加入反射板等，定义其效率为 γ，则有损天线温度差异可进一步表示为

$$
\Delta T'_A = \gamma \eta_1 \eta_M \alpha \Delta T_{AP} = \eta \Delta T_{AP} \tag{2.50}
$$

式中　　η—— 有损天线温度与视在温度效率系数。

可见，有损天线温度差异与视在温度差异呈线性关系，二者仅与人体和隐匿物的辐射率以及衣物的透射率有关，与衣物的发射率和反射率无关。成像系统各部分的设计以及各部分之间的匹配对系统的温度灵敏度存在重要影响。

最后，根据温度－功率对应关系，可得辐射计接收机输入噪声功率为

$$
P^h = k T'^h_A \Delta f \tag{2.51}
$$

$$
P^o = k T'^o_A \Delta f \tag{2.52}
$$

由此可得辐射计接收机输入噪声功率差异 ΔP 为

$$
\Delta P = k(T'^h_A - T'^o_A)\Delta f \tag{2.53}
$$

3. 金属和非金属隐匿物与人体室内外温度对比度分析

通过上述分析，推导出人体和隐匿目标视在温度差异和天线温度差异。下面就室内外

探测金属和非金属隐匿物时对人体与隐匿物温度对比度进行分析,从而给出为了识别隐匿物对系统温度灵敏度的要求。

(1) 金属隐匿物。

金属的发射率和反射率约为 0 和 1,代入式(2.46)和式(2.50),可得金属隐匿物与人体视在温度差异和有损天线温度差异,表达式为

$$\Delta T_{\mathrm{AP}} = \varepsilon_{\mathrm{h}} t_{\mathrm{c}}^2 (T_{\mathrm{h}} - T_{\mathrm{s}}) \tag{2.54}$$

$$\Delta T'_{\mathrm{A}} = \eta \Delta T_{\mathrm{AP}} = \eta \varepsilon_{\mathrm{h}} t_{\mathrm{c}}^2 (T_{\mathrm{h}} - T_{\mathrm{s}}) \tag{2.55}$$

根据文献[4],Ka 频段人体的发射率和反射率约为 0.5 和 0.5;W 频段人体的发射率和反射率约为 0.9 和 0.1。当人体物理温度 T_{h} 为 310 K、环境温度 T_{s} 为 293 K、衣物透射率 t_{c} 为 0.8 时,假设有损天线温度与视在温度效率系数为 0.3,绘制 Ka 和 W 频段人体与金属隐匿目标温度对比度随环境温度的变化关系,如图 2.8 所示。由图可见,随着环境温度的升高,视在温度差异和天线温度差异均呈减小趋势;有损天线温度差异小于相同条件下视在温度差异;W 频段的人体和金属隐匿物品的温度对比度大于 Ka 频段的温度对比度;在"冷"背景下更容易探测出人体隐匿金属物品。图中环境温度小于 150 K 的部分表示室外探测情况,在地面上观测到的天空亮温是不确定的,它受季节、气候以及云层等影响较大,研究表明在毫米波波段天空温度基本为 30 ~ 150 K。

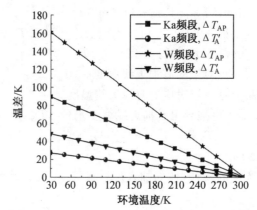

图 2.8 Ka 和 W 频段人体与金属隐匿目标温度对比度随环境温度的变化

其他条件不变,取环境温度分别为 150 K 和 293 K,即室外和室内探测情况,观察 Ka 和 W 频段人体与金属隐匿目标天线视在温度差异随衣物透射率的变化关系,如图 2.9 所示。由图可见,人体与金属隐匿目标视在温度差异随衣物透射率的变化呈现非线性关系,近似二次曲线,相同条件下,衣物透射率越大,视在温度差异越大,越容易分辨人体和隐匿物品。室内温度为 293 K,衣物透射率大于 0.34 时,Ka 频段视在温度差异大于 1 K;室内温度 300 K,衣物透射率大于 0.45 时,Ka 频段视在温度差异大于 1 K。

根据文献[5]的 T 恤和皮夹克透射率和人体反射率测试结果,在其他条件不变情况下,观察人体与金属隐匿目标视在天线温度差异随频率的变化关系,如图 2.10 所示,人体反射率、T 恤和皮夹克的透射率随频率变化曲线如图 2.11 所示。由图 2.10 和图 2.11 可见,在 Ka 频段到 W 频段,尽管随着频率升高,衣物透射率在下降,但同时人体反射率下降得更快,因此,视在温度差异随频率的增大而增大;在高于 W 频段,随着频率的升高,衣物的透射率持

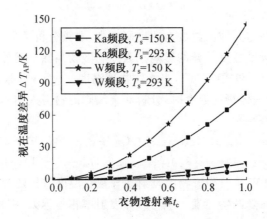

图 2.9　Ka 和 W 频段人体与金属隐匿目标视在温度差异 ΔT_{AP} 随衣物透射率的变化

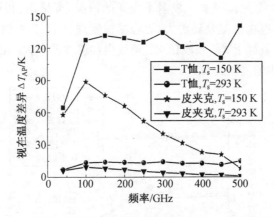

图 2.10　人体与金属隐匿目标视在温度差异 ΔT_{AP} 随频率的变化

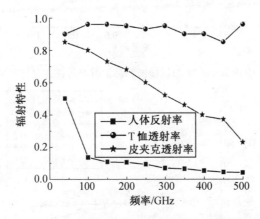

图 2.11　人体反射率和典型衣物透射率随频率的变化

续变小,而人体反射率的变化却趋于平缓,因此,人体和金属隐匿物品视在温度差异随频率的升高而减小。在室内温度较高且衣物透射率较差的条件下,视在温度差异变得很小,对系统温度灵敏度提出了很高要求。

（2）非金属隐匿物。

在对金属隐匿物品与人体的温度对比度研究中，着重分析了环境温度、衣物透射率和频率对视在温度差异和天线温度差异的影响。人体隐匿物品除金属外，还包括塑料、炸药等非金属物品，根据式（2.46）和式（2.50），当人体物理温度 T_h 为 310 K、环境温度 T_s 为 293 K、隐匿物品温度 T_o 等于人体物理温度时，分析非金属隐匿物与人体的视在温度差异和有损天线温度差异，如下式所示：

$$\Delta T_{AP} = t_c [310(\varepsilon_h - \varepsilon_o) + (\rho_h + \varepsilon_o - 1)(310 - 17t_c)] \tag{2.56}$$

$$\Delta T'_A = \eta \Delta T_{AP} = \eta t_c [310(\varepsilon_h - \varepsilon_o) + (\rho_h + \varepsilon_o - 1)(310 - 17t_c)] \tag{2.57}$$

观察室内外 Ka 和 W 频段隐匿物品发射率与视在温度差异的关系，如图 2.12 和图 2.13 所示。由图可见，第一，隐匿物品发射率与人体发射率相差越大，则视在温度差异越大，也就越容易被发现。当隐匿物品发射率与人体发射率相等时，则无法检测到二者的温度差异，也就无法发现隐匿物品。金属隐匿物是发射率为 0 的情况，可见，在相同条件下，金属隐匿物与非金属隐匿物相比，视在温度差异更大，更容易被发现。第二，衣物透射率越大，视在温度差异越大。第三，相同条件下，W 频段比 Ka 频段视在温度差异大。第四，相同条件下，室外视在温度差异大于室内温度对比度。

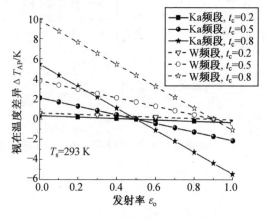

图 2.12　室内 Ka 和 W 频段隐匿物品发射率与视在温度差异的关系

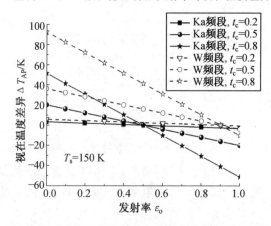

图 2.13　室外 Ka 和 W 频段隐匿物品发射率与视在温度差异的关系

（3）室内探测人体隐匿物品对系统温度灵敏度要求。

在 Ka 频段，一般衣物的透射率大于 0.8，因此，在室温 $T=293$ K 条件下，人体与隐匿物辐射率差值大于 0.15 时，根据式（2.56）计算人体与隐匿物视在温度差异为 1.632，若有损天线温度与视在温度效率系数 $\eta=0.6$，则有损天线温度差异为 0.98，因此，大部分室内探测人体隐匿物品情况下，只有当系统温度灵敏度小于 1 K 时，才能识别大部分金属和非金属物品。

2.2.3　典型物品毫米波辐射特性

不同物质的毫米波辐射特性不同，一般来说，相对介电系数较高或导电率较高的物质，辐射率较小，反射系数较高。在相同的温度下，高导电材料较低导电材料的辐射温度低，即较冷。衣物的透射率和隐匿物品的发射率对视在温度差异影响较大，通常，发射率是一个多种因素的复杂函数，它决定于物体的介电常数、表面粗糙程度和实际物理温度等物理性质以及观测方向、波长、极化等条件。因此，要准确地测量和描述物质的发射率、反射率和透射率非常困难，但是在误差允许的范围内，采用实验的手段测量其近似值是可行的。在人体隐匿物品探测中，最关心的是人体皮肤的发射率、隐匿物品的发射率和衣物的透射率。根据文献[4]和[5]，人体皮肤的辐射率在 Ka 频段为 0.5，在 W 频段为 0.9。金属的反射率近似为 1。

隐匿物发射率测试方法原理图如图 2.14 所示。将厚度均匀、材料特性均匀的待测物体置于金属板上，紧密贴合，令低温噪声源以 θ 角向待测物体入射，辐射计天线的主波束接收由物体反射的噪声。假设物体的透射率为 0，则测得的天线温度 T_{AP} 为

$$\begin{aligned} T_{\text{AP}} &= eT_0 + \rho T_{\text{s}} \\ &= eT_0 + (1-e)T_{\text{s}} \end{aligned} \tag{2.58}$$

式中　T_0——待测物体自身的物理温度；

$\quad\quad T_{\text{s}}$——低温噪声源的亮温（采用吸波材料，近似等于其物理温度）；

$\quad\quad e$——待测物体发射率；

$\quad\quad \rho$——待测物体反射率。

天线温度 T_{AP} 可由输出电压 U_{out} 结合辐射计定标方程求得，因此，物体发射率可表示为

$$e = (T_0 - T_{\text{s}})/(T_{\text{AP}} - T_{\text{s}}) \tag{2.59}$$

同样，也可求得待测物体的反射率，即

$$\rho = (T_{\text{s}} - T_0)/(T_{\text{AP}} - T_0) \tag{2.60}$$

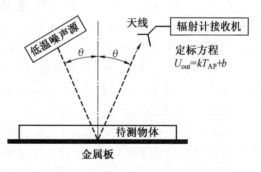

图 2.14　隐匿物发射率测试方法原理图

2.2.4　典型衣物的透射特性

衣物透射率实验采用 Agilent E8257D 信号发生器发射毫米波信号，采用 Ka 频段标准喇叭天线作为发射天线和接收天线，采用 Agilent E4447A 频谱分析仪接收来自信号源的辐射。发射天线和接收天线距离满足远场条件，保证二者最大增益方向一致。将不同材料和厚度的衣物置于发射天线和接收天线之间，测试频谱仪接收功率的变化。测试方案框图如图 2.15 所示，当频率为 35 GHz 时，不同材质和厚度衣物的透射率测试结果见表 2.1。

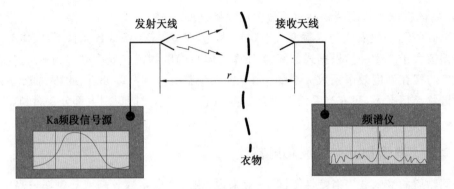

图 2.15　衣物透射率测试系统示意图

表 2.1　不同材质和厚度衣物的透射率测试结果($f=35$ GHz)

材料	厚度/mm	衰减/dB
纯棉 T 恤	0.9	0.2
羊绒衫	1.5	1.2
牛仔裤	2	1.4
羽绒服＋涤纶	5	1.5

　　衣物透射率实验中,衣物编织的密度、厚度、均匀度、表面粗糙度、所占波束比例等因素对测试的影响均较大,因此,本方案仅提供一种测试衣服透射率的有效方法,针对具体情况,上述数值略有差异,但总体趋势正确,符合国内外相关文献的测试结果。[6-22]

本章参考文献

[1] 乌拉比 F T,穆尔 R K,冯健超. 微波遥感第一卷:微波遥感基础和辐射测量学[M]. 侯世昌,马锡冠,译. 北京:科学出版社,1988:127-128.

[2] XIAO Z L, XU J Z, HU T Y. Research on the transmissivity of some clothing materials at millimeter-wave band[C]. Nanjing:International Conference on Microwave and Millimeter Wave Technology, 2008, ICMMT 2008, 2008:1750-1753.

[3] 肖泽龙. 毫米波对人体隐匿物品辐射成像研究[D]. 南京:南京理工大学,2007,21-22.

[4] ANDERTON R,APPLEBY R,COWARD P, et al. Security scanning at 35 GHz[C]. Orlando,FL,USA:Proceedings of SPIE Vol. 4373, Passive Millimeter-Wave Imaging Technology Ⅴ, 2001:16-23.

[5] SINCLAIR G, APPLEBYA R, COWARDA P, et al. Passive millimetre wave imaging in security scanning[C]. Orlando,FL,USA:Proceedings of SPIE Vol. 4032, In Passive Millimeter- Wave Imaging Technology Ⅳ, 2000:40-45.

[6] MU N X, YUAN P X, HE S S. Research on measuring material properties in the band of millimeter wave[C]. Irvine, CA:1993 IEEE Instrumentation and Measurement Technology Conference,1993:351-352.

[7] SIMONIS G J. Millimeter-wave material properties and measurements[C]. Palo Alto, CA, USA: 1987 IEEE MTT-S International Microwave Symposium Digest, 1987: 747-748.

[8] GHASSEMIPARVIN B, GHALICHECHIAN N. Broadband complex permittivity measurement of paraffin films at 26 GHz–1 THz using time domain spectroscopy[C]. San Diego, CA: 2017 IEEE International Symposium on Antennas and Propagation & USNC/URSI National Radio Science Meeting, 2017: 887-888.

[9] GHASSEMIPARVIN B, GHALICHECHIAN N. Permittivity and dielectric loss measurement of paraffin films for mmW and THz applications[C]. Cocoa Beach, FL: 2016 International Workshop on Antenna Technology, 2016: 48-50.

[10] SASAKI K, NAGAOKA T, WAKE K, et al. Dielectric property measurement of skin and dosimetry for millimeter wave irradiation up to 100 GHz[C]. Tokyo, Japan: 2014 International Symposium on Electromagnetic Compatibility, 2014: 537-540.

[11] LAMY Y, BOUAYADI O E, FERRANDON C, et al. MMW characterization of wafer level passivation for 3D silicon interposer[C]. Las Vegas, NV: 2013 IEEE 63rd Electronic Components and Technology Conference, 2013: 1887-1891.

[12] NEFEDOVA I I, LIOBTCHENKO D V, PARSHIN V V, et al. Dielectric properties measurement of carbon nanotubes on dielectric rod waveguide[C]. Gothenburg: 2013 7th European Conference on Antennas and Propagation (EuCAP), 2013: 3380-3382.

[13] CHAHAT N, ZHADOBOV M, SAULEAU R, et al. New method for determining dielectric properties of skin and phantoms at millimeter waves based on heating kinetics[J]. IEEE Transactions on Microwave Theory and Techniques, March 2012, 60(3): 827-832.

[14] MERIAKRI V V, CHIGRAY E E, NIKITIN I P, et al. Measurement of dielectric properties of liquid crystals in the millimeter and THz ranges[C]. Kharkov: 2010 International Kharkov Symposium on Physics and Engineering of Microwaves, Millimeter and Submillimeter Waves, 2010: 1-4.

[15] XIAO Z L, XU J Z, HU T Y. Research on the transmissivity of some clothing materials at millimeter-wave band[C]. Nanjing: 2008 International Conference on Microwave and Millimeter Wave Technology, 2008: 1750-1753.

[16] NOSE T, SAITO S, HONMA M. Measurements of the complex refractive index properties of the liquid crystal materials by using the W-band waveguide test cell [C]. Williamsburg, VA, USA: 2005 Joint 30th International Conference on Infrared and Millimeter Waves and 13th International Conference on Terahertz Electronics, 2005, 1: 186-187.

[17] MCMILLAN R W, CURRIE N C, FERRIS D D, et al. Concealed weapon detection

using microwave and millimeter wave sensors[C]. Beijing: Microwave and Millimeter Wave Technology Proceedings, 1998. ICMMT 1998. 1998 International Conference on, 1998: 1-4.

[18] CURRIE N C, ECHARD J D, GARY M J, et al. Millimeter-wave measurements and analysis of snow-covered ground[J]. IEEE Transactions on Geoscience and Remote Sensing, May 1988, 26(3): 307-317.

[19] NASHASHIBI A, ULABY F T, SARABANDI K. Measurement and modeling of the millimeter-wave backscatter response of soil surfaces[J]. IEEE Transactions on Geoscience and Remote Sensing, Mar 1996, 34(2): 561-572.

[20] KLENNER M, ZECH C, HUELSMANN A, et al. Analysis of dielectric properties of layered plastics at W-band frequencies[C]. Nuremberg, Germany: Sensors and Measuring Systems 2014; 17. ITG/GMA Symposium, 2014: 1-4.

[21] KAWASE K, HAYASHI S. THz techniques for human skin measurement[C]. Houston, TX: 2011 International Conference on Infrared, Millimeter, and Terahertz Waves, 2011: 1-2.

[22] MCCLOY J S, KOROLEV K A, LI Z, et al. Millimeter-wave dielectric properties of single-crystal ferroelectric and dielectric materials[J]. IEEE Transactions on Ultrasonics, Ferroelectrics, and Frequency Control, January 2011, 58(1): 18-29.

第 3 章 毫米波辐射计

毫米波辐射计是一种高灵敏度的毫米波接收机,通过接收被测目标自身的毫米波辐射,经过有效的数据反演进行定量分析。毫米波辐射计已成功地应用于大气、陆地、海洋遥感,为人类认识、了解其赖以生存的环境提供了有效的手段。前两章详细分析了毫米波辐射探测理论,本章将在上述理论基础上,对毫米波辐射探测成像的关键器件——毫米波辐射计进行介绍和分析。

毫米波辐射计是毫米波遥感和辐射测量技术的核心设备,它是进行背景和目标的毫米波辐射特性探测、成像判断的主要工具。在毫米波焦面阵成像中,辐射计的温度灵敏度、稳定性和体积是影响系统性能的重要参数,辐射计的温度灵敏度直接影响到系统可探测的最小温度差异。因此,本章首先介绍辐射计工作原理,并以此为基础,讨论描述辐射计性能指标的关键技术参数。其次,介绍几种基于不同工作原理的辐射计及其主要用途。再次,针对焦平面阵列的成像机理,介绍几种实用的辐射计阵列定标方法和相关原理。最后,介绍辐射计关键技术指标参数的实验测试方法,并总结和归纳毫米波器件的发展趋势。

3.1 毫米波辐射计工作原理

辐射计(Radiometer)是一种电磁辐射的测量装置,又称"放射计"。严格意义上讲,辐射计测量的是电磁辐射的辐射通量。毫米波辐射计并不发射电磁波,只被动地接收待测空间不同位置辐射的毫米波能量,进而完成对目标(例如地物、大气各成分、人体等)的低电平毫米波辐射的高灵敏度接收。因此,毫米波辐射计实际上就是一个高灵敏度、高分辨率的毫米波段接收机。

一般地,具有一定表面辐射率、温度处于绝对零度以上的物体在整个电磁波的频谱上都会辐射出电磁波。该电磁辐射的频谱与噪声类似,被称为热辐射。不同物体通常具有不同的热辐射频谱。有些物体可以辐射连续频谱,有些则辐射离散频谱。这一特性就为我们通过测量和分析其辐射频谱区分不同物体提供了可能性。作为一种无源遥感装置,毫米波辐射计恰恰是根据自然界中所有物体都会辐射电磁能量的原理制成的。毫米波遥感起步晚于可见光和红外遥感。但相对二者而言,毫米波辐射计具有全天候、全天时工作的优势。例如,可见光遥感只能工作于白天;红外遥感即使能在夜间工作,但受限于云雾或者雨雾等天气条件。

广义上,毫米波辐射计分系统主要包含三部分:第一,获取电磁信号的天线,该部件主要影响辐射计的空间分辨能力;第二,将收到的噪声功率转换为电压的接收机;第三,记录和显示设备。狭义上,毫米波辐射计特指具有弱信号探测能力的高灵敏度接收机部分,其主要技术指标包含温度灵敏度和空间分辨率,而后者主要取决于天线的孔径和系统的工作频率等因素。

　　毫米波辐射计这种被动接收待测物体和背景发射的电磁辐射的模式具有很多优点:第一,由于是被动接收,因此不容易被发现进而具有较好的保密性和隐蔽性,同时辐射计具有体积小、功耗低的优点;第二,因为毫米波具有一定穿透云层、雨、雾等天气条件的影响,因此具有较强的全天候、全天时工作能力;第三,相比于红外和可见光,毫米波具有一定的穿透被测物体的能力,这种特性使得毫米波在人体安检方面具有广阔的应用前景。

3.2　毫米波辐射计关键技术参数

3.2.1　噪声系数

　　由于二端口网络本身存在附加噪声,因此与输入端口相比,该网络输出端口的信噪比有所下降。用噪声系数 F 来度量二端口网络输入端口和输出端口之间信噪比的下降。任意二端口网络,当输入端口接匹配负载 R,该二端口网络内部产生的噪声可折算到输入端口的 R 上,称为等效输入噪声功率 P_{Ne}。当 R 处于 T_i 的环境温度时,T_i 使电子产生热运动从而产生噪声功率 P_{Ni},其数值的大小与温度 T_i 有关。若网络的增益为 G,则其输出端总的噪声功率为

$$P_{No} = (P_{Ni} + P_{Ne}) G \tag{3.1}$$

　　由式(3.1)可见,虽然输入端只接收 P_{Ni} 的噪声功率,但由于网络内部噪声,输出噪声功率应为输入噪声功率与等效噪声功率之和的 G 倍。

　　由温度和功率的关系式:

$$P_N = kTB \tag{3.2}$$

式中　　P_N——等效噪声功率;

　　　　k——玻耳兹曼常数,$k = 1.38 \times 10^{-28} \text{J/K}$;

　　　　T——环境的绝对温度,K;

　　　　B——系统的工作带宽。

可以得知

$$P_{No} = k(T_i + T_e)BG \tag{3.3}$$

式中　　T_i——二端口网络所处的环境温度,即输入对网络提供的噪声温度;

　　　　T_e——网络的等效输入噪声温度,即网络内部产生的噪声温度折合到网络输入端 R 上的噪声温度。

　　根据噪声系数 F 的定义:

$$F = \frac{P_s / P_{Ni}}{P_o / P_{No}} \tag{3.4}$$

式中　　P_s 和 P_o——输入、输出端的最大可用信号功率,两者之比为网络的增益,$G = \dfrac{P_o}{P_s}$。

　　将 G 和式(3.1)、式(3.2)代入式(3.3)中,则有

$$F = \frac{T_e}{T_i} + 1 \tag{3.5}$$

移项后可得网络的等效输入噪声温度为

$$T_e = (F-1)T_i \tag{3.6}$$

基于以上原理,可用噪声源的两种不同工作("点燃"和"熄灭")状态,测试接收机输出噪声功率指示的比值为 Y 系数,即 $Y = N_2/N_1$。

当噪声源处于"熄灭"状态时,输出端噪声功率指示为 N_1,则

$$N_1 = k(T_1 + T_e)G \tag{3.7}$$

式中　T_1—— 室温。

当噪声源处于"点燃"状态时,噪声源的等效噪声温度为 T_2,此时接收机输出端噪声功率为 N_2,则

$$N_2 = k(T_2 + T_e)G \tag{3.8}$$

将式(3.7)和式(3.8)代入式 $Y = \dfrac{N_2}{N_1}$,则有

$$T_e = \frac{T_2 - YT_1}{Y-1} \tag{3.9}$$

将式(3.9)代入式(3.5),则有

$$F = \frac{\dfrac{T_2}{T_0} - Y\dfrac{T_1}{T_0}}{Y-1} + 1 = \frac{\left(\dfrac{T_2}{T_0} - 1\right)\left[1 - \dfrac{Y\left(\dfrac{T_1}{T_0} - 1\right)}{\dfrac{T_2}{T_0} - 1}\right]}{Y-1} \tag{3.10}$$

上式两边取对数,用分贝表示噪声系数有

$$\text{NF/dB} = 10\lg\left(\frac{T_2}{T_1} - 1\right) - 10\lg(Y-1) + 10\lg\left[1 - \frac{Y(T_1 - T_0)}{T_2 - T_0}\right]$$
$$= \text{ENR} - 10\lg(Y-1) + \Delta \tag{3.11}$$

式中　ENR—— 超过室温的噪声温度对室温的噪声温度的比值取对数,称为超噪比,

$$\text{ENR} = 10\lg\left(\frac{T_2}{T_0} - 1\right) = 10\lg\left(\frac{T_2 - T_0}{T_0}\right);$$

Δ—— T_1 不等于室温 T_0 时的噪声系数修正值,$\Delta = 10\lg\left[1 - \dfrac{Y(T_1 - T_0)}{T_2 - T_0}\right]$。当 $T_1 = T_0$ 时,$\Delta = 0$,此时噪声系数可简化为

$$\text{NF/dB} = \text{ENR} - 10\lg(Y-1) \tag{3.12}$$

3.2.2　带宽

工作带宽是辐射计的重要参数,检波前带宽越宽,辐射计的温度灵敏度越高。由于毫米波辐射计是通过在强背景噪声中提取弱电磁辐射信号进行工作的宽频带接收机,它要求辐射计的输出电压能够精确地反映被测场景的温度分布,需要辐射计有很高的灵敏度和线性度。

同时,毫米波辐射计还要在具备高灵敏度的基础上,提供足够的增益,以避免被测信号被低频放大器和平方律检波器件的电子噪声湮没。因此,毫米波辐射计中各级放大器的设计和优化将成为决定辐射计工作带宽的决定因素。

对于辐射计的检波前带宽 B，一般可以利用滤波器的功率增益计算如下：

$$B = \frac{\left[\int_0^\infty G(f)\,\mathrm{d}f\right]^2}{\int_0^\infty |G(f)|^2\mathrm{d}f} \qquad (3.13)$$

式中 $G(f)$——滤波器的功率增益谱。

为了提高灵敏度，可以增加带宽 B，但增加带宽 B 将以降低频谱灵敏度为代价来改进辐射计测量灵敏度。频谱灵敏度 Q 的定义为

$$Q = \frac{f_0}{B} \qquad (3.14)$$

式中 f_0——中心频率；

B——有效带宽。

3.2.3 积分时间

辐射计的积分器由模拟积分器和数字积分器两部分组成。模拟积分器由 OP-07 运算放大器作为有源元件，构成一阶 RC 积分器，积分时间为 50 ms。由数字低通滤波器实现数字积分器，数学方程如下：

$$V_{\mathrm{TA}}(K) = \frac{V(K)}{1+T_0/T_s} + \frac{T_0 \cdot V_{\mathrm{TA}}(K-1)}{T_s(1+T_0/T_s)} \qquad (3.15)$$

式中 T_0——数字滤波器时间常数；

T_s——采样周期；

$V(K)$——本次输入数据；

$V_{\mathrm{TA}}(K-1)$——前次滤波器输出数据。

累加平均器每输出一个数据，数字滤波器就有一个输出数据与之相对应，这样在数据输出间隔不变的情况下，可以增加系统的积分时间。设：$d = 1/(1+T_0/T_s)$，$e = T_0/[T_s(1+T_0/T_s)]$，$d+e=1$，则式(3.15)简化为

$$V_{\mathrm{TA}}(K) = d \cdot V(K) + e \cdot V_{\mathrm{TA}}(K-1) = d \cdot V(K) + (1-d)V_{\mathrm{TA}}(K-1) \qquad (3.16)$$

适当选择 d 值，可决定数字滤波器的积分时间常数，即决定了系统的等效积分时间。通常选取 d 为 2 的负幂次方，这样上式可以得到简化，提高运算速度，仅使用移位和加减法即可实现。理论上，积分时间越长，系统的温度灵敏度越佳。另一方面，积分时间受到很多实际因素的影响不可能无限增加。对于一般辐射计，积分时间的选择受到系统性能限制。积分时间的下限通常由积分器前电路的相应时间所决定。比如，实际系统对于成像帧频的要求可能会限制积分时间的选择。对于旋转式或扫描式辐射计来说，积分时间受扫描速度、目标大小、天线波束影响，必须根据系统及目标特性来确定。

3.2.4 温度灵敏度

温度灵敏度是衡量毫米波辐射计能够检测出来的最小天线温度的变化量，即单位辐射亮温变量所引起的辐射计输出电压的变化值大小，单位是毫伏／开(mV/K)。

全功率辐射计的灵敏度主要受两部分影响，一是由噪声起伏引起的温度均方根测量起

伏 ΔT_n,其值为

$$\Delta T_n = \frac{(T'_A + T_{sys})}{\sqrt{B\tau}} \tag{3.17}$$

其中 τ 为检波后积分时间。另一部分是接收机增益起伏 ΔG 引起的附加温度变化 ΔT_G,即

$$\Delta T_G = \frac{\Delta G}{G}(T'_A + T_{sys}) \tag{3.18}$$

噪声起伏和增益起伏可认为在统计上是独立的,全功率辐射计的温度灵敏度即由这两者决定,即

$$\Delta T_{min} = \sqrt{\Delta T_n^2 + \Delta T_G^2} = (T'_A + T_{sys})\sqrt{\frac{1}{\sqrt{B\tau}} + \left(\frac{\Delta G}{G}\right)^2} \tag{3.19}$$

狄克式辐射计的 ΔT_G 几乎可认为为零,但由于积分时间仅为全功率式辐射计的一半,因此 ΔT_G 是全功率式的两倍,故狄克式辐射计的优势更在于积分时间较长的应用场合中,如宇宙辐射测量等,而在积分时间较短的应用中并无优势。它的物理意义是被测目标的辐射亮温变化 1 K 时,辐射计的输出电压变化了多少毫伏。这个数字越大,辐射计的温度灵敏度就越高,也就是说辐射计能够分辨出辐射亮温差异更小的两种被测媒质。可以通过增加接收机的工作带宽和积分时间来提高辐射计的温度灵敏度。值得注意的是,温度灵敏度不只是衡量辐射计性能的关键技术指标,同时也是衡量毫米波成像系统的主要性能参数。

另一方面,辐射计的温度灵敏度也不是越高越好。对于任何仪器设备,其灵敏度越高,测量时的稳定性就越差。故在保证测量准确性的前提下,灵敏度也不宜要求过高。接下来介绍衡量辐射计好坏的另外两个“度”,即准确度和稳定度。

3.2.5　准确度

辐射计系统的准确度包括绝对准确度和相对准确度。绝对准确度一般以 ΔT_{ABS} 表示,它表示辐射计的检测温度与输入天线温度真实值之间差异的估计值,主要取决于定标精度,单位为 K。相对准确度以 ΔT_{REL} 表示,它表示在用标准噪声源模拟辐射计系统的天线输入温度时,辐射计检测温度与标准噪声源温度之间差值的统计值,单位为 K。

绝对准确度是毫米波辐射计的一个重要技术指标。毫米波辐射计是通过测得的天线温度去反演被测物体的亮温或者视在温度,因此天线温度的准确与否是非常重要的。对于线性辐射计,目前常用下列几种定标的方法:

① 利用高低温匹配负载代替天线定标。

② 对于喇叭天线辐射计,可以按照特制的定标匹配负载进行定标。

③ 对于大口径天线辐射计,目前尚无理想的定标方法。

现行辐射计系统通常采用两点定标的方法以确定天线温度的绝对数值,这就要求定标方法的科学性和定标设备的精确程度。对于某些特定的应用来说,人们不需要知道被测物体的精确辐射亮温,而只需要掌握被测物体与背景环境之间的辐射亮温差。在这种应用背景下,对辐射计的准确度要求可以适当放宽,例如,安检成像等方面的应用。

相对准确度的测量装置框图如图 3.1 所示。将标准辐射噪声源直接接到辐射计输入端。当辐射计工作稳定后,根据温度指示器的读数求出观测温度的平均值,计算公式为

$$\overline{U_0} = \sum_{i=1}^{n} \frac{U_{oi}}{n} \qquad (3.20)$$

$$\Delta T_{REL} = T_{so} - \overline{U_0} \left| \frac{\Delta T}{\overline{U_2} - \overline{U_1}} \right| \qquad (3.21)$$

式中　　T_{so}——标准辐射噪声源输出口的定标数据。

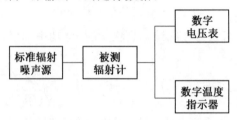

图 3.1　相对准确度的测量装置框图

3.2.6　稳定度

辐射计稳定度表征了辐射计在规定的工作条件下及规定的工作时间内,保持规定技术性能的能力。用以下方式进行衡量:在规定的时间内(长期稳定度规定考核时间为 8 h 以上,短期稳定度规定的考核时间为 10 min 以内),在辐射计输入亮温恒定时,实测的天线温度变化最大范围 $\Delta T'_A$ 与定标负载物理温度的变化 ΔT_0 的差值 $\Delta T (\Delta T = \Delta T'_A - \Delta T_0)$ 即为辐射计的稳定度。

稳定性是指辐射计的系统增益以及系统噪声随时间而变化的稳定程度,同时包含辐射计本身对这种波动的修正。通常,也将这种现象称为"慢漂"。稳定性表示的是辐射计能够连续获取可信数据的能力。对于全功率辐射计,其设计中没有消除增益起伏和噪声起伏,所以稳定性是很差的。Dicke 和 NIR(Noise Injection Radiometer)等类型辐射计的设计都是为了克服辐射计本身增益和噪声的起伏,提高辐射计的稳定性。

3.3　毫米波辐射计类型

初期的毫米波辐射计是建立在简单的超外差接收机的基础上的,系统存在较大的噪声波动和增益漂移,难以检测出极其微弱的物体的毫米波辐射。随着毫米波部件性能的提高和计算机技术的长足发展,毫米波技术在无线通信和雷达系统中的应用不断增多。精确制导和探测技术的发展,对战场和周边环境气象条件的毫米波辐射测量提出了越来越高的要求。

毫米波辐射计的温度灵敏度,即最小可检测温度差异 ΔT_{min} 定义为

$$\Delta T_{min} = \sqrt{\Delta T_N^2 + \Delta T_G^2} \qquad (3.22)$$

式中　　ΔT_N——系统噪声温度引起的不确定性;

　　　　ΔT_G——系统增益波动引起的不确定性。

在式(3.22)中,由系统噪声温度引起的不确定性定义为

$$\Delta T_N = \frac{a T_{sys}}{\sqrt{B\tau}} \qquad (3.23)$$

式中　T_{sys}——系统等效输入噪声温度；

　　　　a——辐射计常数；

　　　　B——辐射计检波前的等效噪声带宽；

　　　　τ——接收机的积分时间常数。

在式(3.22)中，由系统增益波动引起的不确定性定义为

$$\Delta T_G = T_{NE} \frac{\Delta G}{G} \tag{3.24}$$

式中　ΔG——系统增益波动量；

　　　　T_{NE}——噪声温度对增益波动影响的加权量。

对于不同形式的辐射计温度灵敏度具有不同的表达式。通过上述分析可知，为了提高辐射计接收机的温度灵敏度，必须减小系统增益和噪声波动对系统的影响。高温度灵敏度、高绝对精度、高稳定度成为考核毫米波辐射计性能的三项重要指标，因此科研工作者们一直致力于如何提高其性能的研究，发展新的理论和技术来提高毫米波辐射计的温度灵敏度，并消除和减少系统增益的波动。

1946 年狄克采用单刀双掷微波开关，交替接收来自天线和参考源的辐射信号，并进行相关检波和相减处理，大大减少了系统增益波动的影响，使毫米波辐射计理论研究走向实用化。1952 年 Ryle 研制出相位相关接收机，它由两个天线和两个全功率接收机组成，其中一个接收机的中频信号进行周期反相后与另一接收机的中频信号进行相关，其温度灵敏度与普通的狄克型毫米波辐射计一致。1955 ~ 1957 年，Goldstein 和 Tucker 分别研制出相关接收机，天线信号平行耦合给两个全功率接收机，中频信号进行相关处理，由于两台接收机本机噪声之间没有相关性而使其灵敏度得到提高。1958 年研制出 Graham 型接收机，它使两个狄克型辐射计的输出相加，其灵敏度比单独一台狄克型毫米波辐射计的灵敏度提高一倍。Seling 和 Goggins 分别于 1962 年和 1967 年研制出负反馈零平衡狄克毫米波辐射计，其通过反馈环路调整参考源通道或天线通道的噪声温度，使它们的噪声温度相等，以保证积分器输出总为零，使天线测量信号的准确度只与参考源的准确度有关，完全消除了系统增益波动的影响。1968 年 Hach 用两个已知差值的参考源输入系统，检测出系统增益的变化量，用此量调整后置信号放大器增益，以补偿系统增益变化，使毫米波辐射计的精度得到了提高。

表 3.1 给出了国内外典型毫米波辐射计的温度灵敏度表达式。

随着 MMIC 的迅速发展，毫米波 FPA 成像技术取得了飞跃式的进展。而毫米波 FPA 成像系统由于需要将毫米波接收机排成紧密的阵列，因此不仅对其温度灵敏度有极高的要求，同时对其外形尺寸也提出了较高的要求。

目前，毫米波辐射计主要包括超外差和直接检波两种结构形式。与超外差式接收机相比，直接检波式接收机的显著优点是：系统噪声温度低且不需要本振，同时，直流功耗低、结构简单、体积小，在系统积分时间短、集成化要求高的毫米波 FPA 成像系统中，具有显著的优势[5]。

当前国内直接检波式小型化辐射计具有代表性的研究成果是中国科学院上海微系统与信息技术研究所的关宏福等人研究的 Ka 频段小型化毫米波接收机。该接收机工作中心频率为 35 GHz，有效带宽约为 7.4 GHz，采用两级 LNA 实现约 30 dB 的射频放大。当环境温

度为 290 K、积分时间为 1 ms 时,可实现温度灵敏度小于 1 K。

表 3.1 国内外典型毫米波辐射计的温度灵敏度表达式

典型毫米波辐射计类型	系统噪声温度引起的不确定性 $\Delta T_{N} = aT_{sys} / \sqrt{B\tau}$	系统增益波动引起的不确定性 $\Delta T_{G} = T_{NE}\Delta G/G$
全功率毫米波辐射计	$a = 1$	$T_{sys} \cdot \Delta G/G$
狄克型毫米波辐射计方波调制、方波放大	$a = 2$	$(T_{A} - T_{R})\Delta G/G$
狄克型毫米波辐射计方波调制、正弦波放大	$a = \pi/\sqrt{2}$	$(T_{A} - T_{R})\Delta G/G$
狄克型毫米波辐射计正弦波调制、正弦波放大	$a = 2\sqrt{2}$	$(T_{A} - T_{R})\Delta G/G$
Graham 毫米波辐射计	$a = \sqrt{2}$	$(T_{A} - T_{R})\Delta G/G$
相关毫米波辐射计	$\sqrt{2}\sqrt{1 + (T_{A}/(2T_{sys}))^{2}}$	$T_{sys} \cdot \Delta G/G$
零平衡狄克型毫米波辐射计	$a = 2$	$T_{A} - T_{R} \to 0$
双参考温度毫米波辐射计	接近狄克型,$a = 2$	$\Delta T_{G} \to 0$
相位开关毫米波辐射计	$a = \sqrt{2}$	$T_{sys} \cdot \Delta G/G$
附加噪声毫米波辐射计	$a = 2$	$T_{sys} \cdot \Delta G/G$
数字增益自动补偿毫米波辐射计	接近全功率,$a \approx 1$	$\Delta T_{G} \to 0$
实时定标毫米波辐射计	接近全功率型,$a \approx 1$	$\Delta T_{G} \to 0$

3.3.1 直接检波式辐射计

本节致力于介绍和分析一种 Ka 频段小型化直接检波式辐射计,探索提高其温度灵敏度和稳定度的方法,优化接收机结构,使该辐射计具有更高的温度灵敏度、稳定性和一致性,适用于组成被动毫米波 FPA 成像系统接收机阵列。

1. 辐射计理论分析与电路设计

(1) 辐射计温度灵敏度。

根据式(3.22)可知,辐射计的可检测最小亮温差异——温度灵敏度 ΔT_{min},取决于系统噪声温度引起的不确定性 ΔT_{N} 和系统增益波动引起的不确定性 ΔT_{G}。而式(3.23)可以进一步表达为

$$\Delta T_{N} = \frac{aT_{sys}}{\sqrt{B\tau}} = \frac{a(T_{AP} + T_{REC})}{\sqrt{B\tau}} \tag{3.25}$$

式中 T_{REC}—— 接收机本身噪声温度,$T_{REC} = (N_{f} - 1)T_{sl}$,K;

         T_{AP}—— 天线接收到的目标辐射亮温,即视在温度,K;

         N_{f}—— 接收机噪声系数,等于输入信噪比和输出信噪比的比值取对数,计算中取线性值,dB;

         T_{sl}—— 环境温度,K。

对于直接检波式辐射计,系数 $a = 1$。可见,由于视在温度 T_{AP} 的变化不大,而噪声系数 N_{f} 的变化直接导致温度灵敏度成倍增长,因此影响辐射计温度灵敏度的主要参数是接收机

噪声系数 N_f、检波前的等效噪声带宽 B、积分时间 τ 以及接收机各部分之间的匹配。接收机噪声系数越小,检波前的等效噪声带宽越大,积分时间越长,则辐射计温度灵敏度越高。

根据式(3.21),由系统增益波动引起的不确定性主要取决于系统增益波动量 ΔG,采用对焦平面阵列进行整体校准的方法,抵消系统增益波动对温度灵敏度的影响,同时还提高了辐射计单元的输出一致性。在这种情况下,只要增益波动没有影响辐射计的线性度,就可忽略 ΔT_G 对温度灵敏度 ΔT_{min} 的影响。

(2)电路结构。

辐射计接收机电路结构示意图如图 3.2 所示。该辐射计首先利用对脊鳍线实现波导－微带过渡,采用三级 LNA MMIC 对输入噪声进行约 60 dB 的射频放大,然后经过平方律检波、滤波,再利用两级低频放大及积分电路,最终输出与目标点亮温对应的电压值。

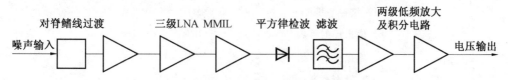

图 3.2　辐射计接收机电路结构示意图

①波导－微带过渡。当前的毫米波成像系统中大部分采用波导接口,为了使其能与微波电路很好地结合,需要研究波导－微带过渡结构。文献[3]提出了阶梯脊波导过渡,但该结构加工复杂,损耗较大。文献[4,5]提出了耦合探针过渡,该结构波导出口方向与电路平行,因此常常不满足系统结构的要求。文献[6]提出了对脊鳍线过渡,并经文献[7,8]的不断发展和完善,可获得较宽的工作带宽,但这种结构会产生一系列的谐振模式,如果某一个谐振频率正好落入其他器件的工作频带内,就可能产生耦合,影响器件的性能。

Ka 频段小型化直接检波式接收机前端采用对脊鳍线结构实现波导－微带过渡,如 3.3 所示,正面金属和背面金属均采用单指数曲线,介质基板采用 RT/Duroid5880,相对介电常数为 2.22,厚度为 0.254 mm,波导－微带过渡总长度为 12 mm。采用 CST Microwave Stutio® 仿真该波导－微带过渡的反射系数和传输系数,如图 3.4 所示。在 33～37 GHz 的范围内,反射系数小于 16 dB,传输系数小于 0.12 dB。

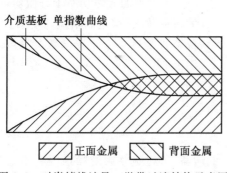

图 3.3　对脊鳍线波导－微带过渡结构示意图

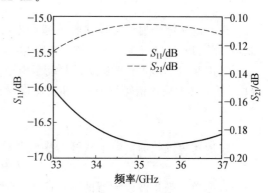

图 3.4　反射系数和传输系数仿真结果

②射频前端。毫米波辐射计被动接收目标和背景自身的毫米波辐射,而这些辐射是十

分微弱的。为了使有用噪声不被淹没,在射频前端使用三级 LNA MMIC 进行射频放大,以获得较高的温度灵敏度。在 LNA MMIC 的选择上应慎重考虑其工作带宽、增益和噪声系数等参数,保证电路实现最佳性能。工作于 Ka 频段的 LNA MMIC 主要包括:TGA4508,ALH427,A LH369 等。考虑系统性能要求和可实现性,选择型号为 TGA4508 的单片低噪放。单级 TGA4508 LNA 的主要技术指标见表 3.2,单级 TGA4508 LNA 的增益和反射系数如图 3.5 所示。单级 TGA4508 LNA 的噪声系数曲线如图 3.6 所示。

表 3.2　TGA4508 LNA 的主要技术指标

参数名称	参数值
工作频率	30～42 GHz
增益	21 dB
增益平坦度	$\Delta G = \pm 4$ dB
输入反射系数	IRL≥12 dB
输出反射系数	ORL≥12 dB
噪声系数	2.8 dB
1 dB 压缩点功率	14 dBm

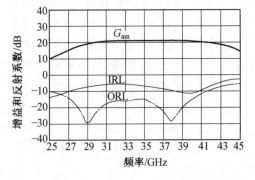

图 3.5　单级 TGA4508 LNA 的增益和反射系数

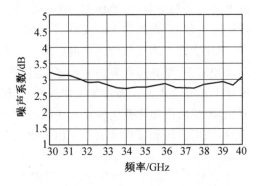

图 3.6　单级 TGA4508 LNA 的噪声系数

由于毫米波辐射计被动接收目标和背景的毫米波辐射,接收到的噪声功率十分微弱,因此,采用三级 TGA4508 LNA 进行级联以实现约 60 dB 的射频放大,满足高增益的要求。

噪声系数 N_f 和噪声因数 F 是衡量电子电路与系统噪声性能的一个重要参数。噪声因数 F 可定义为输入信噪比SNR_i 和输出信噪比SNR_o 的比值,即

$$F = \frac{SNR_i}{SNR_o} \tag{3.26}$$

一般噪声因数的对数形式称为噪声系数,记为

$$N_f/dB = 10 \lg F \tag{3.27}$$

根据单个毫米波放大器的噪声因数、各级 LNA 的增益,可得级联系统噪声因数 F_{total} 的表达式(假设各级之间的带宽相同)[9] 为

$$F_{total} = F_1 + \frac{F_2 - 1}{G_1} + \frac{F_3 - 1}{G_1 G_2} + \cdots \tag{3.28}$$

式中　F_1、F_2、F_3——第一、第二和第三级 LNA MMIC 的噪声因数；

G_1、G_2——第一和第二级的功率增益。

由式(3.28)可见,一个级联电路中,各级噪声对总噪声的影响是不同的,越是前级电路影响越大。当第一级的功率增益足够大时,其余各项则对总噪声贡献很小,可以忽略不计。可见,要降低电路的噪声系数,关键是减小第一级(最多包括第二级)的噪声系数,同时要提高前级功率增益。根据 TGA4508 在 35 GHz 的增益 21 dB 和噪声系数 2.8 dB 可得三级级联系统的噪声系数的理论值约为 2.9 dB。

采用 ADS 对 TriQuint 公司的 TGA4508 LNA 进行三级级联仿真,仿真结果如图 3.7、图 3.8 所示。从图中可见,优化后的级联系统在 30～38 GHz 的频带内增益较为平稳,约为 63 dB,系统噪声系数为 3～3.5 dB,与理论计算值相近,满足系统设计要求。

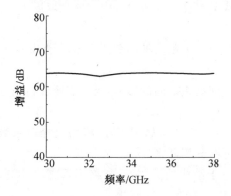 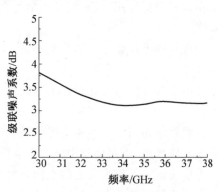

图 3.7　三级级联 TGA4508 LNA 的增益曲线　　　图 3.8　噪声系数曲线

③平方律检波器与滤波电路。平方律检波器是将功率量转换成电压量的关键单元,检波器的功率线性度对测量的准确性有着非常重要的影响。一个理想平方律检波器应该给出输出电压和输入噪声信号功率平均值的线性关系。毫米波辐射计的检波二极管通常采用零偏置低势垒肖特基二极管。综合考虑,采用 Agilent 公司的零偏置梁式引线检波二极管 HSCH－9161 作为 Ka 频段小型化接收机的检波元件,它具有低结电容、低温度系数的优点,工作频率可达 110 GHz。

④低频放大与积分电路。通常,毫米波辐射计接收机测量的是物质的辐射能量,进入辐射计的有用噪声信号都非常微弱。尽管利用 LNA MMIC 进行放大,但是经过平方律检波器之后,输出电压已经非常小。因此对检波后的输出进行滤波后,需要进行低频放大。经分析,采用一级低频放大器选择较大的放大倍数时,辐射计在接收大信号时极易产生自激,导致辐射计工作不稳定,所以提出了分级放大结构,采用 OP37 进行两级低频放大,每级放大倍数约为 100 倍。

积分器的集成运放采用 OP37,该芯片具有低失调、小温漂、宽输入和高共模抑制比等特点,电路原理图如图 3.9 所示。为实现积分功能,采用一阶有源 RC 电路,其后级联一个射极跟随器以提高输出带负载能力。图中 R_2 和 C 的取值决定了积分时间常数。

(3)壳体设计。

在毫米波波段,辐射计壳体的设计十分重要,实现有效的腔体模抑制对毫米波放大器正

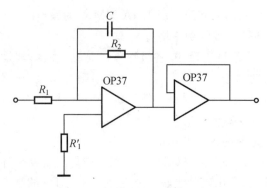

图 3.9　低频放大和积分电路

常工作具有重要作用。Ka 频段小型化直接检波式辐射计在腔体设计中主要采取以下方法，来实现结构的优化。

①从总体上应该令腔体尽量小，在工作频带内以最大限度抑制腔体模出现，特别是有源电路部分。

②由于芯片的结合处存在不连续性，为了减小前后级之间的影响，级间需要保持适当的距离。

③偏置电路对有源电路的影响较大，当设计不当（包括布局不当）时将增大噪声系数并会使放大器自激，电路优化中将偏置电路同放大电路分离开来。

④平面电路垂直方向上的空间要尽量小，但迫于结构的需要，不能缩小垂直尺寸，所以改用加装吸波材料的办法抑制腔体模的产生。

⑤壳体内宽度 A 是个关键参数，必须满足 $A < \lambda H / 2$，其中 λH 是工作频段高端频率的波长。

2. 辐射计性能和参数分析

根据上述分析和优化，研制了 Ka 频段小型化直接检波式辐射计，其外观和电路如图 3.10 所示。

辐射计的工作带宽、正切灵敏度、接收机动态范围、线性度、温度灵敏度、噪声系数和稳定性是其工作性能的重要衡量参数。下面通过理论分析和实验测量的方法，分析 Ka 频段小型化毫米波辐射计的关键技术参数。

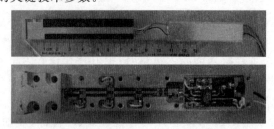

图 3.10　直接检波式辐射计的外观和电路图

（1）工作带宽。

工作带宽通常是指辐射计射频前端（即检波前电路）的工作频率范围。由式（2.17）可以定性地判断，辐射计的微弱信号探测能力，或者说辐射亮温的探测能力，将受到其工作带宽的影响。通常,辐射计的工作带宽越宽,则相同输入亮温条件下,辐射计的输出电平越大。也就是说,工作带宽越宽的辐射计将具有更高的温度灵敏度。

(2)正切灵敏度与接收机动态范围。

正切灵敏度反映了辐射计接收机部件能够检测到的最小功率。换句话说,接收到多么小的一个弱信号,辐射计仍能正常工作。当来自目标或背景的电磁辐射弱于器件噪声时,辐射计便无法正常地完成检测。该指标用来表征辐射计检测微弱辐射信号的能力。辐射计的正切灵敏度越低,就能有效探测到越微弱的电磁辐射。

接收机动态范围是指辐射计接收机能够接收功率的范围。由于我们将辐射计最小的接收功率称为正切灵敏度,故动态范围一般仅指最大的接收功率。它是衡量辐射计接收过载电磁辐射功率能力的参数。当接收到的电磁辐射功率足够大时,辐射计接收机的放大器很可能工作于非线性区域或者处于饱和状态。此时辐射计已无法正常检测。

通常,上述两个指标互相制约。辐射计具有更小的正切灵敏度,其动态范围也越小;反之亦然。也就是说,辐射计的微弱信号检测能力越强,其接收机部件的最大接收功率通常越小。

(3)线性度和温度灵敏度。

线性度描述了在辐射计的动态范围内辐射计输出电平与天线视在温度之间满足线性关系的程度。该性能指标主要影响毫米波被动焦平面成像系统中各通道接收机的一致性。接收机阵列各通道必须在具有良好线性度的前提下,才能通过合理必要的定标算法,实现各接收机的一致性,进而完成对于空间各处毫米波辐射的探测。

温度灵敏度表征辐射计检测天线输入亮温最小变化的能力,单位为开尔文。该参数反映了辐射计能够分辨的最小温度差异。具有较高温度灵敏度的辐射计是被动毫米波焦平面成像系统温度灵敏度的重要保障。

(4)其他性能参数。

以 Ka 频段直接检波式辐射计为例,描述其性能指标的其他参数有射频增益、探测亮温范围、积分时间、噪声系数、高频增益、射频前端尺寸、工作方式等。

3.3.2　超外差式辐射计

超外差原理最早是由阿姆斯特朗在 1918 年提出的,这种方法是为了满足远程通信对高频率、弱信号的需要。

超外差式辐射计的原理框图如图 3.11 所示。框图中 P_{NI} 为经由天线接收传输进来的资用输入噪声功率,P_{NO} 为输出端的资用噪声功率。还有一些用于描述超外差接收机特性的参数有:

G_{RF}:射频放大器功率增益;

F_{RF}:射频放大器噪声系数;

T_{RF}:射频放大器的等效噪声温度;

G_M:混频器 − 前置放大器的射频到中频的功率增益;

F_M:混频器 − 前置放大器的噪声温度;

T_M:混频器 − 前置放大器的等效噪声温度;

G_{IF}：中频放大器的功率增益；

F_{IF}：中频放大器的噪声温度；

T_{IF}：中频放大器的等效噪声温度；

$T_0 = 290$ K。

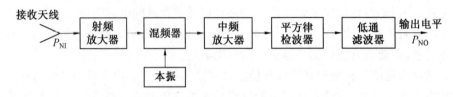

图 3.11　超外差式辐射计的原理框图

　　超外差接收机的优点有：① 对一个固定频率进行放大，容易获得一个稳定并且较大的放大系数，系统工作的稳定性增大，增益变化的波动性减小，有效地提高了系统的分辨能力；② 对于中频而言是一个固定的频率，可以采用对应于该频点的性能优越的材料，对器件的选择也具有参考性；③ 由于电路中接入自动增益控制组件，该电路可用于接收不同强度的信号，并达到很好的敏感度。但是，对于这种超外差接收机而言，电路的复杂性是不可避免的。另外，由于工作原理的原因，这种电路存在一种特有的干扰 —— 镜像干扰，这增加了后续信息处理的难度。

3.3.3　狄克式辐射计

　　1952 年到 1981 年期间，Steinberg、Colvin 等科学家对辐射计系统增益起伏特性进行了研究，在结果分析中普遍注意到：(1) 接收机增益 G_S 的功率谱密度（起伏谱）随着频率的增加，以 $1/f$ 或更快的速度而下降；(2) 功率谱密度的大部分位于低于 1 Hz 的频率上，高于 1 Hz 的频率实际上不存在起伏。由此可得出结论，增益的变化经常是获得高辐射测量灵敏度的限制因素。

　　为了解决这一技术难题，降低接收机增益波动变化对辐射计灵敏度的严重影响，Dicke 于 1946 年采用调制技术，研制了狄克型毫米波辐射计，缓解了增益变化的难题，使辐射计中增益起伏的影响降低，其原理框图如图 3.12 所示，其功能方框图如图 3.13 所示。由原理框图可见，狄克式辐射计基本上是一个全功率辐射计，并且具有以下两个特点。

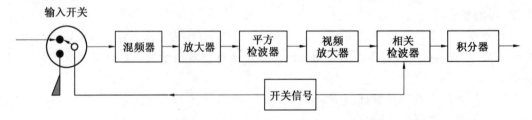

图 3.12　狄克型毫米波辐射计原理框图

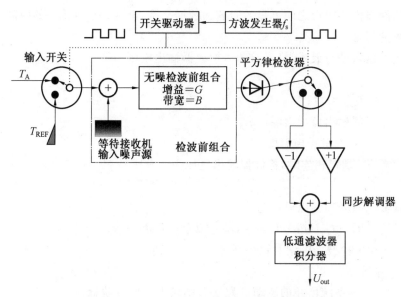

图 3.13　狄克型毫米波辐射计的功能方框图

1. "狄克"开关

"狄克"开关与接收机的输入端连接(尽可能放置在天线后面),用以调制接收机输入信号。

辐射计在接收微波噪声辐射的过程中,接收机的增益和本机噪声都有可能起伏,但根据对它们的脉动谱分析的结果,主要起作用的是低频分量,因此尽可能在接近天线处的接收机输入端接一个转换开关,它以一定的速率在天线和温度已知的恒温参考负载之间转换,如果转换速度高于脉动谱中的最高频率,就是说在一个转换周期中,增益的变化是缓慢的,以至于察觉不到,那么增益起伏的影响就能减小。

"狄克"开关受方波信号控制,由于开关的作用,在转换周期的前半周,接收机接收来自天线的噪声信号功率,后半周则接收恒温参考负载的噪声功率,它们通过接收机并被检波,再由同步检波器进行整流并相减比较,最后的输出与天线和参考负载的温度差成比例。

2. 同步解调器

同步解调器也称为同步检波器,位于平方律检波器与低通滤波器(积分器)之间。

同步解调可分为:载波同步、位同步、群同步、网同步。载波同步是指在相干解调时,接收端需要提供一个与接收信号中的调制载波同频同相的相干载波。这个载波的获取称为载波提取或载波同步。位同步又称码元同步。在数字通信系统中,任何消息都是通过一连串码元序列传送的,所以接收时需要知道每个码元的起始时刻,以便在恰当的时刻进行取样判决。群同步包括字同步、句同步、分路同步,有时也称帧同步。在数据通信中,信息流是用若干码元组成一个"字",有用若干"字"组成"句"。在接收这些信息时必须知道这些"字""句"的起始时刻,否则接收端无法正确恢复出原始的信息和数据。在获得了以上讨论的载波同步、位同步、群同步之后,两点间的数字通信就可以有可靠地进行。然而,随着数字通信的发展,尤其是计算机通信的发展,多个用户之间的通信和数据交换,构成了数字通信网。显然,为了保证通信网络内各用户之间可靠的通信和数据交换,全网必须有统一的时间标准时钟,这就是网同步的问题。

当接收机的输入端与天线端口相连时,检波器输出电压为

$$U_A = G_1(T_A + T_{rec}) \tag{3.29}$$

式中　　G_1——检波前增益;

　　　　T_A——天线输出口噪声温度;

　　　　T_{rec}——有效本机噪声温度。

当与噪声源 T_R 端口相连时,检波器输出电压为

$$U_R = G_1(T_R + T_{rec}) \tag{3.30}$$

则相关检波相减处理输出电压为

$$U = G_2(U_A - U_R) = G_1 G_2(T_A - T_R) = G(T_A - T_R) \tag{3.31}$$

式中　　G_2——相关检波器的增益;

　　　　G——系统增益。

如果式(3.31)中系统增益的波动量为 ΔG,则输出电压波动量为

$$\Delta U = \Delta G(T_A - T_R) \tag{3.32}$$

即狄克型毫米波辐射计的稳定度为

$$\Delta T_G = (T_A - T_R)\frac{\Delta G}{G} \tag{3.33}$$

从式(3.32)和式(3.33)可见狄克型毫米波辐射计的增益不确定性比全功率毫米波辐射计的增益不确定性大为改善,一般 $T_A - T_R$ 比 T_{sys} 要小一到两个数量级,从此使毫米波辐射计进入应用阶段。

由于狄克型毫米波辐射计只有一半时间接收到信号,而另一半时间只有系统噪声加入,所以狄克型毫米波辐射计与全功率型毫米波辐射计比较而言,其灵敏度要高一倍。

$$\Delta T_N = a\frac{T_{sys}}{\sqrt{B\tau}} = 2\frac{T_{sys}}{\sqrt{B\tau}} \tag{3.34}$$

式中　　a——灵敏度因子,不同工作形式的辐射计有不同的灵敏度因子。

根据式(3.43)和式(3.44)可以得出狄克型毫米波辐射计的最小可检测信号为

$$\Delta T_{min} = \left[\frac{2(T_A + T_{rec})^2 + 2(T_R + T_{rec})^2}{B\tau} + (T_A - T_R)^2 \left(\frac{\Delta G}{G}\right)^2 \right]^{1/2} \tag{3.35}$$

若将狄克型毫米波辐射计总的辐射测量分辨率 ΔT_{min}(即最小可检测信号)与全功率毫米波辐射计做比较,对于相同的等效噪声带宽 B 为 100 MHz,积分时间为 1 s,接收机噪声温度 T_{rec} 为 700 K,以及 $\Delta G/G$ 为 10^{-2} 数量级的情况,选取狄克型毫米波辐射计的参考噪声源温度 T_R 为 300 K,可以得出以下结果:

当天线输入噪声温度 T_A 在 0 K 附近时,则 $\Delta T_{min} = 7$ K(全功率),$\Delta T_{min} = 3$ K(狄克型);当天线输入噪声温度 T_A 在 300 K 附近时,则 $\Delta T_{min} = 10$ K(全功率),$\Delta T_{min} = 0.2$ K(狄克型)。可见狄克型毫米波辐射计在灵敏度方面有了很大提高。

将非平衡狄克辐射计的 ∇T 与先前考虑的全功率辐射计的 ∇T 做比较。对于 $B = 100$ MHz,$\tau = 1$ s,$T'_{rec} = 700$ K,以及 $\Delta G_S/G_S = 10^{-2}$ 的情况下,有如下结果:

$$\Delta T(\text{全功率}) \approx \begin{cases} 7 \text{ K} & (T'_A = 0 \text{ K}) \\ 10 \text{ K} & (T'_A = 300 \text{ K}) \end{cases} \tag{3.36}$$

如果选取参考噪声温度 $T_{REF} = 300$ K,则有

$$\Delta T(\text{非平衡狄克}) \approx \begin{cases} 3 \text{ K} & (T'_A = 0 \text{ K}) \\ 0.2 \text{ K} & (T'_A = 300 \text{ K}) \end{cases} \tag{3.37}$$

总之,非平衡狄克辐射计的辐射测量分辨力优于全功率辐射计。然而,有特殊重要意义的是条件 $T'_A = T_{REF}$,因为当满足这一条件时,式(3.35)方括号中的第二项为零,增益变化的影响完全消除。当 $T'_A = T_{REF}$ 时,辐射计被称为是平衡的。

有时,出于一些实际的考虑,要求平方律检波器输出端的方波在被送到同步解调器之前先行放大,为此,要使用视频放大器。为了保持检波信号的方波波形,视频放大器对方波信号的主要谐波分量必须提供同样的放大,这意味着视频放大器的通带范围应从低于 f_s 至少到达 $5f_s$,最好是高达 $10f_s$,方波只有奇次谐波组成,一次谐波的幅度等于方波的幅度乘以 $4/\pi$,n 次谐波的幅度等于一次谐波的幅度乘以 $1/n$。这就对视频放大器所需要的动态范围规定了附加的要求,并使它易受噪声饱和的影响,为避免这一问题,某些狄克辐射计采用对 f_s 调谐的窄带带通放大器,但是其带宽大于低通滤波器的带宽 B_{LP}。由于送到同步解调器的仅仅是方波的一次谐波,因此同步解调器的直流输出比用完整的方波时要小,致使辐射测量灵敏度缩小。由于正弦波解调简化了系统设计和技术要求,用辐射测量灵敏度的损失换来了相对较低的成本,因而人们普遍采用方波调制和正弦波解调的狄克辐射计。在狄克辐射计发展的多年来,人们也尝试过使用其他波形用于调制和解调,但是,就辐射测量灵敏度而言,利用方波调制和解调的结果是最令人满意的。

3.3.4　其他类型辐射计

1. 双参考温度自动增益控制毫米波辐射计

前面章节所介绍的狄克型毫米波辐射计及其他各种改进型狄克毫米波辐射计都是从减小天线信号与噪声源信号的差值来降低或消除系统增益波动,以此达到提高系统性能的目标,这里要求毫米波辐射计内部具有较好的温度稳定性,而且要求反馈环路设计精准,因此系统调试难度较大。毫米波辐射计中采用平方律检波技术以保证输入噪声温度与输出电压量的线性,使得可以通过两点定标确定辐射计的输入量,可见如果可以利用两个稳定的基准噪声源,那么可以实现对系统增益波动的线性补偿,即可提高系统的稳定性。

双参考温度自动增益控制毫米波辐射计原理方框图如图 3.14 所示。使用两个天线开关及高/低温稳定噪声源 T_H 和 T_L,工作时接收机轮流接收 $T_H \rightarrow$ 天线 $\rightarrow T_L \rightarrow$ 天线 $\rightarrow T_H \rightarrow$ 天线 $\rightarrow T_L \rightarrow \cdots$ 的辐射。双参考温度自动增益控制辐射计的原理是利用两个内部恒温噪声源的功率差值信号与基准电压进行比较,得出的误差电压通过反馈放大器对辐射计低频电路的增益连续自动调整,使辐射计的增益保持变化较小,从而降低由于增益变化导致的测量误差。

同步解调 AGC 解出 $T_H - T_L$ 差值经过系统的放大,与比较电压比较,比较结果表明系统增益的变化。经反馈放大器去调整后置放大器的增益,使之补偿系统增益的变动,同步解

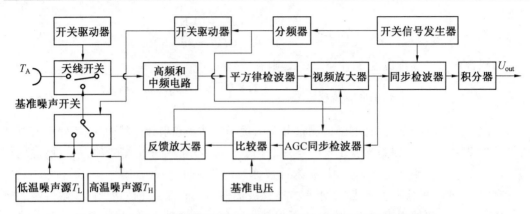

图 3.14　双参考温度自动增益控制毫米波辐射计原理方框图

调出的天线信号通过补偿的后置放大器,则系统增益没变化,这个系统的工作原理实质上是用两个噪声源的固定差值$\nabla T = T_{\mathrm{H}} - T_{\mathrm{L}}$,通过系统检测出系统增益变化,用此变化去调整后置放大器向其相反方向变化,以补偿系统增益的变化,达到系统增益不变的目的。

双参考温度自动增益控制毫米波辐射计的合成高频信号,由于天线开关与基准噪声源开关的交替作用,在时间分配上依次为天线信号、高温噪声源信号、天线信号及低温噪声源信号。双参考温度自动增益控制毫米波辐射计开关工作时序如图 3.15 所示。

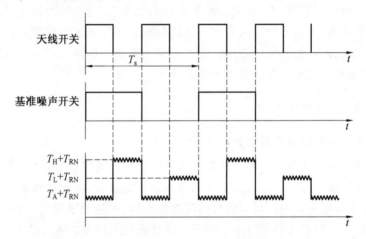

图 3.15　双参考温度自动增益控制毫米波辐射计开关工作时序

在每一个开关周期内经过平方检波器的输出电压依次变化如下:

$$
\begin{cases}
U_{\mathrm{d}}(t) = C_{\mathrm{d}}GkB(T_{\mathrm{A}} + T_{\mathrm{RN}}) & (0 \leqslant t < \dfrac{\tau_{\mathrm{s}}}{4}) \\[2mm]
U_{\mathrm{d}}(t) = C_{\mathrm{d}}GkB(T_{\mathrm{H}} + T_{\mathrm{RN}}) & (\dfrac{\tau_{\mathrm{s}}}{4} \leqslant t < \dfrac{\tau_{\mathrm{s}}}{2}) \\[2mm]
U_{\mathrm{d}}(t) = C_{\mathrm{d}}GkB(T_{\mathrm{A}} + T_{\mathrm{RN}}) & (\dfrac{\tau_{\mathrm{s}}}{2} \leqslant t < \dfrac{3\tau_{\mathrm{s}}}{4}) \\[2mm]
U_{\mathrm{d}}(t) = C_{\mathrm{d}}GkB(T_{\mathrm{L}} + T_{\mathrm{RN}}) & (\dfrac{3\tau_{\mathrm{s}}}{4} \leqslant t < \tau_{\mathrm{s}})
\end{cases}
\tag{3.38}
$$

式中　　T_{H}——高温噪声源噪声温度;

T_L—— 低温噪声源噪声温度。

平方律检波器的输出直流电压为

$$U_{dc} = \frac{1}{4} C_d GkB (2T_A + T_H + T_L + 4T_{RN}) \tag{3.39}$$

平方律检波器的输出电压经过增益可变的视频放大器放大后,分别加到信号同步检波器与自动增益控制同步检波器。若令视频放大器的电压增益为 G_U,经过交流耦合送到两个并联的同步检波器的电压为

$$U_U(t) = G_U [U_d(t) - U_{dc}]$$

$$= \frac{1}{4} G_U C_d GkB \begin{cases} (2T_A - T_H - T_L) & \left(0 \leqslant t < \frac{\tau_s}{4}\right) \\ (3T_A - T_H - 2T_L) & \left(\frac{\tau_s}{4} \leqslant t < \frac{\tau_s}{2}\right) \\ (2T_A - T_H - T_L) & \left(\frac{\tau_s}{2} \leqslant t < \frac{3\tau_s}{4}\right) \\ (2T_A - T_H - T_L) & \left(\frac{3\tau_s}{4} \leqslant t < \tau_s\right) \end{cases} \tag{3.40}$$

信号同步检波器以开关频率 $\frac{1}{\tau_s}$ 对 $U_U(t)$ 信号进行同步解调,输出的直流电压为

$$U_{sig} = \frac{G_{sig}}{\tau_s} \left[\int_0^{\frac{\tau_s}{4}} U_U(t) \, dt - \int_{\frac{\tau_s}{4}}^{\frac{\tau_s}{2}} U_U(t) \, dt + \int_{\frac{\tau_s}{2}}^{\frac{3\tau_s}{4}} U_U(t) \, dt - \int_{\frac{3\tau_s}{4}}^{\tau_s} U_U(t) \, dt \right] \tag{3.41}$$

将式(3.40)代入式(3.41)中,得

$$U_{sig} = \frac{1}{4} G_{sig} G_U G_d GkB (2T_A - T_H - T_L) \tag{3.42}$$

由式(3.42)可见,信号同步检波器输出直流电压与接收机的噪声温度无关。同理可以得到 AGC 同步检波器以频率 $0.5(1/\tau_s)$ 解调的输出直流电压为

$$U_{AGC} = \frac{G_{AGC}}{\tau_s} \left[\int_0^{\frac{\tau_s}{2}} U_U(t) \, dt - \int_{\frac{\tau_s}{2}}^{\tau_s} U_U(t) \, dt \right] \tag{3.43}$$

将式(3.40)代入式(3.43)中,得

$$U_{AGC} = \frac{1}{4} G_{AGC} G_U G_d GkB (T_H - T_L) \tag{3.44}$$

由式(3.44)可见,AGC 同步检波器输出直流电压与信号温度以及接收机的噪声温度无关。由此可以得到这样的结论:在高温噪声源与低温噪声源的噪声温度均保持不变的情况下,AGC 同步检波器输出直流电压在接收机的参数发生变化的情况下会发生波动,但是,可以通过反馈放大电路自动控制视频放大器的增益来补偿接收机增益的变化。

双参考温度自动增益控制辐射计的灵敏度为

$$\Delta T_{min} = \frac{1}{\sqrt{2B\tau_{sig}}} \left\{ \left[1 + \left(\frac{1}{1 + \frac{\tau_{AGC}}{\tau_{sig}}} \right) \left(\frac{T_H + T_L - 2T_A}{T_H - T_L} \right)^2 \right] \times \right.$$

$$\left. \left[(T_H + T_{RN})^2 + (T_L + T_{RN})^2 + 2(T_A + T_{RN})^2 \right] \right\} \tag{3.45}$$

式中　τ_{AGC} 与 τ_{sig}——AGC 同步检测器和信号同步检测器的积分时间。

当 $\tau_{\text{AGC}}/\tau_{\text{sig}} > 1$ 时,式(3.45)近似为

$$\Delta T_{\min} = \left[\frac{(T_{\text{H}} + T_{\text{RN}})^2 + (T_{\text{L}} + T_{\text{RN}})^2 + 2(T_{\text{A}} + T_{\text{RN}})^2}{2B\tau_{\text{sig}}} \right]^{\frac{1}{2}} \tag{3.46}$$

由以上分析可以看出,系统用了两个微波开关、两个噪声源、两个同步检波器及较复杂的定时控制电路,尤其是对后置放大器要求有很高的性能。该形式的毫米波辐射计属于小环反馈,对于较大的亮度温度测量范围,要求系统具有较高的线性度,以确保在进行低辐射亮度温度目标探测时也能满足测量要求。研制双参考温度自动增益控制毫米波辐射计的关键是较大范围的自动增益控制。

2. Graham 型接收机

狄克辐射计和双参考型毫米波辐射计的主要优点是解决了系统增益波动引起的不确定性问题,提高系统的灵敏度。但考虑到上述两种形式的毫米波辐射计在积分时间内只有一半时间对信号进行测量,所以其灵敏度比全功率型差一倍。如果可以提高系统对信号的观测效率,那么可以进一步提高毫米波辐射计的灵敏度,Graham 型接收机应运而生。Graham 型接收机是将天线接收信号平分为两路高频系统放大,在中频两路相关处理,由于两个高频支路中所通过的信号相关,而噪声不相关,所以它的噪声温度波动引起的不确定性为用两个高频通道去转换接收天线的功率,然后再视频相加,就获得全时间观测,又由于两个高频通道噪声不相关,因此灵敏比狄克辐射计提高 $\sqrt{2}$ 倍,而稳定度保持不变。Graham 型毫米波辐射计接收机结构框图如图 3.16 所示。

$$\Delta T_{\text{N}} = \frac{2}{\sqrt{2}} \frac{T_{\text{sys}}}{\sqrt{B\tau}} = \sqrt{2} \frac{T_{\text{sys}}}{\sqrt{B\tau}} \tag{3.47}$$

对于单一通道而言,系统增益波动引起的不确定性为

$$\Delta T_{\text{G}} = (T_{\text{A}} - T_{\text{C}}) \frac{\Delta G_{\text{S}}}{G_{\text{S}}} \tag{3.48}$$

因毫米波辐射计是高灵敏度接收机,存在增益的差异,且增益的波动和噪声的波动是相互独立的随机过程,所以两路增益波动引起的不确定性为

$$\Delta T_{\text{G}} = (T_{\text{A}} - T_{\text{C}}) \sqrt{\left(\frac{\Delta G_1}{G_1}\right)^2 + \left(\frac{\Delta G_2}{G_2}\right)^2} \tag{3.49}$$

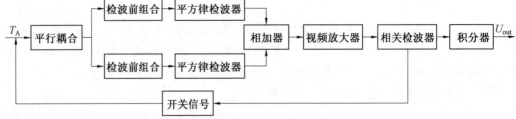

图 3.16　Graham 型毫米波辐射计接收机结构框图

依据式(3.45),该形式的毫米波辐射计与狄克型毫米波辐射计相比,在灵敏度方面并没有得到显著的提高,故在实际的对地遥感研究中没有得到应用。另一方面研制 Graham 型

毫米波辐射计接收机的难点和关键技术是保证两路高频要具有相同的电长度,使得信号有相关性,其主要问题是两路高频系统增益的波动没有相关性,会减弱信号的相关性。出于这一点,该形式的毫米波辐射计也没有得到很好的应用。

3. 附加噪声辐射计

附加噪声辐射计消除了增益变化的影响,而又不采用狄克开关,其框图如图 3.17 所示。方波噪声是由噪声二极管耦合到接收机输入端的,而噪声二极管是由固定速率的方波发生器所驱动。平方律检波器的输出电压是按同一速率同步解调的,形成的电压比为 Y,其平均值为

$$\overline{Y} = \frac{T'_A + T'_{REF}}{T''_N} \tag{3.50}$$

式中　T''_N——二极管在接通的半周期内,传输到接收机输入端的附加噪声。

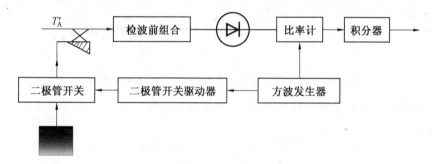

图 3.17　附加噪声辐射计原理框图

平方律检波器后面接低通滤波器用以减少噪声起伏。对于一单位增益的低通滤波器,有

$$\overline{U}_{out} = \overline{Y} = \frac{T'_A + T'_{REF}}{T''_N} \tag{3.51}$$

T'_A 测量的准确度与系统增益的变化无关,但是它与接收的噪声温度 T'_{REF} 的稳定性和超量噪声温度 T''_N 有直接的关系。

附加噪声辐射计的灵敏度为

$$\Delta T = \frac{2(T'_A + T'_{REF})}{\sqrt{B\tau}} \left[1 + \frac{T'_A + T'_{REF}}{T''_N} \right]$$

$$= 2\Delta T_{ideal} \times \left[1 + \frac{T'_A + T'_{REF}}{T''_N} \right] \tag{3.52}$$

没有输入开关是附加噪声辐射计的主要优点,尤其是在低噪声接收机中。在星球跟踪以及天文学的研究中,某些目标的亮度很低,这就必须采用噪声温度量级更低的接收机,以获得更高的测量灵敏度,就这种情况而言,没有输入开关是附加噪声辐射计的亮点之一。

4. 数字增益波动自动补偿毫米波辐射计

随着微波器件水平的提高和计算机技术的迅猛发展,使得微波部件增益波动的速率降低,远小于积分时间,通过计算机可以快速计算辐射计输出的数字特征,实现对增益的补偿,在这种技术条件下,数字增益波动自动补偿毫米波辐射计应运而生。

　　数字增益波动自动补偿毫米波辐射计是将一个基准微波源信号通过毫米波辐射计系统,在输出端检测出系统增益的变化量,用专门设计的单片机按此变化量去修正所接收目标的辐射量,达到系统增益不变的目的。数字增益波动自动补偿毫米波辐射计的原理框图如图 3.18 所示。系统由天线、射频开关、微波基准源、接收组件(射频放大器、中频放大器、平方律检波器、视频放大器及积分器)、A/D 变换、数字控制单元及显示等电路组成。数字控制单元给出输入开关的控制信号,数字控制单元按此信号同步地分别采集基准源和天线接通时辐射计的输出信号进行处理。

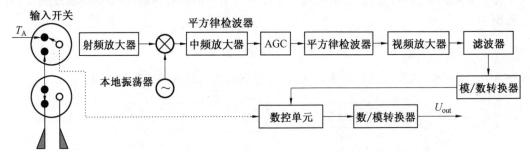

图 3.18　数字增益波动自动补偿毫米波辐射计原理框图

　　当系统增益稳定为 G_S 时,噪声源 T_1 及天线与接收机相连接所对应的毫米波辐射计输出电压分别为

$$U_1 = G_S(T_1 + T_{REC}) \tag{3.53}$$
$$U_A = G_S(T_A + T_{REC}) \tag{3.54}$$

　　当系统增益变化为 G'_S 时,基准源 T_1 及天线与接收机相连接所对应的毫米波辐射计输出电压分别为

$$U'_1 = G'_S(T_1 + T_{REC}) \tag{3.55}$$
$$U'_A = G'_S(T_A + T_{REC}) \tag{3.56}$$

　　利用基准源 T_1 通过系统后的输出电压检测系统增益的变化,对系统增益变化时天线输入所对应的输出电压进行补偿,其补偿式为

$$U''_A = \frac{U_1}{U'_1} U'_A \tag{3.57}$$

　　如果 $U'_1 > U_1$,说明系统增益变大,U_1/U'_1 将小于 1。用它乘以因系统增益变大而升高的 U'_A,达到系统增益补偿的目的,反之亦然。

　　将式(3.53)、式(3.55)及式(3.56)代入式(3.57),可得补偿后的电压值 U''_A 为

$$U''_A = G_S(T_A + T_{REC}) \tag{3.58}$$

　　比较式(3.58)和式(3.56)可知,无论系统增益如何变化,经过补偿后系统的增益始终保持不变,从而达到稳定系统增益的目的。

　　由于射频开关的转换周期大于积分时间,所以该形式毫米波辐射计噪声波动引起的不确定量与全功率型相同,经补偿后增益波动引起的不确定量为零,因此具有较高的灵敏度。

5. 实时定标毫米波辐射计

　　实时定标毫米波辐射计以全功率型毫米波辐射计为基础,外加单片机采集、数据处理、

显示电路和内部两个噪声源,它没有同步解调和负反馈回路,降低了电路的复杂程度。周期测量输入为高温噪声源、低温噪声源和天线的输出电压,数据处理过程中,所用到的电压量是以上三个电压量差值线性的组合,通过电压的差值消除了本机噪声变化的影响;最后输出的是电压差值的线性组合相除,相除的结果消除了增益变化的影响。这样既消除了增益波动的影响,也消除了本机噪声波动的影响,这是其他类型毫米波辐射计所没有的性能,从而获得最小可检测信号近似于由系统噪声引起的不确定性,这种体制的毫米波辐射计的最小可检测信号只依赖于噪声源的稳定度。实时定标毫米波辐射计具有不受增益波动的影响、不受本机噪声变化的影响、能够提供连续的定标、动态范围宽等优点。

将计算机技术引入双参考温度毫米波辐射计系统中,利用其实时计算的特性,可以实现实时定标毫米波辐射计,通过两个噪声源的实时定标消除系统增益的波动和系统有效噪声的波动,其原理框图如图 3.19 所示。

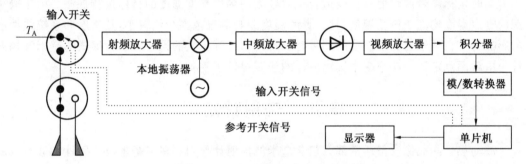

图 3.19　实时定标毫米波辐射计原理框图

实时定标毫米波辐射计主要由三大部分组成。第一部分为噪声源,包括完成输入转换的两个射频开关及两个温度分别为 T_1 和 T_2 的恒温噪声源。第二部分为毫米波辐射计接收机部分,由射频放大器、本振、混频器、中频放大器、平方律检波器、视频放大器和低通滤波器组成。第三部分为计算机控制系统,包括模 / 数转换器、计算机控制、数据处理及输出显示等。

工作时计算机给出开关驱动电平,控制接收机输入端口与天线端口或参考端口相连。参考开关也是一个单刀双掷开关,它与噪声源 T_1 和 T_2 之一相连。在一个定标过程内先将两个噪声源同接收机相连,再将天线与接收机相连,相继输出三个电压量 U_1、U_2 和 U_A 分别为

$$U_1 = G_S(T_1 + T_{REC}) \quad (0 \leqslant t \leqslant \frac{1}{3}\tau_s) \tag{3.59}$$

$$U_2 = G_S(T_2 + T_{REC}) \quad (\frac{1}{3}\tau_s \leqslant t \leqslant \frac{2}{3}\tau_s) \tag{3.60}$$

$$U_A = G_S(T_A + T_{REC}) \quad (\frac{2}{3}\tau_s \leqslant t \leqslant \tau_s) \tag{3.61}$$

式中　T_1、T_2 和 T_A——噪声源 T_1、噪声源 T_2 和天线输出端口的噪声温度;

　　　　τ_s——定标周期。

在一个定标过程内,认为 G_S 和 T_{REC} 为常量。利用式(3.47)及式(3.48)求得 G_S 及 T_{REC},并代入式(3.43)可得

$$T_A = \frac{(U_A - U_2)T_1 - (U_A - U_1)T_2}{U_1 - U_2} \tag{3.62}$$

进一步化简可得

$$T_A = \frac{(U_A - U_2)\Delta T}{(U_1 - U_2)} + T_2 \tag{3.63}$$

$$\Delta T = T_1 - T_2 \tag{3.64}$$

式中 ΔT——两个噪声源的温度差。

    实时定标毫米波辐射计采用对天线信号进行一次测量,对接收机进行一次实时定标处理的设计。根据实际的要求和接收机的稳定程度,可以采取对接收机定标一次,而对天线信号进行多次测量,这样既消除了系统增益和有效本机噪声的波动,又提高了天线信号的有效测量时间。

    实时定标毫米波辐射计比较适合于对地表高辐射亮度温度的目标进行探测。由于噪声源的噪声温度均高于机箱温度,且二者的温度差与测温范围相比较小,其精度和系统线性度的影响将使在低辐射亮度温度的测量时出现约为几开尔文的误差。这种形式的毫米波辐射计为星载两点定标全功率毫米波辐射计的研制提供了基础。

3.4 辐射计定标

    被动焦平面成像设备通常都会包含毫米波辐射计阵列。多路毫米波辐射计能够有效成像的前提是通过校正和补偿使每路辐射计在相同输入条件下输出的电平相同,这样根据辐射计输出电平绘制的成像图形才能有效反映待测目标的实际辐射亮温。实际上,每只毫米波辐射计的特性参数不尽相同(电子元器件固有的不一致性)。对于同一待测目标,每只辐射计的输出电平会不一致。为了利用辐射计阵列的输出电平值有效地描述被探测区域的毫米波辐射,需要根据科学、可靠的定标算法,补偿多路辐射计所体现的不一致性。本节首先介绍辐射计定标的基本原理和传统定标方法,并在已有的传统定标算法的基础上,给出一种新型的优化定标算法。优化定标算法不仅能有效地对辐射计参数进行校正,得到有效的毫米波成像图,更能在一定程度上加强图像的固有对比度,为后续图像处理单元提供良好的草图,同时起到降低系统复杂度的作用。

3.4.1 辐射计定标原理

    系统定标包括全系统外定标和辐射计的定标。全系统定标在产品出厂前完成,主要目的是对聚焦天线性能进行标定。辐射计的定标在系统工作时实时进行,主要目的是完成对辐射计一致性的定标。

1. 辐射计阵列定标

    毫米波辐射计的定标是辐射计应用的关键技术之一,其精度直接影响毫米波辐射图像的效果。

    为了令多通道毫米波焦面阵成像系统的各通道具有较好的一致性,采用阵列整体定标的方法。辐射计的定标主要是确定辐射噪声功率(可采用天线温度 T_A 来等效)与输出电压的对应线性关系。对于线性度较好的辐射计系统有如下关系：

$$U_{\text{out}} = aT_{\text{A}} + b \tag{3.65}$$

式中　　a、b——定标系数；

　　　　U_{out}——辐射计输出电压；

　　　　T_{A}——天线温度。

定标就是为了确定上式的 a、b。为了确定两个定标系数，需要选择两个定标源：常温源和高温源。

对于不同的辐射计单元，当输入相同的天线温度时，输出电压是不同的。对于第 i 个辐射计，当辐射计对准温度为 T_{cold} 的常温源时，假设测得电压输出为 U_{cout}^i；对准温度为 T_{hot} 的高温源，测得电压为 U_{hout}^i，则有

$$U_{\text{cout}}^i = a_i T_{\text{cold}} + b_i \qquad U_{\text{hout}}^i = a_i T_{\text{hot}} + b_i \tag{3.66}$$

联立求解，可得

$$\begin{cases} a_i = \dfrac{T_{\text{hot}} - T_{\text{cold}}}{U_{\text{hout}}^i - U_{\text{cout}}^i} \\[3mm] b_i = \dfrac{U_{\text{hout}}^i T_{\text{cold}} - U_{\text{cout}}^i T_{\text{hot}}}{U_{\text{hout}}^i - U_{\text{cout}}^i} \end{cases} \tag{3.67}$$

定标系数确定后，即可建立辐射计输出电压与噪声温度之间的关系，即

$$U_{\text{out}}^i = a_i T_{\text{A}} + b_i \tag{3.68}$$

对于 N 个不同的辐射计，获得其斜率和截距后，当输入相同温度 T_{A} 时，其输出是不同的，为使其在相同输入条件下具有相同的输出，需要对其进行修正。

选取 N 个辐射计中斜率居中的辐射计为标准，当输入温度 T_{A} 时，其输出为

$$U_{\text{out}}^0 = a_0 T_{\text{A}} + b_0 \tag{3.69}$$

当输入温度 T_{A} 时，其他辐射计未修正前输出为

$$U_{\text{out}}^i = a_i T_{\text{A}} + b_i \tag{3.70}$$

修正后，当输入温度 T_{A} 时，任意一个辐射计输出可表示为

$$\begin{aligned} U_{\text{out}}^i{}' &= (a_i + \Delta a_i) T_{\text{A}} + (b_i + \Delta b_i) \\ &= a_i T_{\text{A}} + \Delta a_i T_{\text{A}} + b_i + \Delta b_i \\ &= U_{\text{out}}^i + \Delta a_i T_{\text{A}} + \Delta b_i \end{aligned} \tag{3.71}$$

上式中，U_{out}^i 是辐射计实际输出，T_{A} 是输入，$\Delta a_i = a_0 - a_i$，$\Delta b_i = b_0 - b_i$。定标的结果令阵列中的每个辐射计具有相同的线性度，当输入相同功率时，输出也是相同的。

对于定标源的选取，尽可能选择接近系统可能输入的天线温度范围的两个极值。在实际定标中，常温源和高温源可以根据实际需要进行选择。对于人体安检等应用，可以选择室温（293 K）和 40 ℃（313 K）作为常温源和高温源，采用吸波材料作为辐射体对辐射计阵列进行定标。

定标源的具体实现方案如下：

（1）定标源结构设计。

需要根据天线阵列的体积、馈源天线的波束宽度、系统内部空间等因素，确定定标源的尺寸。另外，外面采用金属支撑和屏蔽，内部采用吸波材料，达到辐射率约为 1 的目的，结构

如图 3.20 所示。

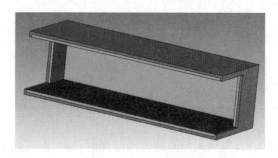

图 3.20　定标源结构示意图

（2）常温定标源的实现。

常温定标源只需在金属外壳内均匀地粘贴好吸波材料即可,实物实验图如图 3.21 所示。

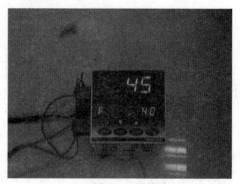

　　　(a) 常温源（下）和高温源（上）　　　　　　　　(b) 可编程PID调节器

图 3.21　定标源实验模块

（3）高温定标源的实现。

高温定标源需要在金属外部加电阻（热源）,采用可编程 PID 调节器来控制高温源温度保持在 40 ℃。实物实验图如图 3.21 所示。

（4）定标源的工作过程。

系统工作中,需要对辐射计及馈源天线阵列定标时,将常温定标源和高温定标源分别先后置于天线阵列正前方,定标源需要覆盖住整个天线阵列,如图 3.22 所示。定标的周期根据辐射计的慢漂和实际应用的需要而定（当辐射

图 3.22　定标源工作示意图

计由于温度漂移导致输出电压变化 5 mV 时,进行定标）,一般要求定标时间间隔可调。定标结束后的非定标周期内,利用如图 3.23 所示的机械手臂将定标源收拢于机箱后侧边缘。

2. 系统外定标

由于每个馈源天线发出的波束经椭球汇聚于像平面后,其波束形状会发生变化,即波束中心点场强和能量分布不一致。内部校准解决了辐射计的一致性问题,实现了辐射计阵列

高温源控制手臂　　　　　　　　常温源控制手臂

图 3.23　实验用定标系统实物图

的定标。为解决不同空间位置波束的不一致性,采用外定标法,即在系统出厂前,在预先设计的暗室中,对成像系统进行整体定标,并利用获得的系数在工作时对辐射计输出进行加权。

暗室可根据用于测量的实际房间大小进行调整,内部覆盖吸波材料,常温工作。不采用系统外定标时,也可以实现较好的成像效果,但外定标会进一步提高系统输出图像的精度。

3.4.2　被动毫米波近场成像系统定标方法

1. 传统定标算法的缺点

3.4.1 节着重介绍了辐射计阵列校准的传统定标算法,这种算法虽然在理论上可行,但是在实现过程中对于定标源的温度一致性以及定标源实际温度的控制和反馈有严格的要求。如果定标源的温度控制和反馈精度较低,那么传统定标算法所产生的误差也较大,定标效果自然会打折扣。

在被动成像系统中,接收机是由多路毫米波辐射计组成的,用以完成水平视场的成像。它们将探测到的辐射亮温数据 T_A 以电压 U_{out} 线性输出:

$$U_{out} = aT_A + b \tag{3.72}$$

然而,这种算法在实际应用中存在诸多问题。一方面,传统的定标算法需要实时掌握定标源的实际温度,但是很难精确地控制定标源的实际温度并保证其恒定。而实时准确地反馈定标源温度信息也不是一项简单的任务,精度高的温度反馈系统却要提高系统的成本。另一方面,传统的定标算法把定标源理想化了,即假定定标源的辐射亮温是均匀的。事实上,考虑到加热方式的不均匀性、定标源较大的尺寸和吸波材料的不均匀性等因素,不容易保证定标源的亮温一致性。

因此,基于降低系统成本和提高定标质量的目的,需要改进这种传统算法。期望提出一种算法,在不需要考虑定标源温度的条件下,完成辐射计阵列的内定标工作,从而解决传统定标算法中对定标源温度数值和一致性的要求实验。在接下来的一节中将介绍一种优化定标算法,给出该算法的数学原理、公式和数值实验,证明该算法能有效完成辐射计阵列的定标工作,同时能一定程度上加强图像的固有对比度,为后续图像处理单元提供良好的初始图形,起到降低系统复杂度的作用。

2. 优化定标算法数学原理及公式

(1) 优化算法校正公式。

① 让 N 路辐射计对低温源 T_{cold} 进行测量，得到 N 个低温输出 U_{cold}^i。

② 让 N 路辐射计对高温源 T_{hot} 进行测量，得到 N 个高温输出 U_{hot}^i。

③ 对 N 个 U_{cold}^i 和 N 个 U_{hot}^i 分别取平均值。

多路辐射计低温输出平均值为

$$U_0 = \frac{1}{N} \sum_{i=1}^{N} U_{cold}^i \tag{3.73}$$

多路辐射计高温输出平均值为

$$U_m = \frac{1}{N} \sum_{i=1}^{N} U_{hot}^i \tag{3.74}$$

④ 让 N 路辐射计同时对某一亮温源进行测量，得到 N 个辐射计未经校正的 U^i。

⑤ 最后利用以下公式对第 i 个辐射计进行校正：

$$U_i = U_0 + \frac{U^i - U_{cold}^i}{U_{hot}^i - U_{cold}^i} U_m \tag{3.75}$$

(2) 优化定标算法推理过程分析。

新设计的定标算法利用输出值的相对性而非确切值成像，因为人眼观察图像时关注的是区域间色彩的区别，而非色彩的绝对值。所以，多路辐射计定标算法需要利用输出值的差值成像。需达到的目标是，当每个辐射计的输入相同时，输出也要相同并保证差值。

针对一元一次函数图像，利用相似三角形原理可以得到

$$\frac{U^1 - U_{cold}^1}{U_{hot}^1 - U_{cold}^1} = \frac{T_x - T_{cold}}{T_{hot} - T_{cold}} \tag{3.76}$$

$$\frac{U^2 - U_{cold}^2}{U_{hot}^2 - U_{cold}^2} = \frac{T_x - T_{cold}}{T_{hot} - T_{cold}} \tag{3.77}$$

于是有

$$\frac{U^1 - U_{cold}^1}{U_{hot}^1 - U_{cold}^1} = \frac{U^2 - U_{cold}^2}{U_{hot}^2 - U_{cold}^2} \tag{3.78}$$

即对第 i 和第 j 个辐射计，有

$$\frac{U^i - U_{cold}^i}{U_{hot}^i - U_{cold}^i} = \frac{U^j - U_{cold}^j}{U_{hot}^j - U_{cold}^j} \tag{3.79}$$

同时，有

$$U_0 = \frac{1}{N} \sum_{i=1}^{N} U_{cold}^i \tag{3.80}$$

$$U_m = \frac{1}{N} \sum_{i=1}^{N} U_{hot}^i \tag{3.81}$$

所以，考虑用 U_0、U_m 和 $\dfrac{U^i - U_{cold}^i}{U_{hot}^i - U_{cold}^i}$ 设计校正算法，因为对于每个辐射计，这三组数据都相同。以 U_0 为起点、$\dfrac{U^i - U_{cold}^i}{U_{hot}^i - U_{cold}^i}$ 为斜率对每个辐射计进行校正。于是得

$$U = \frac{U^i - U^i_{\mathrm{cold}}}{U^i_{\mathrm{hot}} - U^i_{\mathrm{cold}}} \times U_{\mathrm{m}} + U_0 \tag{3.82}$$

即可保证每一个辐射计对相同的天线温度产生相同输出电压。

3. 优化定标算法仿真测试结果

(1)原始输入图像与优化算法处理的图像对比。

图 3.24 为最初的实验结果,采用 4×4 的矩阵,对定标算法进行仿真测试。其中输入图像一(input image 1)为全黑图;输入图像二(input image 2)为双色,且中心四个单元颜色较浅。通过对比未经校正的(output image before calibration)和校正后的图像(output image after calibration),发现该算法有效地还原了输入图像。

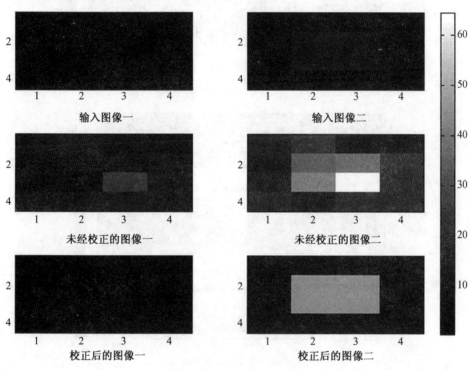

图 3.24　单一输入与简单的双色输入的定标算法测试仿真

图 3.25 采用 32×16 的矩阵模拟更复杂的图像对定标算法进行仿真测试。校正后的图像清晰地显示单词"Amaze"。

根据图 3.25 的图像,把其复杂化得到图 3.26 的原图,每个字母的左边为渐进色,在原始图像中,这些渐进色的色差值仅为"1",但在校正后的图像中仍能得到较好的识别。从上述对比,可以初步观察到经改进校准算法的处理后,图像的对比度有了一定程度的增强。

(2)传统算法与优化算法图像数据的比较。

为进一步说明优化校准算法较传统算法在成像对比度方面的优势,进行了大量的数值实验。分别令描述辐射计输入温度和输出电平值之间线性关系的两个参数 a 和 b 在不同范围内取值,对比了优化校准算法和传统算法的成像结果,并统计了各图像的灰度范围,最后计算了灰度范围的扩大比例。

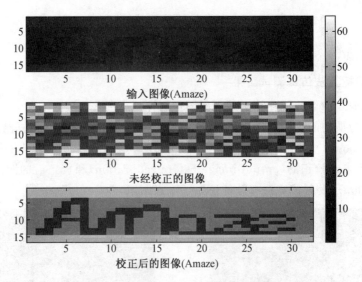

图 3.25　三色输入的定标算法测试仿真

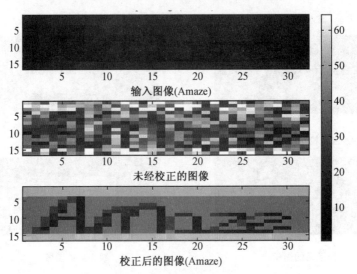

图 3.26　复杂的图像输入定标算法测试仿真

① 控制辐射计参数 a 与 b 范围同为 $(1,9)$，如图 3.27、图 3.28 所示。

60
40
20
5
10
15
5 10 15 20 25 30
输入图像(Amaze)
经传统算法校正后的图像(Amaze)
经新算法校正后的图像(Amaze)

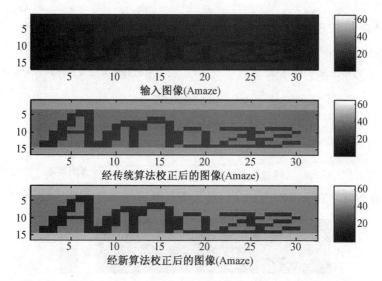

图 3.27 辐射计参数范围为(1,9)时的传统与优化算法效果比较

Color data min: 2.0
Color data max: 8.0
(a) 原图像的灰度范围
Color data min: 15.1596
Color data max: 45.3008
(b) 传统算法校正得到的图像灰度范围
Color data min: 9.1136
Color data max: 51.3468
(c) 优化算法校正得到的图像灰度范围示例

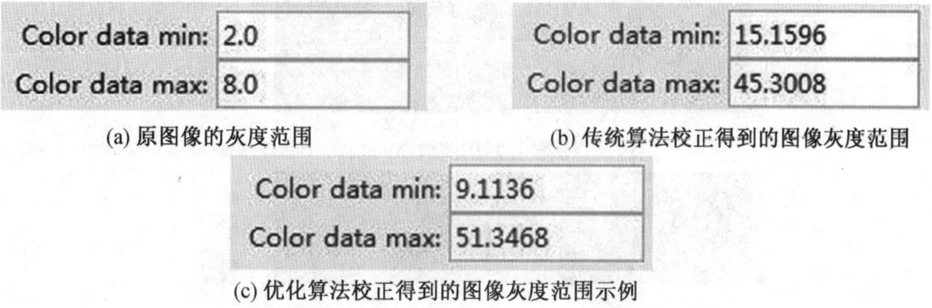

图 3.28 辐射计参数范围为(1,9)时各图像灰度范围示例

② 控制辐射计 a 与 b 参数范围同为(0,1),如图 3.29、图 3.30 所示。

60
40
20
5
10
15
5 10 15 20 25 30
输入图像(Amaze)
经传统算法校正后的图像(Amaze)
经新算法校正后的图像(Amaze)

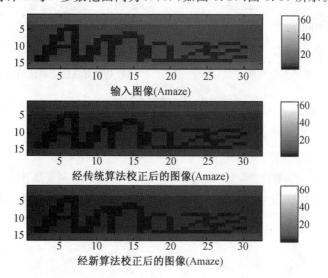

图 3.29 辐射计参数范围为(0,1)时的传统与优化算法效果比较

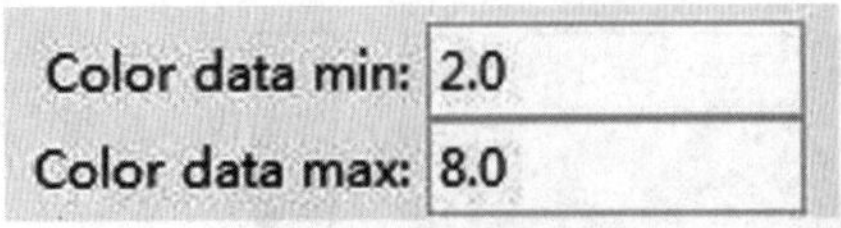

Color data min: 2.0
Color data max: 8.0

(a) 原图像的灰度参数

Color data min: 1.479
Color data max: 4.4463

(b) 传统算法校正得到的图像灰度参数

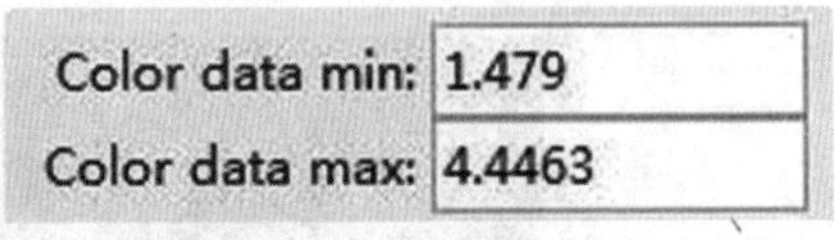

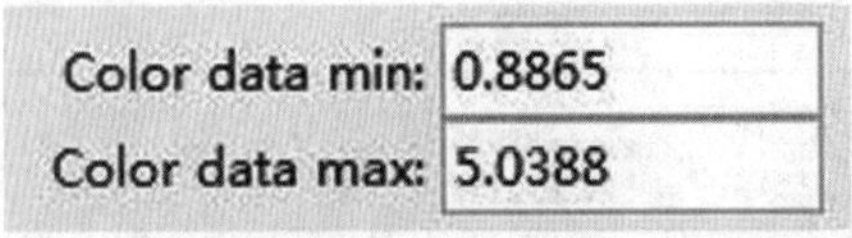

Color data min: 0.8865
Color data max: 5.0388

(c) 优化算法校正得到的图像灰度参数示例

图 3.30　辐射计参数范围为(0,1)时各图像灰度范围示例

③ 控制辐射计参数 a 范围为(0,1)，参数 b 范围为(1,9)，如图 3.31、图 3.32 所示。

5
10
15
5 10 15 20 25 30
60
40
20

输入图像(Amaze)

5
10
15
5 10 15 20 25 30
60
40
20

经传统算法校正后的图像(Amaze)

5
10
15
5 10 15 20 25 30
60
40
20

经新算法校正后的图像(Amaze)

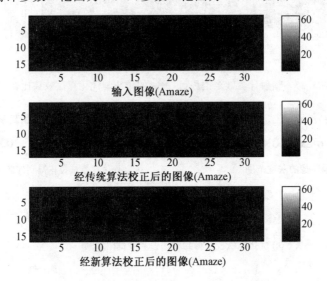

图 3.31　辐射计参数 a、b 范围为(0,1)、(1,9)时的传统与优化算法效果比较

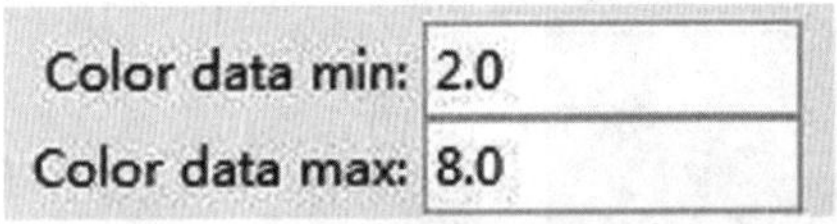

Color data min: 2.0
Color data max: 8.0

(a) 原图像的灰度参数

Color data min: 6.0024
Color data max: 8.9679

(b) 传统算法校正得到的图像灰度参数

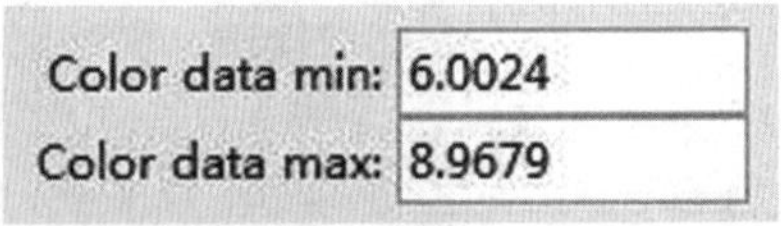

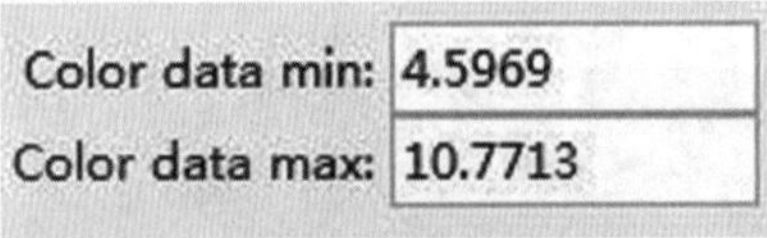

Color data min: 4.5969
Color data max: 10.7713

(c) 优化算法校正得到的图像灰度参数示例

图 3.32　辐射计参数 a、b 范围为(0,1)、(1,9)时各图像灰度范围示例

④ 控制辐射计参数 a 范围为(1,9)，参数 b 范围为(0,1)。优化定标算法的校准效果及与传统算法的比较如图 3.33、图 3.34 所示。

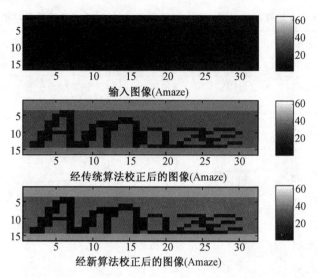

图 3.33　辐射计参数 a、b 范围为 $(1,9)$、$(0,1)$ 时的传统与优化算法效果比较

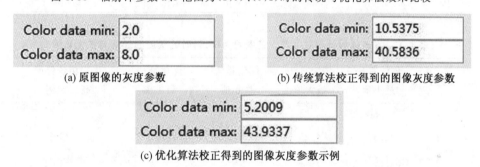

(a) 原图像的灰度参数　　　　　　　(b) 传统算法校正得到的图像灰度参数

(c) 优化算法校正得到的图像灰度参数示例

图 3.34　辐射计参数 a、b 范围为 $(1,9)$、$(0,1)$ 时各图像灰度范围示例

4. 测试结果分析

首先,从上一节的图像可以直观看出,优化算法的定标效果是十分准确可靠的,可以有效还原出原始图像。这一节着重讨论优化算法在还原图像的同时,对图片辨识度的提高程度。利用 Matlab 软件仿真,在给定的五组参数设定范围内(详见各项小标题),首先用随机数产生了 20 组(只列出 10 组)作为辐射计阵列的特性参数,然后分别采用传统定标算法和优化定标算法还原图像。利用 Matlab 的 Edit colomap 功能读出每幅图片的灰度值最大值和最小值,并加以比较,得到表 3.3～3.7。

从表中的"优化定标算法相较传统定标算法所得灰度值范围高出比例"的一栏中可以清楚地看到优化定标算法在图片辨识度上的优越性。

表 3.3　10 组辐射计参数 a 与 b 范围同为 $(1,9)$ 时的灰度图最值与扩大比例

序号	传统算法最小值	传统算法最大值	优化算法最小值	优化算法最大值	优化相较传统高出比例
1	14.95	44.78	8.977 8	50.759 8	40.07%
2	14.72	44.14	8.836 6	50.028 2	40.01%
3	14.92	45.31	8.896 8	51.337 7	39.65%
4	15.15	45.40	9.096 9	51.460 1	40.04%
5	14.92	44.82	8.951 7	50.797 6	39.95%
6	15.39	46.70	9.184 5	52.915 6	39.67%
7	14.40	42.86	8.681 2	48.593 0	40.24%
8	14.91	44.82	8.945 2	50.795 2	39.92%
9	14.89	44.47	8.957 0	50.413 3	40.15%
10	15.15	45.93	9.043 8	52.044 4	39.70%

表 3.4　10 组辐射计参数 a 与 b 范围同为 $(0,1)$ 时的灰度图最值与扩大比例

序号	传统算法最小值	传统算法最大值	优化算法最小值	优化算法最大值	优化相较传统高出比例
1	1.50	4.54	0.896 6	5.152 8	40.01%
2	1.44	4.29	0.871 8	4.871 3	40.33%
3	1.51	4.52	0.912 7	5.131 6	40.16%
4	1.50	4.51	0.907 6	5.115 2	39.79%
5	1.48	4.48	0.891 9	5.080 7	39.63%
6	1.52	4.56	0.915 8	5.175 2	40.11%
7	1.49	4.47	0.898 2	5.077 2	40.23%
8	1.53	4.58	0.919 8	5.194 6	40.16%
9	1.48	4.42	0.892 5	5.018 1	40.33%
10	1.55	4.66	0.930 2	5.286 8	40.08%

表 3.5　10 组辐射计参数 a、b 范围为 $(0,1)$、$(1,9)$ 时的灰度图最值与扩大比例

序号	传统算法最小值	传统算法最大值	优化算法最小值	优化算法最大值	优化相较传统高出比例
1	5.951 9	9.086 1	4.448 1	10.589 9	95.96%
2	5.944 1	8.842 6	4.465 4	10.321 3	102.03%
3	6.020 2	8.956 9	4.522 2	10.457 6	102.11%
4	6.038 8	8.916 3	4.543 3	10.411 8	103.94%
5	5.924 3	8.922 3	4.439 6	10.409 6	99.13%
6	6.006 9	8.977 6	4.508 4	10.476 1	100.88%
7	5.792 2	8.780 0	4.335 0	10.237 2	97.54%
8	5.991 5	8.949 9	4.497 3	10.444 1	101.01%
9	6.321 5	9.400 5	4.749 3	10.972 7	102.12%
10	6.098 7	9.189 1	4.569 9	10.717 9	98.94%

表 3.6　10 组辐射计参数 a、b 范围为 $(1,9)$、$(0,1)$ 时的灰度图最值与扩大比例

序号	传统算法最小值	传统算法最大值	优化算法最小值	优化算法最大值	优化相较传统高出比例
1	10.69	41.25	5.501 7	46.44	33.96%
2	10.63	41.02	5.472 1	46.18	33.95%
3	10.78	41.58	5.544 4	46.82	34.01%
4	10.40	40.13	5.355 4	45.18	33.95%
5	10.30	39.77	5.293 4	44.77	33.96%
6	10.64	41.08	5.474 8	46.25	33.95%
7	10.42	40.18	5.360 0	45.24	34.01%
8	10.14	39.13	5.214 4	44.06	34.00%
9	10.85	41.91	5.577 5	47.19	33.97%
10	10.84	41.90	5.572 6	47.17	33.93%

表 3.7　10 组辐射计参数 a、b 范围同为 $(10,20)$ 时的灰度图最值与扩大比例

序号	传统算法最小值	传统算法最大值	优化算法最小值	优化算法最大值	优化相较传统高出比例
1	30.15	90.87	18.047	102.97	39.86%
2	30.04	91.33	17.907	103.46	39.59%
3	30.44	91.68	18.227	103.90	39.90%
4	30.07	91.32	17.938	103.46	39.63%
5	30.30	90.70	18.20	102.80	40.07%
6	30.07	90.04	18.06	102.05	40.05%
7	29.65	88.62	17.82	100.45	40.12%
8	30.06	91.15	17.94	103.27	39.68%
9	29.98	88.59	18.12	100.44	40.45%
10	29.55	89.21	17.67	101.09	39.83%

从表中可以看出，优化定标算法输出的每一幅图像的对比度都比传统定标算法有了一定提高。

① 当辐射计参数范围为 $(1,9)$ 时，传统算法校正图像灰度值最小值（以下均为 10 组实测值的平均值）为 14.94，最大值为 44.92。优化算法校正图像灰度值最小值为 8.96，最大值为 50.91。其灰度值范围相较传统算法高出至少 39.65%。

② 当辐射计参数范围为 $(0,1)$ 时，传统算法校正图像灰度值最小值（以下均为 10 组实测值的平均值）为 1.5，最大值为 4.5。优化算法校正图像灰度值最小值为 0.90，最大值为 5.11。其灰度值范围相较传统算法高出至少 39.63%。

③ 当辐射计参数 a 范围为 $(1,9)$，b 范围为 $(0,1)$ 时，传统算法校正图像灰度值最小值（以下均为 10 组实测值的平均值）为 10.569，最大值为 40.795。优化算法校正图像灰度值最小值为 5.437，最大值为 45.93。其灰度值范围相较传统算法高出至少 33.95%。

④ 当辐射计参数 a 范围为 $(0,1)$，参数 b 范围为 $(1,9)$ 时，传统算法校正图像灰度值最小值（以下均为 10 组实测值的平均值）为 6.009，最大值为 9.002。优化算法校正图像灰度值最小值为 4.508，最大值为 10.504。其灰度值范围相较传统算法高出至少 95.96%。

⑤ 当辐射计参数 a 和 b 范围均为 $(10,20)$ 时，传统算法校正图像灰度值最小值（以下均为 10 组实测值的平均值）为 30.031，最大值为 90.351。优化算法校正图像灰度值最小值为 17.993，最大值为 102.389。其灰度值范围相较传统算法高出至少 39.59%。

综上实验数据结果，优化算法相较传统算法可以有效地提高图像的对比度。

5. 对优化定标算法的评价

相对于传统的定标算法来说，介绍的这种优化定标算法虽然无法得到待测环境或物体的实际（绝对）亮温，但是对于安检等应用来说，利用辐射计输出电压的相对值足以满足实际成像要求。正是基于这一点，得到了相对于传统算法更为有效的优化算法，完成了对于辐射

计阵列的定标并一定程度上提高了成像草图的对比度。

传统定标算法和改进的定标算法的特点可以归纳如下：

① 传统算法的误差在于：系统对定标源控制的误差、定标源温度不均匀的误差、对定标源实际温度的反馈误差等。优化的定标算法却不需要了解定标源的实时温度，只需要温度均一的定标源即可。因此，定标效果更好，对于系统硬件的要求更低。

② 由于优化定标算法不需要对定标源的温度进行精细控制，或者实时准确地反馈定标源的温度，因此一定程度上降低了系统的复杂度，降低了系统的成本。

③ 由大量分类的实验数据得到优化算法的输出图像相对于传统算法，在忽略传统算法误差和给定参数取值范围的情况下，不仅没有降低图像输出质量，反而使图像的对比度有了一定程度的增强。

3.5　辐射计指标测试方法

本节将着重介绍测量辐射计主要特性参数的方法和技术手段，包括线性度、温度灵敏度、带宽、噪声系数、积分时间和稳定性的测试等。并以 3.3 节中介绍的工作在 35 GHz 的直接检波辐射计为例，给出该辐射计的相关性能指标的实测结果。

3.5.1　线性度和温度灵敏度测试

1. 线性度

辐射计的线性度是影响毫米波 FPA 各接收机之间一致性的重要因素。辐射计具有良好线性度的前提下，经过阵列的校准和软件处理，才能实现各单元间的一致性，也提高了系统整体的温度灵敏度。

辐射计接收机线性度的测量过程，可视为接收机的分体定标过程。辐射计接收机动态范围内，其输出电压 U_{out} 与输入亮温 T 之间的线性相关程度可用线性相关系数 R 来表示，$0 \leqslant R \leqslant 1$。$R=1$ 表示两个量呈线性关系，$R=0$ 表示两个量彼此无关，$|R|<1$ 表示两个量间具有非线性关系存在，可用剩余标准差 S 表示，用来衡量所有随机因素对输出电压 $U_{out}^i (i=1,2,\cdots,N)$ 的一次测量值的平均变差的大小，为了提高对某点的测量精度，需要对该点进行多次测量后取平均值作为该点的实际观测值，这样就可以使该点的观测值更加逼近回归直线，提高测量精度。

在辐射计的动态范围内，输入连续可变的噪声温度 $T_i(i=1,2,\cdots,N)$，测量出对应的输出电压值 U_{out}^i，用最小二乘法原理可以回归出一个表示 T 和 U_{out} 关系的线性方程：

$$U_{out} = a + bT \tag{3.83}$$

式(3.83)中的 a 和 b 为常数，可根据误差极值定理求得，即

$$a = \bar{U}_{out} - b\bar{T} \tag{3.84}$$

$$b = \frac{\sum_{i=1}^{N}(U_{out}^i - \bar{U}_{out})(T_i - \bar{T})}{\sum_{i=1}^{N}(T_i - \bar{T})} \tag{3.85}$$

式中　　$\bar{U}_{\text{out}}$——U_{out} 的 N 次平均值，$\bar{U}_{\text{out}} = \dfrac{1}{N}\sum\limits_{i=1}^{N} U_{\text{out}}^{i}$；

　　　　$\bar{T}$——T 的 N 次平均值，$\bar{T} = \dfrac{1}{N}\sum\limits_{i=1}^{N} T_i$；

　　　　N——测量次数。

此时，线性相关系数 R 和剩余标准差 S 可表示为

$$R = \frac{\sum\limits_{i=1}^{N}(U_{\text{out}}^{i} - \bar{U}_{\text{out}})(T_i - \bar{T})}{\sqrt{\sum\limits_{i=1}^{N}(U_{\text{out}}^{i} - \bar{U}_{\text{out}})^2 \sum\limits_{i=1}^{N}(T_i - \bar{T})^2}} \tag{3.86}$$

$$S = \sqrt{\frac{(1 - R^2)\sum\limits_{i=1}^{N}(U_{\text{out}}^{i} - \bar{U}_{\text{out}})^2}{N - 2}} \tag{3.87}$$

为了准确地测量接收机的线性度，尽量减少测量中的误差，使用低温标准噪声源和精密可变衰减器来检验接收机的线性度，测试框图如图 3.35 所示。

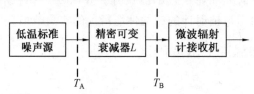

图 3.35　辐射计线性度和温度灵敏度测试框图

采用液氮制冷作为低温冷源，输出噪声温度为 80.3 K；通过调节可变衰减器的不同衰减值 L 而得到辐射计接收机的输入噪声温度 T_{B}，表达式为

$$T_{\text{B}} = \frac{T_{\text{A}}}{L} + \left(1 - \frac{1}{L}\right)T_0 \tag{3.88}$$

式中　　T_0——环境温度。

通过上述方法测量辐射计接收机的线性度，在每一噪声温度点测量 20 个输出电压值，将各噪声温度和输出的电压平均值进行线性回归，得到辐射计接收机的线性相关系数 $R \geqslant 0.999$。

2. 温度灵敏度

测试接收机灵敏度采用与测试线性度相同的方法，在每一噪声温度输入点测量 N 个输出电压值，计算各输入噪声温度对应的电压均值和方差 σ，从中选取任意两个温度点的数据，计算接收机的温度灵敏度 $\Delta T_{\min}$，见式(3.89)。在室温为 293 K，积分时间为 0.5 ms 条件下，经测试和计算，Ka 频段小型化直接检波式辐射计的温度灵敏度约为 0.5 K，略大于理论计算值。

$$\Delta T_{\min} = \frac{(\sigma_i + \sigma_j)}{2} \times \frac{T_i - T_j}{U_i - U_j} \tag{3.89}$$

3.5.2　带宽测试

工作带宽是辐射计的重要参数,检波前带宽越宽,辐射计的温度灵敏度越高。

以 Ka 频段超外差式辐射计为例,如图 3.36 所示,将匹配负载接入接收机前端,利用 HP8592B 频谱仪测量主中频放大器输出的中频信号频谱,设置频率测量范围 1 ～ 500 MHz。记录中频频谱,低频端低于最大值 3 dB 处的频率 f_L,高频端低于最大值 3 dB 处的频率 f_H,则接收机带宽为 $f_H - f_L$。

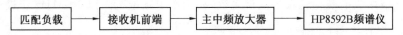

图 3.36　接收机带宽测试框图

另外,以 Ka 频段直接检波式辐射计为例,Ka 频段小型化直接检波式辐射计采用 MMIC LNA 进行集成化,直接输出与输入功率对应的电压信号。其工作带宽的测量方法如图 3.37 所示,即采用 Agilent E8257D 信号发生器,选择适宜的采样间隔(在输出电压变化剧烈处可适当提高采样率),以相同的输出功率依次产生 26.5 ～ 40 GHz 的射频信号,利用 Ka 频段标准喇叭天线作为发射天线和接收天线,两天线距离满足远场条件,并对其不同频点的增益进行补偿,观察辐射计输出电压的变化情况,测量结果表明:在 (35 ± 1.8) GHz 的带宽内,辐射计输出电压较为平稳,变化小于 1 dB,即辐射计工作中心频率为 35 GHz,带宽约为 3.6 GHz。

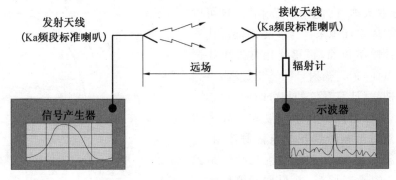

图 3.37　辐射计工作频带测试示意图

3.5.3　噪声系数测试

噪声系数是毫米波辐射计的主要技术指标之一,辐射计噪声波动会影响其测量灵敏度,使系统的可靠性降低。因此选用适当的噪声测试方法,保证系统的低噪声系数,是保证系统稳定工作可达技术指标的技术保障手段之一。常用的噪声测试方法有三种:Y 系数测量法、噪声系数测试仪法和正弦信号源法。

根据噪声系数公式可知,只要测出 N_1、N_2 即可计算出 NF(dB)。当噪声源选定以后,若能借助一套自动控制电路,用 Y 系数直接代表 NF,则省去烦琐的计算,使测试大为简化。同时,采用固态噪声源作为测试噪声源,利用其较好的稳定性进行扫频测量,可得到更为精确的测试结果。测试框图如图 3.38 所示。

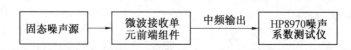

图 3.38　系统噪声系数测试框图

测试步骤如下：

① 开机工作正常后，关闭接收机发射信号，全机信号全部连接。

② 将固态噪声源直接与噪声系数测试仪连接，进行系统校准。

③ 将微波接收前端组件接入测试系统，在工作中频带宽内以 10 MHz 步进扫频测量。

3.5.4　积分时间测试

积分时间是表征毫米波辐射计对天线温度跃变响应能力的技术指标，其定义为

$$\tau = \frac{G_{LF}(0)}{2\displaystyle\int_0^\infty G_{LF}(f)\,\mathrm{d}f} \tag{3.90}$$

式中　　$G_{LF}(f)$——检波后的功率增益；

$\quad\quad\quad G_{LF}(0)$——检波后的直流功率增益。

如果天线的温度可以以阶跃信号来表征，则将辐射计的输出指标达到稳定值的 63.2%所需要经历的时间定义为积分时间，如图 3.39 所示。

根据上面定义，为了测量辐射计系统的积分时间，需要在天线口面输入阶跃信号，这可以通过高低温黑体定标源来产生。先用低温代表黑体覆盖天线喇叭口面，再迅速用常温黑体覆盖天线喇叭口面，采集辐射计的输出过程，得到图中的输出曲线，计算系统的积分时间。

测试时，可以将两个噪声温度相差较大的标准噪声源通过射频转换开关与辐射计相连。通过操纵射频转换开关，实现辐射计从噪声源 1 到噪声源 2 的迅速切换，并根据辐射计输出电压的记录指示，计算出从开始变化到输出指示达到稳定值的 63%的时间，即为辐射计的积分时间。

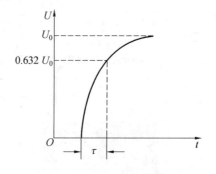

图 3.39　积分时间的定义

3.5.5　稳定性测试

毫米波辐射计的稳定性是衡量一个辐射计系统的重要标准，必须保证辐射计具备良好的稳定度，这样对于辐射计的灵敏度和精确度的分析才是有意义的。在辐射计稳定性的测量过程中，需要将一个噪声温度恒定的噪声源接在辐射计的输入端，然后进行长期的记录。

3.5.6　正切灵敏度与接收机动态范围

正切灵敏度代表了辐射计接收机最小可检测信号的功率，正切灵敏度越小，表示辐射计接收机检测弱信号的能力越强。采用可调制信号源和示波器测量辐射计接收机的正切灵敏

度和动态范围,结果如图 3.40 所示(1 号和 2 号辐射计为不同批次,器件选择略有差异)。从图可见,1 号辐射计正切灵敏度为－86 dBm,动态范围为 26 dB;2 号辐射计正切灵敏度为－89 dBm,动态范围为 20 dB。测试结果表明:该辐射计具有很高的正切灵敏度和检测弱信号的能力,随着正切灵敏度的提高,动态范围缩小,但均可满足遥感和探测人体衣物下隐匿物品应用的要求。图中两只辐射计的输出电压不同是由于两批辐射计的低频放大倍数略有不同。

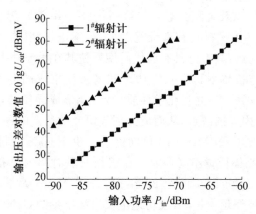

图 3.40　辐射计正切灵敏度和动态范围测试结果

表 3.8 给出了 3.3.1 节重点介绍的 8 mm 毫米波辐射计的主要技术指标的实际测试结果。

表 3.8　直接检波式辐射计参数

参数名称	参数值
工作频率	(35±1.8) GHz
射频增益	60 dB
探测亮温范围	263～333 K
正切灵敏度	－86 dBm
积分时间	0.5 ms
噪声系数	≤3.5 dB
线性度	≥0.999
稳定性(72 h)	<2 K
高频增益	60 dB
射频前端尺寸	14 mm×14 mm×80 mm
工作方式	直接检波式

3.6 毫米波器件的发展现状与趋势

3.6.1 GaN 材料的兴起

宽禁带半导体材料（禁带宽度介于 2.0 eV 与 7.0 eV）被称为第三代半导体材料，主要包括 GaN、SiC、AlN、BN 以及金刚石等。和第一代（Si、Ge 等）、第二代半导体材料（GaAs、InP 等）相比，第三代半导体材料具有禁带宽度大、击穿电场高、电子漂移饱和速度高、介电常数小、导电性能好等优点，其本身具有的优越性质使其在微波功率器件领域应用中具有巨大前景，非常适用于制作抗辐射、高频、大功率和高密度集成的电子器件。特别是 GaN 材料，具有耐高温、耐腐蚀的特点，并且化学性质稳定，能形成异质结，这些优良的性质弥补了前两代半导体材料本身固有的缺点，从而成为现代研究的热点问题[11-14]。

1971 年，第一只蓝光 GaN MIS－LED 问世[15]，由于 GaN 材料的高 n 型背景载流子浓度、p 型化的难以实现、晶体质量不高等因素在很长一段时间内没有得到解决，GaN 材料的应用研究进展缓慢[16]。直到 20 世纪 80 年代，日本 Meijo 大学的 I. Akasaki 等人采用 MOCVD 技术，利用两步外延生长法，成功地生长出高质量的 GaN 外延膜，提高了其电学特性，并实现了 GaN 材料的 p 型化[17]。目前许多团队已经研发了Ⅲ族氮化物材料，如 GaN、AlN、AlGaN 及 InGaN 的 MOCVD 生长工艺，专注于开发高功率微波和毫米波 AlGaN/GaN HEMT 结构。这些研究成果极大地推动了人们对 GaN 的研究，因此自 20 世纪 90 年代以来，GaN 的研究进入了飞速发展的时代。

3.6.2 AlGaN/GaN HEMT

AlGaN/GaN HEMT 高电子迁移率晶体管是以 AlGaN/GaN 异质结材料为基础而制造的 GaN 基器件，具有如下突出的特性[16]：①工作频率高；②功率密度大，因而可以使器件的尺寸大大减小；③耐高温，300 ℃节温下还能获得较高的增益，而 Si 在 140 ℃节温时就不能工作了；④Si 基器件的效率低，只有 10％，这意味着有 90％的能量以热量的形式耗尽，需要价值昂贵的散热系统来维持器件工作，而 GaN 基器件功率附加效率可以达到 70％，不需要强力风扇等体积庞大的散热系统，不但极大地减小了设备体积，还可以降低成本；⑤工作电压高，线性度好，输入阻抗高，易匹配。

在 GaN 器件发展的早期阶段，对于 AlGaN/GaN HEMT，从静态 $I-U$ 曲线预测出的输出功率，与负载牵引测量出的输出功率之间有差异，这个差异的存在严重限制了 GaN HEMT 的微波输出功率，直到两个创新克服了这个问题。一个是在 2000 年提出的引入 SiN 钝化技术[18,19]，这有效降低了由表面陷阱状态引起的由直流到射频的弥散，从而使输出功率显著增加了 9～11 W/mm[20,21]。另一个是在 2003 年提出的在 GaN HEMT 漏极侧的电介层上安装一场板[22-24]，在漏极处于高电压状态时，场板能控制降低射频电流崩溃，提高输出效率。

自从世界上第一只 AlGaN/GaN HEMT 在 1993 年由美国 APA 光学公司的 Khan 等人制作出来，经过多年的研发，GaN HEMT 于 2010 年已进入了大发展的阶段，成千上万的器件和电路[25-28]应用到雷达、有线电视模块和第四代移动通信基站等领域。GaN HEMT的发展突破了一系列关键技术,如零微管缺陷,高质量、高纯半绝缘 4 in(英寸,1 in＝2.54 cm)4H－SiC 单晶衬底生长;由 AlN 成核层/掺 Fe 的 GaN 绝缘层/AlN 势垒层、帽层等所组成的金属有机气相沉积(MOCVD)外延结构设计与生长;由低接触电阻的欧姆接触金属化、SiN 介质钝化挖槽金属栅、双场板结构所组成的器件工艺;GaN HEMT 小信号和大信号的精确模型的提取和模拟;由 GaN HEMT 有源器件、MIM 电容、薄膜电阻和晶圆片的穿孔等组成的 GaN MMIC 工艺;抑制电流崩塌、栅漏电流、逆压电效应、热电子效应和热声子效应等失效机理和可靠性提升等,使其发展成为固态微波、毫米波领域中新的工程化和产业化技术。GaN HEMT 所具有的微波高功率密度和较好的高频性能,在雷达、通信和电子对抗等领域引起了人们的高度关注。

3.6.3　单片微波集成电路

单片微波集成电路(Monolithic Microwave Integrated Circuits,MMIC),是在半绝缘半导体衬底上用一系列的半导体工艺方法制造出无源和有源元器件,并连接起来构成应用于微波(甚至毫米波)频段的功能电路。其大小仅有几个平方毫米,体积大大减小,便于批量生产。由于 MMIC 的衬底材料(如 GaAs、GaN)的电子迁移率较高、禁带宽度宽、工作温度范围大、微波传输性能好,所以 MMIC 具有电路损耗小、噪声低、频带宽、动态范围大、功率大、附加效率高、抗电磁辐射能力强等特点。

MMIC 有两种不同的拓扑结构:微带和共面波导。每种结构有其特有的优点,都能实现高性能的 MMIC 高功率放大器。其中共面波导器件省去了背部加工步骤(晶元薄化和通孔蚀刻),而且其高导热性的 SiC 基板能维持低通道温度,使器件稳定工作。由于硅技术通常依赖于上层的金属化互联,共面波导器件也是 GaN 和硅晶体管异构集成首选结构[23]。

自从美国的 Plessey 公司在 1974 年以 GaAs 半绝缘衬底作为载体,以 GaAs FET 作为有源器件,研制出世界上第一块 MMIC 放大器以来,MMIC 放大器的研究工作就得到迅速发展。MMIC 包括多种功能电路,如低噪声放大器(LNA)、功率放大器、混频器、上变频器、检波器、调制器、压控振荡器(VCO)、移相器、开关、MMIC 收发前端,甚至整个发射/接收(T/R)组件(收发系统)。研制 MMIC 的目的,早期是针对军事应用,主要有雷达、电子战、通信、武器制导等领域。目前,其主要应用从军用转移到民用方面,如移动电话、卫星通信、全球定位系统(GPS)、直播卫星接收(DBS)等都将是 MMIC 的巨大市场。

3.6.4　GaN HEMT 与 MMIC 的发展现状及趋势

在 GaAs 衬底上实现 MMIC 电路的技术已经有近 50 年的历史,而在射频和微波功率放大器领域,GaN 由于具有优异的电学特性,将逐步取代 GaAs 以及其他半导体材料。GaN HEMT 在功率密度方面比 Si、GaAs 和 InP 等微波器件高近 10 倍,这使 GaN 在 MMIC 设计上有两个优点:首先,高功率密度可减小输出功率每瓦的寄生电容;其次,较高的工作电压可产生较高的输出阻抗。这两个优点使其匹配网络的设计更简单、损耗更低、带宽更宽,比GaAs 能实现功率更高、带宽更宽的放大器。

随着近年来对 AlGaN/GaN HEMT 器件理论研究的不断深入,GaN 生长工艺的不断进步，以及具有良好的导热性、价格低廉的 SiC 基板的广泛应用，GaN 器件的性能正在不断提高，朝着更高的输出功率密度、更高的功率附加效率（Power Added Efficiency，PAE）、更高的工作频率和更高的可靠性发展。在提高功率密度的研究方面，以在该领域处于发展前沿的位于美国加利福尼亚大学圣塔芭芭拉分校的 Cree 研究中心为例，2000 年，Y. F. Wu 等人报道了栅长 0.75 μm 的 AlGaN/GaN HEMT 单片微波集成电路，在 8 GHz 频率，增益为 11.5 dB，输出功率为 35 dBm[29]。2004 年，Y. F. Wu 等人通过对场板结构进行优化，制作的 HEMT 器件在 4 GHz、漏压 120 V 下，输出功率密度达到 32.2 W/mm，比相同尺寸的 GaAs 微波功率器件的功率密度高出了三十多倍，而 PAE 也较高，为 54.8%；同时制作的另一 HEMT 器件在 8 GHz 的输出功率密度为 30.6 W/mm，PAE 为 49.6%[30]。到了 2006 年，Wu 等人在 4 GHz，将输出功率密度又提高到了 41.4 W/mm[31]。2007 年，Wu 等人又提出了具有场板和 InGaN 背势垒的短栅极长度的 GaN HEMT，在 30 GHz 能产生 13.7 W/mm 的功率密度[32]。这在当时被认为是 GaN 晶体管在毫米波段能达到的最高功率，比能达到相同输出功率的 GaAs MMIC 尺寸小十几倍。近五年，Cree 研究重点放在了 GaN HEMT 实现能量转换上。2013 年，Wu 等人提出了在转换器里实现高压 GaN HEMT 器件增加输出功率的设计实例，该设计采用 4 个 GaN HEMT 器件，应用在工作于 100 kHz，4 kW，220～400 V 的升压转换器上，从 15%～90% 的负荷能实现大于 99% 的效率[33]。随后，又提出了已经达到 JEDEC（Joint Electron Devices Engineering Council）标准并进入市场的第一代 GaN-on-Si HEMT 器件开关，该开关能降低电阻，大大减少输入和输出费用[34]。

　　在提高工作频率的研究方面，2010 年，Chung 等人研制出了最大截止频率为 300 GHz 的 AlGaN/GaN HEMT[35]。而在工业领域，以美国雷神（Raytheon）公司为例，到 2015 年为止已经能生产三种工作于不同频率和电压的 GaN HEMT 器件[36]。分别有，工作于 20 GHz，40 V 的微波段 GaN HEMT，最大振荡频率 f_{max} 为 69 GHz，功率密度为 6.4 W/mm（28 V，10 GHz）；工作于 50 GHz，28 V 的毫米波段 GaN HEMT，f_{max} 为 120 GHz，功率密度为 5.4 W/mm（20 V，35 GHz）；工作于 110 GHz，18 V 的 W 频段 GaN HEMT，f_{max} 为 200 GHz，功率密度为 2.8 W/mm（18 V，95 GHz）。最近，Raytheon 公司以及 HRL 等其他公司都在研发生产高于 200 GHz 的 GaN HEMT 器件。

　　在 GaN MMIC 领域最近期的研究成果主要有：2015 年，J. M. Schellenberg 提出了利用片上行波功率合成网络的 GaN MMIC，在 75～100 GHz 频段上实现连续输出波功率 34 dBm（2.5 W）±1 dB，在 84 GHz 处峰值功率为 3 W[37]。M. Coffey 等人提出了 X 波段可以用作功率放大器和整流器的 GaN MMIC，其作为放大器偏置在 AB 类，在 9.9 GHz，实现了超过 10 W 的输出功率，大于 20 dB 的增益和 50% 的 PAE。作为一个整流器，在输出功率大于 8 W 时的 RF-DC 转换效率达到 52% 以上。这是第一个 X 频段的两级功率组合式高效 GaN MMIC 功率整流器，可以应用于双向大功率无线能量传输[38]。E. Kuwata 等人提出了一个 GaN MMIC 高功率放大器，在 C～Ku 频段有超过 115% 的相对带宽，该放大器采用一系列并联电感匹配网络来减少芯片尺寸和级间匹配的阻抗变换比，在 25 V，C～Ku 频段，测量得到小信号增益大于 15.4 dB，输出功率达到 40.2 ～ 41.6 dBm，PAE 为 17.3% ～30.5%，连续波输出功率为 1.4 dB。

　　国内受模型、工艺、材料等因素的限制,在宽带 MMIC 领域的研究时间相对较短,起步较晚,但已经研制出覆盖 S/C/X/Ku/Ka 频段的几十种单片微波集成模块及电路,在航空航天、微波通信等多方面得到了应用[1]。目前国内比较领先的研究成果是在 2009 年,中国电子科技集团公司第十三研究所的张志国、王民娟等报道的 20 W X 波段 GaN MMIC,该放大器利用国产的 SiC 衬底,使用 MOCVD 自主技术研制的 GaN HEMT 外延材料,当其工作频带为 8.5～10.5 GHz、工作电压为 28 V 时,输出功率大于 21 W,增益大于 15.7 dB,PAE 大于 24％。当工作在 9.1 GHz 时,输出功率达到 24.5 W,脉冲功率密度大于 6 W/mm,具有较好的微波功率特性[39]。另外,南京电子元件研究所报道了采用国产 GaN 异质结外延片,SiC 衬底的 GaN HEMT 功率 MMIC,工作频带为 2～11 GHz,输出功率为 4.5 W,功率增益为 13 dB,PAE 为 32.4％[40]。2010 年,王东方等人研制的 AlGaN/GaN HEMT 可以满足 Ka 频段应用,其中 2×75 μm 栅宽 AlGaN/GaN HEMT 在 30 V 漏压下的截止频率为 32 GHz,最大振荡频率为 150 GHz;在 30 GHz 连续波测试条件下,线性增益达到 8.5 dB,器件的击穿电压在 60 V 以上[41]。

　　目前,GaN MMIC 下一步的发展趋势是用金刚石代替 SiC 作为基板材料。虽然 SiC 是一种良好的导热材料,GaN 器件的性能和稳定性仍然受其结温峰值限制,于是导热性能更好的金刚石成为代替 SiC 作为基板材料的热门候选,文献[42]对其可行性进行了综述。近几年 GaN HEMT 与 MMIC 应用研究的技术创新仍然非常活跃,在高效率、宽频带、高功率、MMIC 和先进热管理等方面的研究均有长足的进步,表现出 GaN HEMT 技术在微波、毫米波领域的持续创新能力。研究和关注这些新的发展态势,有助于制订 GaN HEMT 新的发展计划。

本章参考文献

[1] PETTAI R. Noise in receiving systems[M]. New York:John Wiley&Sons, 1984:32-39.

[2] SKOU N. Microwave radiometer design and analysis[M]. Boston:Artech House, 1989:21-40.

[3] RYLE M. A new radio interferometer and its application to the observation of weak radio stars[J]. Proc. Roy. Soc. , 1952,211:351-375.

[4] GOLDSTEIN S J. A comparison of two radiometer circuits[J]. Proc. IRE, 1955, 43:1663-1666.

[5] TUCKER D G, GRAHAM M H, GOLDSTEIN S J. A Comparison of two radiometer circuits[J]. Proc. IRE, 1957,45:365-366.

[6] GRAHAM M H. Radiometer circuits[J]. Proc. IRE, 1958, 46: 19-66.

[7] SELING T V. An Investigation of a feedback control system for stabilization of microwave radiometers[J]. IRE Transactions on Microwave Theory and Techniques, 1962,MTT-10:209-213.

[8] GOGGINS W B. A microwave feedback radiometer[J]. IEEE Transactions on Aero-

space and Electronic Systems, 1967, AES-3, 83: 90-29.

[9] 陆登柏, 邱家稳, 蒋炳军. 星载毫米波辐射计的应用与发展[J]. 真空与低温, 2009, 15 (2): 70-75.

[10] CHEN J X, YAN P P, HONG W. A Ka-band receiver front end module[C]. Pacifico Yokohama, Japan: Proceedings of Asia-Pacific Microwave Conference 2010, 2010: 535-537.

[11] WU Y F, KELLER B P, FINI P, et al. High al content AlGaN/GaN MODFETs for ultrahigh performance[J]. IEEE Electron Device Letters, 2000, 19(2): 50-53.

[12] GASKA R, CHEN Q, YANG J. High temperature performance of AlGaN/GaN-HEMTs on SiC substrates[J]. IEEE Electron Device Letters, 1999, 18(10): 492-497.

[13] KHAN M A, HU X, SUMIN G, et al. AlGaN/GaN metal oxide semiconductor heterostructure field effect transistors[J]. IEEE Electron Device Letter, 2000, 21(2): 63-66.

[14] KELLER S, WU Y F, PARISH G, et al. Gallium nitride based high power heterojunction field effect transistors: process development and present status at UCSB[J]. IEEE Electron Devices, 2001, 48(3): 552-558.

[15] PANKOVE J I, MILLER E A, BERKEYHEISER J E. GaN electroluminescent diodes[J]. RCA Rev., 1971, 32: 383-385.

[16] 姜霞. AlGaN/GaN HEMT 模型研究及 MMIC 功率放大器设计[D]. 天津: 河北工业大学, 2011: 1-9.

[17] AKASAKI I, AMANO H, KOIDE K, et al. Effects of ain buffer layer on crystallographic structure and on electrical and optical properties of GaN1-xAlxN films grown on sapphire substrate by MOVPE[J]. Journal of Crystal Growth, 1989, 98(1): 209-219.

[18] GREEN B M, CHU K K, CHUMBES E M, et al. The effect of surface passivation on the microwave characteristics of undoped AlGaN/GaN HEMTs[J]. IEEE Electron Device Letters, 2000, 21(6): 268-270.

[19] WU Y F, ZHANG N, XU J, et al. Carthy, BGroup III nitride based FETs and HEMTs with reduced trapping and method for producing the same: U. S. Patent 6586781[P]. 2001-01-29[2003-07-01].

[20] WU Y F, KAPOLNEK D, IBBETSON J, et al. High Al-content AlGaN/GaN HEMTs on SiC substrates with very high power performance[C]. Washington, DC: 1999 International Electron Devices Meeting, IEDM Technical Digest, Dec. 1999: 925-927.

[21] SHEALY J R, KAPER V, TILAK V, et al. An AlGaN/GaN high-electron-mobility transistor with an AlN sub-buffer layer[J]. Journal of Physoics: Condense Matter, 2002, 14: 3499.

[22] CHINI A, BUTTARI D, COFFIE R, et al. B12 W/mm power density AlGaN-GaN HEMTs on sapphire substrate[J]. IEEE Electron Device Letters, Jan. 2004, 40: 73-74.

[23] ANDO Y, OKAMOTO Y, MIYAMOTO H, et al. 10 W/mm AlGaNGaN HFET with a field modulating plate[J]. IEEE Electron Device Letter, 2003, 24(5): 289-291.

[24] WU Y F, MOORE M, SAXLER A, et al. B40-W/mm double field-plated GaN HEMTs[C]. State College, PA, USA: IEEE 64th Device Research Conference, Conference Digest, 2006: 151-152.

[25] SWABSON P N, HARRIS W, JOHNSTON E J, et al. The TIROS-N microwave sounde unit [J]. IEEE MTT-S Microwave Symposium Digest, IEEE Cat. 80 CH1545-3 MTT, 1980: 123-125.

[26] GLOERSEN P, BRATH F T. A scanning multichannel microwave radiometer for NIMBUS-G and seaset-a[J]. IEEE Journal of Oceanic Engineering, 1977, 2(2): 172-178.

[27] COLLINS H D, MCMAKIN D L, HALL T E, et al. Real-time holographic surveillance system. U.S. Patent 5 455 590, 1995. HOLLINGER J P, PEIRCE J L, POE G A. SSM/I instrument evaluation[J]. IEEE Trans. Geosci. Remote Sens, 1990, 28(5): 781-790.

[28] WU Y F, YORK R A, KELLER S, et al. 3-9-GHz GaN-based microwave power amplifiers with L-C-R broad-band matching[J]. IEEE Microwave and Guided Wave Letters, 1999, 9(8): 314-316.

[29] WU Y F, SAXLER A, MOORE M, et al. 30-W/mm GaN HEMTs by field plate optimization[J]. IEEE Electron Device Letters, 2004, 25(3): 117-119.

[30] WU Y F, MOORE M, SAXLER A, et al. 40-W/mm double field-plated GaN HEMTs[C]. Hopewell Junction, NY: Device research conference, 2006: 151-152.

[31] WU Y F, MOORE M, ABRAHAMSEN A, et al. High-voltage millimeter-wave gan hemts with 13.7 W/mm power density[C]. Washington, DC, USA: Electron Devices Meeting 2007. IEDM 2007. IEEE International: 405-407.

[32] WU Y F. Paralleling high-speed GaN power HEMTs for quadrupled power output [C]. Long Beach, CA: Applied Power Electronics Conference and Exposition (APEC), 2013 Twenty-Eighth Annual IEEE, 2013: 211-214.

[33] WU Y F. Performance and robustness of first generation 600-V GaN-on-Si power transistors[C]. Columbus, OH: Wide Bandgap Power Devices and Applications (WiPDA), 2013 IEEE Workshop on, 2013: 6-10.

[34] CHUNG J W, HOKE W E, CHUMBES E M, et al. AlGaN/GaN HEMT with 300-GHz fmax[J]. IEEE Electron Device Letter, 2010, 31(3): 195-197.

[35] KOLIAS N J. Recent advances in GaN MMIC technology[C]. San Jose, CA: Cus-

tom Integrated Circuits Conference (CICC)，2015 IEEE，2015：1-5.

[36] SCHELLENBERG J M. A 2-W W-Band GaN traveling-wave amplifier with 25-GHz bandwidth[J]. IEEE Transactions on Microwave Theory and Techniques，Sept.，2015，63(9)：2833-2840.

[37] COFFEY M，SCHAFER S，POPOVICZ. Two-stage high-efficiency X-Band GaN MMIC PA/ rectifier[J]. Microwave Symposium (IMS)，2015 IEEE MTT-S International，Phoenix，AZ，2015：1-4.

[38] 张志国，王民娟，冯志红，等. 20W X 波段 GaN MMIC 的研究[J].半导体技术，2009，34(8)：821.

[39] 陈堂胜，张斌，焦刚，等. X 波段 AlGaN/GaN HEMT 功率 MMIC[J]. 固体电子学研究与进展，2007，(03)：431.

[40] WANG D，YUAN T，WEI K，et al. Design and implementation of Ka band AlGaN/GaN HEMTs[J]. Journal of Infrared and Millimeter Waves，2011，30(3)：255-259.

[41] BLEVINS J D，VIA G D，SUTHERLIN K，et al. Recent progress in GaN-on-Diamond device technology[J]. CS Mantch Digest，May 2014：105-108.

第 4 章　被动毫米波近场成像馈源天线

在被动毫米波近场成像系统中,一方面,为了提供足够的空间分辨率,要求透镜或者反射面天线焦平面上的馈源分布较为紧密,故必须使用较小截面的馈源。另一方面,馈源天线必须以尽可能低的溢出损耗为透镜提供有效的照射,这需要天线具有较高的增益,通常会使天线具有很大的横截面。这个矛盾是设计焦面阵亟待解决的问题[1-14]。

本章将详细介绍各种适用于被动毫米波近场成像系统的馈源天线,包含喇叭天线、印刷偶极子、渐变缝隙天线以及一种新型介质棒天线。在介绍馈源天线基本参数的基础上,讨论馈源天线参数对系统成像性能的影响,如温度灵敏度和空间分辨率。

本章在对介质棒天线辐射原理分析和发展的基础上,将通过详细的仿真分析和实验,提出一种作为毫米波成像系统焦面阵馈源的新型结构介质棒天线,并对其进行优化设计。该天线是一种有效的馈电元件,相对于其他馈源天线,它具有宽频带、低副瓣、低互耦、低交叉极化,通过改变长度而不是横截面来改变天线增益等优点,易于排成紧密的馈源阵列,以更低的溢出损耗实现对透镜或反射面天线的有效照射,适于作为毫米波焦面阵成像的馈源天线[15-37],能够很好地解决传统馈源天线或不能够对透镜及反射器提供良好的照射、不能紧密排列、交叉极化隔离度较差的缺点。

4.1　被动毫米波近场成像馈源天线基本参数

4.1.1　反射系数

电磁波在线上传播时,传输线上存在入射波,并可能有反射波存在(负载不匹配)。在线路上一点,沿线传播的反射波与入射波电压比被称为该点处的电压反射系数 Γ。它代表了在一个传输系统中所产生的反射的比例。在馈源端,反射系数可表示为

$$\Gamma = \frac{Z_S - Z_0}{Z_S + Z_0} \tag{4.1}$$

式中　Z_S——馈源天线的阻抗;

　　　Z_0——传输线特性阻抗。

在终端处,反射系数为

$$\Gamma = \frac{Z_L - Z_0}{Z_L + Z_0} \tag{4.2}$$

式中　Z_L——终端负载的阻抗。

散射矩阵从入射波、反射波与透射波的角度描述微波网络。S_{11} 是散射矩阵中的一个参量。它由入射波与反射波定义,即

$$S_{11} = \frac{b_1}{a_1} \tag{4.3}$$

式中　a_1——入射波电压；

　　　b_1——反射波电压。

通常，人们习惯用对数形式度量反射系数 S_{11}(dB)，即

$$S_{11} = 20\lg \varGamma \tag{4.4}$$

4.1.2　电压驻波比

在入射波和反射波相位相同的地方，电压振幅相加为最大电压振幅 U_{max}，形成波腹；在入射波和反射波相位相反的地方电压振幅相减为最小电压振幅 U_{min}，形成波谷。其他各点的振幅值则介于波腹与波谷之间。这种合成波称为行驻波。驻波比是驻波波腹处的电压幅值 U_{max} 与波谷处的电压幅值 U_{min} 之比。天线驻波比的意义表示天馈线与收发信机匹配程度的指标，记为 VSWR。根据其定义，不难得到天线的 VSWR 与输入端的反射系数之间的关系，即

$$\text{VSWR} = \frac{1+\varGamma}{1-\varGamma} \tag{4.5}$$

式中　$\varGamma$——电压反射系数。

由式(4.1)和式(4.2)，可以在已知电压驻波比时，方便地求得反射系数 S_{11}(dB)；反之亦然。例如，当电压驻波比等于 2 时，天线的反射系数约为 -10 dB。

4.1.3　辐射方向图

天线的辐射场可以分为近区场(感应场)与远区场(辐射场)。为更直观地分析场强的空间分布，将方向性函数绘制成图，称为方向性图。因为有天线的辐射场分布于整个空间，故天线的方向性图通常是三维的，绘制起来很困难。所以通常采用"主平面"上的图形来表示方向图。如图 4.1 所示，主平面分为 E 面和 H 面。E 面是指与电场矢量相平行，并通过场强最大处的平面；H 面是指与磁场矢量相平行，并通过磁场最大点的平面，故二者分别称为E 面方向图和 H 面方向图。

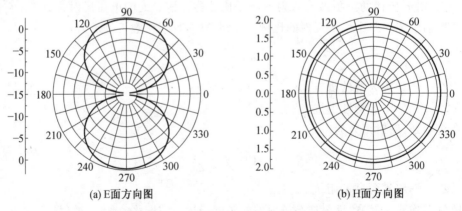

(a) E面方向图　　　　　　　　(b) H面方向图

图 4.1　电基本振子的辐射方向图

实际天线的方向性图要比电偶极子的方向性图复杂。方向图中可能含有多个波瓣。如图 4.2 所示,包含有最大辐射方向的波瓣称为主瓣,其他的小瓣统称为副瓣,副瓣所在方向的电磁辐射是所设计的天线不需要的。与主瓣反向的副瓣称为背瓣,其他副瓣称为旁瓣。

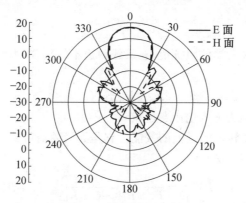

图 4.2　天线的辐射方向图

定义主瓣最大辐射方向的两侧两个半功率点(即功率密度下降为最大值一半,或场强下降为最大值的 $\sqrt{2}/2$)方向之间的夹角为主瓣宽度(HPBW),即 -3 dB 波束宽度,表示为 $2\theta_{0.5}$ 或 $2\varphi_{0.5}$。定义主瓣最大辐射方向的两侧两个零功率点方向之间的夹角为零功率波瓣宽度(FNBW)。主瓣宽度越小,说明天线辐射的电磁能量越集中,方向性越好。方向图的副瓣是指不需要辐射的区域,定义副瓣方向上的功率密度与主瓣最大辐射方向上的功率密度之比的绝对值为副瓣电平,副瓣电平应尽可能地低。一般,离主瓣较远的副瓣电平要比近的副瓣电平低,因此副瓣电平是指第一副瓣(离主瓣最近和电平最高)的电平。通常方向图用对数形式表示,这样可以更清楚地看出方向特性。

为了更清楚地比较不同天线的辐射特性,通常使用归一化方向图。归一化场强方向图由天线辐射场每个方向的场分量除以其中的最大值得到,即

$$F(\theta,\varphi)=\frac{E(\theta,\varphi)}{E_{\max}} \tag{4.6}$$

式中　$E_{\max}$——最大场强值。

归一化功率方向图由天线每个方向的功率密度除以最大值得到,即

$$P(\theta,\varphi)=\frac{S(\theta,\varphi)}{S_{\max}} \tag{4.7}$$

式中　$S_{\max}$——最大功率密度值,$S(\theta,\varphi)$ 由

$$S(\theta,\varphi)=\frac{[E_\theta^2(\theta,\varphi)+E_\varphi^2(\theta,\varphi)]}{Z_0}\quad(\mathrm{W/m^2}) \tag{4.8}$$

得到,所以有如下关系:

$$P(\theta,\varphi)=F^2(\theta,\varphi) \tag{4.9}$$

4.1.4　带宽

带宽是指天线的符合指标的频带。一般将工作频率作为中心频率,若某一个或几个天线的电参数在此范围内有较好的特性,则其两侧的一段连续频率范围可被定义为该天线的

带宽。不同的电参数对于频率的变化有不同的变化特性,根据不同的电参数作为指标,所定义的带宽也不同。根据增益、极化等参数可定义方向图带宽,根据辐射效率、输入阻抗可定义阻抗带宽。

4.1.5　效率

输入阻抗是指天线输入端的阻抗值,在天线两边不加负载,由天线输入端的电压比电流得到

$$Z_{in} = R_A + jX_A \tag{4.10}$$

式中　R_A 与 X_A——分别为输入电阻与电抗。

效率 η 则表征天线在转换能量上的效能。它是天线的辐射功率与输入到天线的总功率之比,即

$$\eta = \frac{P_r}{P_r + P_L} = \frac{R_r}{R_r + R_L} \tag{4.11}$$

式中　P_r——辐射功率;
　　　P_L——损耗功率;
　　　R_r——辐射电阻;
　　　R_L——损耗电阻。

4.1.6　方向性系数

方向性系数 D 表征天线辐射能量的集中程度,它仅由方向图决定。方向性系数被定义为在相同的输入功率下,某天线在其最大辐射方向上某距离处产生的功率密度与一理想的无方向性天线在同一距离处产生的功率密度之比。即

$$D = \frac{S_{max}}{S_0} \tag{4.12}$$

式中　S_{max}——待测天线在最大辐射方向上的功率密度;
　　　S_0——各向同性的天线在该方向上的辐射功率密度。

进一步推导可得

$$D = \frac{4\pi}{\iint\limits_{4\pi} P(\theta, \varphi) \, d\Omega} \tag{4.13}$$

式中　Ω——波束角。

由此可见天线的方向性系数由方向图决定,该方向的辐射波束角越小则方向性系数越高。相比于方向图,方向性系数能更直观地比较不同天线的方向性。

4.1.7　增益

将方向性系数与效率结合起来就可以表征天线总的效能,定义增益系数 G,即

$$G = \eta D \tag{4.14}$$

在被动毫米波焦平面成像系统中,馈源天线必须以尽可能低的溢出损耗为透镜提供有效的照射,这需要天线具有较高的增益。而天线的增益一般与天线的口径面积成正比。因

此,通常高增益意味着天线具有很大的横截面。另一方面,为了获得足够的空间分辨率,被动毫米波焦平面成像系统需要馈源天线阵的阵元天线尽可能紧密排布,较大的天线横截面显然无法满足这一要求。

4.1.8　极化

天线的极化是指天线辐射的电磁波在远区场的极化。如图 4.3 所示,辐射波的电场矢量末端端点的运动轨迹即表示极化的曲线。根据轨迹,极化可分为圆极化、线极化以及椭圆极化。

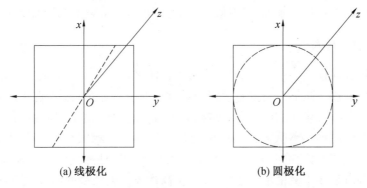

(a) 线极化　　　　　　　　　　　　(b) 圆极化

图 4.3　天线的极化

在线极化的情况下,电场矢量末端轨迹为一条直线。圆极化中则是一个圆。当端点既沿直线运动又沿圆形运动时即有椭圆极化。所以圆极化与线极化都可以看作是椭圆极化的特殊情况。极化还可以通过旋转方向分类,顺时针旋转即为右旋极化,逆时针为左旋极化。

4.1.9　天线阵列的互耦

上面提到,被动毫米波焦平面成像系统需要馈源天线阵的阵元天线尽可能紧密排布,通常会假设天线单元工作在理想状态下,不考虑互耦造成的影响,但随着天线间距的减小,天线单元间的能量耦合加剧,不能忽略这一问题。

当较小空间内存在多个天线时,天线之间就会有电磁耦合。天线的互阻抗会改变原有天线的特性,天线阵中的每个振子不仅有自阻抗,还有其他振子与其相互感应产生的互阻抗。以二元对称阵子阵为例,两个振子的总电阻可以分别表示为

$$Z_{\Sigma 1} = Z_{11} + Z_{12} \tag{4.15}$$

$$Z_{\Sigma 2} = Z_{22} + Z_{21} \tag{4.16}$$

式中　Z_{11}、Z_{12}、Z_{22}、Z_{21}——分别为振子 1 的自阻抗、振子 1 的互阻抗、振子 2 的自阻抗和振子 2 的互阻抗。

天线之间的耦合会通过改变天线的近场从而导致辐射方向图旁瓣电平升高以及增益降低等问题,且会使阵列中各单元的辐射特性不一致,从而影响成像质量。毫米波成像系统的馈源阵列中单元间距较小,应该慎重考虑天线之间的耦合。

在传统方法中,为了消除互耦对天线阵的影响,先不考虑耦合的影响而分析天线阵的特性,之后针对互耦带来的影响对系统进行补偿。

这种方法得到的结果不够精确,忽略了天线阵列对性能的影响。

4.2　被动毫米波近场成像馈源天线主要类型

在毫米波成像系统中,馈源天线应具有较高的增益、较低的副瓣电平、较宽的频带等特点,因此可作为毫米波成像系统的馈源天线并不多。目前国内外毫米波成像系统的馈源天线比较主流的有五类,分别是介质棒天线、喇叭天线、波导缝隙天线、渐变缝隙天线及微带天线。对于微带天线,在相同的技术指标下,微带天线阵列的设计要比普通天线难度大得多,并且微带天线的工作损耗较大,辐射效率较低。因此,本节将不会涉及。

4.2.1　喇叭天线

喇叭天线就好像是一个"电磁漏斗",可以使能量集中于某一方向上,因此可具有较窄的波束和较高的增益。此类天线主要适用于点对点的链路通信,或者是其他需要窄辐射场型的应用场合。喇叭天线的主要优点是结构简单,馈电方便,便于控制主面波束宽度和增益,频率特性好且损耗小。喇叭天线由一段均匀波导和一段喇叭组成。喇叭是逐渐张开的波导,终端开口。喇叭内的电磁场分布,从喇叭颈部到开口处逐渐变形。在喇叭颈部(喇叭与波导连接处),由于导体壁发生不连续,要产生高次模。喇叭横截面尺寸变化平缓(喇叭张角较小)时,喇叭开口面上场分布与波导内横截面上场分布差异不大,高次模弱,基本上只有主模沿着波导传播。喇叭截面逐渐张开,可以改善与自由空间匹配。喇叭天线分为矩形喇叭和圆锥喇叭,而矩形喇叭天线又分为 H 面扇形喇叭、E 面扇形喇叭和角锥喇叭。

由于喇叭天线的理论已经非常成熟,所以本节只给出一个 8 mm 喇叭的实例。该喇叭天线采用国标 BJ320 波导,内截面尺寸为 7.12 m×3.556 m,喇叭顶点到口径的长度 H 为 15.25 mm。图 4.4 给出了一个工作在 35 GHz 的 TEM 喇叭天线的实物图及其反射系数仿真结果。可以看出天线在 25~40 GHz 的频段内反射系数 S_{11} 均小于 −20 dB,或者说电压驻波比 VSWR 小于 1.22。天线呈现出超宽带特性,完全覆盖辐射计的工作频段。图 4.5 给出该 TEM 喇叭天线在 35 GHz 的辐射特性。其 E 面主瓣宽度为 33.6°,副瓣电平为 −15.3 dB,天线增益达到 14.6 dB。

对于被动毫米波焦平面成像系统而言,由于天线阵元之间的距离较近,系统对馈源天线的主瓣宽度、副瓣电平以及天线的几何尺寸都有着特殊的要求。首先,主瓣宽度要窄从而保证系统的空间分辨率;其次,副瓣电平要尽可能低,保证馈源天线不会接收到空间其他位置的毫米波辐射;最后,为了保证空间分辨率,通常被动毫米波焦平面成像系统会涉及毫米波辐射计阵列,因此馈源天线的几何尺寸直接影响了馈源天线阵列阵元天线之间的最小距离。上述三点原因都限制了传统喇叭天线在被动毫米波焦平面成像系统中的应用。

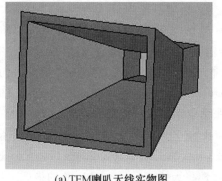

(a) TEM喇叭天线实物图

(b) TEM喇叭天线模型图

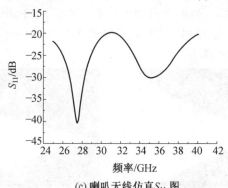

(c) 喇叭天线仿真 S_{11} 图

图 4.4　喇叭天线实物图及其 S_{11} 仿真结果

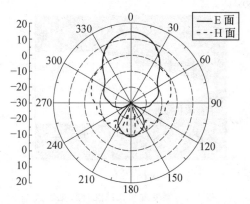

图 4.5　天线的辐射方向图(工作频率为 35 GHz)

4.2.2　渐变缝隙天线

　　渐变缝隙天线属于端射行波微带天线,它通过在基片上蚀刻出一条逐渐张开的槽线而将电磁能量辐射出去。这种天线具有频带宽、成本低、方向图对称性好等优点,并且还具有增益主要决定于天线长度,以及组成阵列时阵元间互耦效应可以改善其阻抗匹配等特点,因此渐变缝隙天线在相控阵和微波成像领域受到越来越广泛的关注。根据渐变形式的不同,渐变缝隙天线主要有以下几种:指数渐变缝隙天线(Vivaldi Antenna)、直线渐变缝隙天线(Linear Tapered Slot Antenna,LTSA)、等宽渐变缝隙天线(Constant Width Slot Antenna,CWSA),如图 4.6

所示。几种结构形式各有优点：指数渐变的带宽最宽，但增益较低；等宽渐变的增益最大，但带宽较窄；直线渐变的带宽和增益都介于两者之间。Vivaldi 天线最早是由 William H. Nestr 在 1985 年发明。它是通过微带线给天线馈电，且传输线平滑过渡到槽线，然后张开形成喇叭状的辐射单元。Vivaldi 天线具有结构简单、价格低廉、性能优良等优点，越来越受到业内的关注，并已被应用在各种超宽带系统中。Xiaodong Zhuge 等人设计了一种用于超宽带近场成像的低剖面圆弧张角的对拓 Vivaldi 天线。通过在辐射张角末端加载圆弧结构，扩展了天线的工作带宽，改善了天线的冲击响应特性。图 4.7 为 Xiaodong Zhuge 等人设计的天线，工作带宽为 2.7~35 GHz。图 4.8 为 Peng Fei 等人设计的天线，天线的工作带宽为 2.4~14 GHz。通过在天线辐射末端加载缝隙结构的设计，研究人员成功地将天线 S_{11} 小于 -10 dB 的最低工作频率从 3.3 GHz 降低到 2.4 GHz。Wen Ye 等人设计了一种小型平面喇叭天线，采用椭圆形的渐变张角，实现了极佳的匹配带宽，可用于天线增益测量和 UWB 测量设备。图 4.9 是一种超宽带平面喇叭天线，带宽为 3~10 GHz。

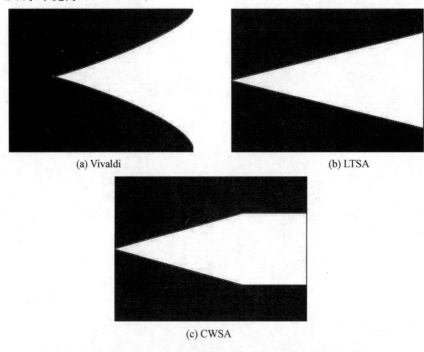

(a) Vivaldi　　　　　　　　　　　　　(b) LTSA

(c) CWSA

图 4.6　渐变缝隙天线几种常见形式

图 4.7　圆弧加载的对拓 Vivaldi 天线

图 4.8　缝隙加载的对拓 Vivaldi 天线

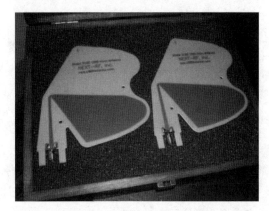

图 4.9　超宽带平面喇叭天线

1. 设计缝隙渐变天线的基本条件

缝隙渐变天线要获得高的辐射效率,要求天线结构满足以下条件:

(1)要使天线有效辐射,渐变槽的口径宽度要大于在空气中传播的波长的一半,渐变张开角度的取值范围一般为 5°~20°。

(2)介质基片有效厚度 t_{eff} 满足:$0.005 \leqslant t_{eff} \leqslant 0.03$,$t_{eff} = t(\sqrt{\varepsilon_r} - 1)$,其中 t 表示介质板物理厚度,ε_r 表示相对介电常数。如果不满足该条件,天线表面波的高次模的影响将不可忽略,这会使得天线性能变差,严重时将导致天线主瓣分叉。

(3)天线渐变段长度 L 取值范围为 $(2 \sim 10)\lambda_0$(λ_0 为波在空气中波长)。L 小于 $2\lambda_0$ 时天线上不能形成行波电流,大于 $10\lambda_0$ 时长度增加对增益提高起的作用很小。

2. Vivaldi 天线的改进

本节将介绍一种新型的指数渐变天线——双指数渐变槽天线(Double Exponentially Tapered Slot Antenna,DETSA)。DETSA 是一种由 Vivaldi 天线改进而来的低旁瓣槽线辐射器,其与 Vivaldi 天线的不同在于外部导体也是一种指数渐变形式,如图 4.10 所示,其优点在于:在一定程度上减小了馈电段和整个天线的尺寸;外部导体的渐变形式额外增加了一个结构设计参数,这有利于设计各种不同的天线辐射方向图;在电长度相同和曲线渐变相同的

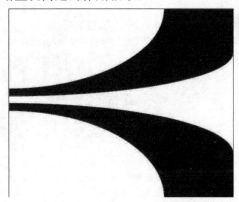

图 4.10　双指数渐变槽天线结构图

前提下,DETSA 比 Vivaldi 更容易获得高增益特性,更低的旁瓣电平,更低的交叉极化,特别是工作在更高频率的时候。同时 DETSA 和 Vivaldi 天线类似,在一个很宽的频段内具有很好的阻抗带宽,而且辐射方向图在工作频段内并没有太大的变化。其优异的性能对于毫米波成像系统应用来说是一个很好的选择。

3. DETSA 天线与 LTSA 天线

渐变缝隙天线包括：指数渐变缝隙天线（Vivaldi Antenna，又称维瓦尔第天线）、直线渐变缝隙天线（LTSA）、等宽渐变缝隙天线（CWSA）、双指数渐变槽天线（DETSA）这几种结构。出于对天线的加工、天线的测量等因素的考虑，本节最终选定如下建模方案。

考虑到天线实际加工的可行性，最终确定两种新型天线的模型，如图 4.11 和 4.12 所示，分别为 DETSA 天线和 LTSA 天线模型示意图。这种缝隙渐变天线采用两层金属片，中间夹介质板的结构。馈电段正面为微带线，背面为指数渐变的金属片作为地板。这种结构方便加工天线时用于同轴线馈电。实际加工天线时 L_3 段可以去掉。通过比较其驻波、方向图、增益等参数来选取最优的天线模型进行研究。天线的 E 面方向图为 xOz 面，H 面方向图为 yOz 面。

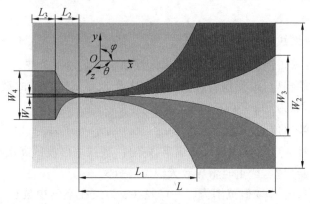

图 4.11 DETSA 天线模型

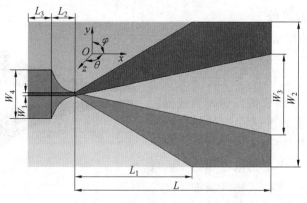

图 4.12 LTSA 天线模型

其中 L 为 25 mm，L_1 为 15 mm，L_2 为 3 mm，L_3 为 3 mm，W_1 为 0.35 mm，W_2 为 18 mm，W_3 为 10 mm，W_4 为 6 mm，介质板选择是 Rogers RT5870，相对介电常数 ε_r 为 2.33，介质板厚度 d 为 0.127 mm，介质片的有效厚度 d_{eff} 满足：$0.005 \leqslant d_{\text{eff}}/\lambda_0$（$\lambda_0$ 为波在空气中波长）$\leqslant 0.03$，$d_{\text{eff}} = d \times (\sqrt{\varepsilon_r})^{-1}$，如果不满足这个条件，天线表面波的高次模的影响将不可忽略，使得天线性能变差，严重时将导致天线主瓣分叉。经过计算所选尺寸符合设计简便缝隙天线应该具备的基本条件。

通过 CST MICROWAVE STUDIO® 软件进行建模、仿真,得到两种天线的 S_{11} 曲线图及方向图的对比图,如图 4.13 和 4.14 所示。可以发现,LTSA 天线与 DETSA 天线在 S_{11} 方面,都具有很低的驻波和很大的带宽,但 DETSA 天线更为突出,并且在方向图方面,明显看出 DETSA 天线的副瓣电平更低,并且比 LTSA 天线的方向性更好。因此,最终选择 DETSA 天线作为研究对象。

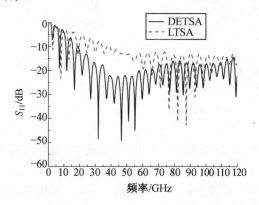

图 4.13　DETSA 天线与 LTSA 天线 S_{11} 对比图

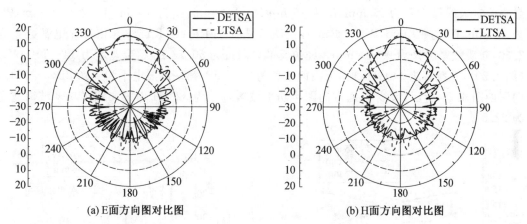

(a) E 面方向图对比图　　　　　　　　(b) H 面方向图对比图

图 4.14　DETSA 天线与 LTSA 天线方向图对比图

为了进一步研究 DETSA 天线的性能,通过该天线尺寸长度 L、宽度 W_2 和 W_3,观察 DETSA 天线 S_{11} 和增益的改变,从而总结规律,选出最优参数。如图 4.15 和 4.16 所示,分别为在长度 L 改变的条件下,天线 S_{11} 和增益的变化趋势。

可以发现,随着 L 的增大,S_{11} 没有明显的变化趋势,在 70～110 GHz 的频带范围内,都能保证 S_{11} 值在 -10 dB 以下。从图 4.16 中可以发现,随着长度 L 增大,DETSA 天线增益呈上升趋势。并且天线长度从 20 mm 增加到 25 mm 时,天线增益增大了 2 dB 左右,增大幅度较大,而从 25 mm 增大到 50 mm 时,增益只增大约 1.5 dB,考虑到天线小型化、加工成本等因素,天线长度 L 选择 25 mm 最佳。在 L 为 25 mm 的条件下,图 4.17 为介质板宽度 W_2 改变时天线增益变化图,图 4.18 和 4.19 分别为天线开口宽度 W_3 改变时,天线 S_{11} 和增益的变化图。

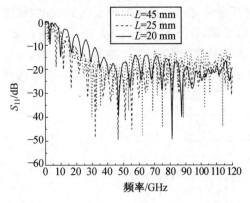

图 4.15 DETSA 天线 L 变化 S_{11} 对比图

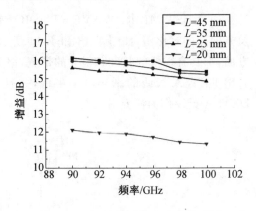

图 4.16 DETSA 天线 L 变化增益图

从图 4.17 中发现，介质板宽度 W_2 从 15 mm 到 45 mm 改变时，天线增益都在（14±0.5）dB 范围内变化，考虑小型化等因素，经过优化 W_2 选择 18 mm。W_3 改变对 S_{11} 影响不大，但从图 4.19 中发现，W_3 从 6 mm 变化到 10 mm 时，天线的增益变化不明显，而 W_3 从 10 mm 变化到 14 mm 时，天线增益呈下降趋势，因此最终选择天线开口尺寸 W_3 为 10 mm。最终确定天线尺寸 L 为 25 mm，L_1 为 15 mm，L_2 为 3 mm，L_3 为 3 mm，W_1 为 0.35 mm，W_2 为 18 mm，W_3 为 10 mm，W_4 为 6 mm，介质板选择是 Rogers RT5870，相对介电常数 ε_r 为 2.33，介质板厚度 d 为 0.127 mm。经仿真端口阻抗为 50.73 Ω，频带宽度为 14～110 GHz（图 4.20），在频率为 94 GHz 时，天线的增益为 14.7 dB，第一副瓣电平为 −10 dB，天线的方向图如图 4.21 所示，天线 E 面方向图半功率波瓣宽度为 32°，H 面方向图半功率波瓣宽度为 22.8°。

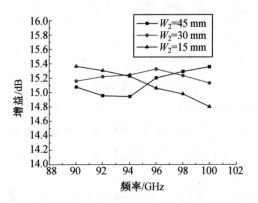

图 4.17 DETSA 天线 W_2 变化增益图

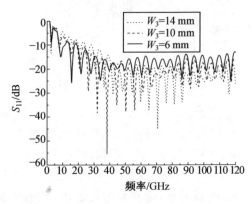

图 4.18 DETSA 天线 W_3 变化 S_{11} 图

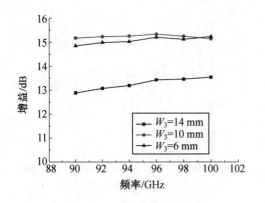

图 4.19　DETSA 天线 W_3 变化增益图

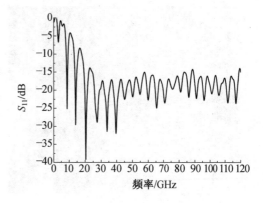

图 4.20　DETSA 天线 S_{11} 图

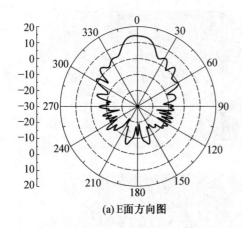

(a) E面方向图

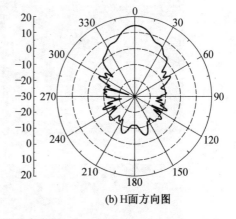

(b) H面方向图

图 4.21　DETSA 天线方向图

4. DETSA 天线的改进

在所设计的 DETSA 天线加入锯齿,如图 4.22 所示,锯齿深度为 $\lambda_0/4$(λ_0 为空气中波长)[2-3],根据天线传输线理论分析,开槽深度为 $\lambda_0/4$ 从而呈现高阻,以此抑制横向电流,从而提高天线增益和降低第一副瓣电平。图 4.23 为 DETSA 天线加入锯齿与不加锯齿的 S_{11} 对比图。图 4.24 为 DETSA 天线加入锯齿与不加锯齿的表面电流对比图。图 4.25 为 DETSA 天线加入锯齿与不加锯齿的增益对比图。

经仿真端口阻抗为 50.73 Ω,发现加入锯齿后天线 S_{11} 变差,但是在频率为 70 ~ 110 GHz 范围内,S_{11} 还是都在 −10 dB 以下。如图 4.24 所示,加入锯齿后的 DETSA 天线的表面横向电流得到了很好的抑制。增益达到了 14.5 dB,每个频点的增益都提高了约 0.5 dB(图 4.25)。第一副瓣电平得到了很好的抑制,比不加锯齿时下降了 5 dB,达到了 −15 dB 以下,天线的方向图如图 4.26 所示,天线 E 面的方向图半功率波瓣宽度为 31°,H 面的方向图半功率波瓣宽度为 23°。天线的指标达到了预期的要求。

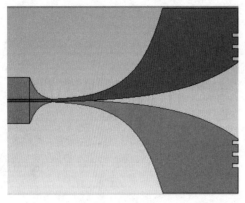

图 4.22　DETSA 天线加入锯齿结构图

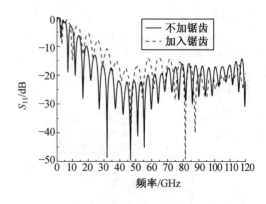

图 4.23　DETSA 天线加入锯齿与不加锯齿的
S_{11} 对比图

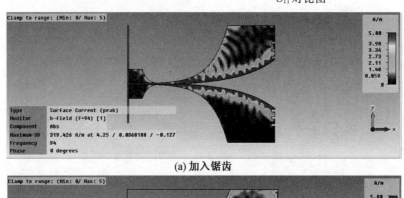

(a) 加入锯齿

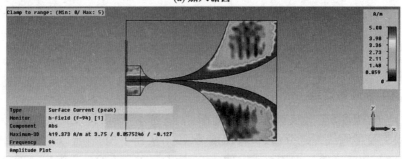

(b) 不加锯齿

图 4.24　DETSA 天线加入锯齿与不加锯齿的表面电流对比图

　　DETSA 天线具有宽频带、适中的增益、较低的副瓣电平、加工成本低等优点,缺点是不可避免地会有交叉极化的影响。但总体来说性能较好,十分适合用于毫米波遥感探测成像系统的馈源天线。

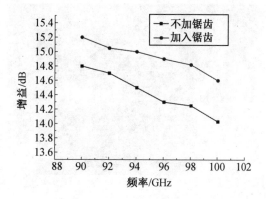

图 4.25　DETSA 天线加入锯齿与不加锯齿的增益对比图

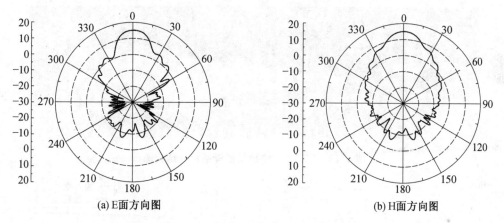

(a) E面方向图　　　　　　　　　　　　　(b) H面方向图

图 4.26　DETSA 天线加入锯齿后方向图

5. LTSA 天线的改进

本节已经介绍了 DESTA 天线作为被动毫米波近场成像馈源天线的具体结构及其优化结构。下面介绍一种添加改进结构的 LTSA 天线。优化渐变微带缝隙天线有多重方法，可以在天线的侧面或者前面加锯齿结构，也可以在上述的两个位置添加透镜，在天线的缝隙之间添加偶极子也同样可行。本小节提供一种在 LTSA 天线侧面添加锯齿结构的改进结构。

如图 4.27、图 4.28 所示，为 LTSA 天线的普通结构图和加入锯齿结构的结构图。

传统的 LTSA 天线的总宽度尺寸比较大。加入锯齿结构可以等效代替约为四倍波长的宽度。LTSA 天线加入锯齿的 S_{11} 图如图 4.29 所示，加入锯齿结构的 LTSA 天线的增益和未加锯齿结构的 LTSA 天线增益对比图如图 4.30 所示。在中心频率 35 GHz 处该天线的增益是 18.2 dB，明显看出加入锯齿结构的 LTSA 天线在中心频率 35 GHz 处的增益要高于未加锯齿结构的 LTSA 天线在中心频率处的增益。

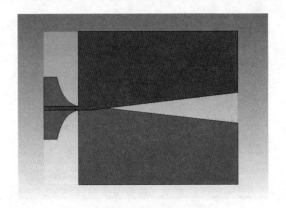

图 4.27　LTSA 天线结构图

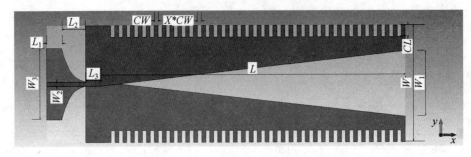

图 4.28　LTSA 天线加入锯齿结构的结构图

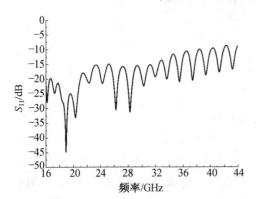

图 4.29　LTSA 天线加入锯齿的 S_{11} 图

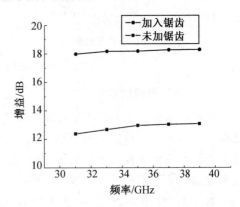

图 4.30　LTSA 天线加入锯齿和未加锯齿增益图

　　如图 4.31 为 LTSA 天线加入锯齿方向图，图 4.32 为 LTSA 天线方向图对比图。加入锯齿的 LTSA 天线在多个参数上都得到了良好的优化。副瓣电平降低到 17 dB 以下，后瓣也有明显的降低。更适合制作被动毫米波近场成像的馈源天线。

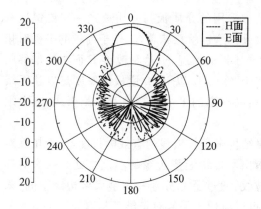

图 4.31　LTSA 天线加入锯齿方向图

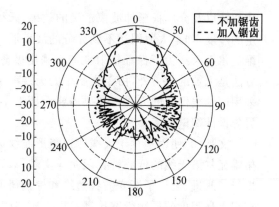

图 4.32　LTSA 天线方向图对比图

6.平衡对拓维瓦尔第天线

渐变槽天线是一种典型的端射非谐振的行波印刷天线,具有工作频带宽、增益稳定、低剖面、质量轻、结构简单、易加工等优点。在众多形式的渐变槽天线中,槽线形状按指数曲线变化的维瓦尔第天线拥有最宽的带宽与宽波束等优点,从而得到了最广泛的应用。

然而,维瓦尔第天线的性能由于受到馈电结构的影响,工作带宽实际上是有限的。首先,其高频截止频率由微带到槽线的转换结构决定,低频截止频率则受限于天线的尺寸。

为了克服高频带宽限制,Gazit 提出对拓维瓦尔第天线,采用微带到双面槽线转换结构来替代传统的微带槽线转换,理论上具有无限的工作带宽。不过,对拓维瓦尔第天线的双层金属非对称结构也导致了较严重的交叉极化。

为了解决这个问题,Langley 提出了平衡对拓维瓦尔第天线(Balanced Antipodal Vivaldi Antenna, BAVA)。该天线是在对拓维瓦尔第天线的基础上增加了一层介质板和一层地板金属层,形成了上下金属层关于中间金属层对称的结构,并采用带状线馈电。该结构使天线获得了极低的交叉极化,平行于天线所在平面的 E 面,以及对称的 H 面方向图。

传统平衡维瓦尔第天线虽然在极宽频带上获得了不错的辐射性能,但也同样存在缺陷。首先,三层金属层结构虽然关于中间金属层对称,但与此同时,位于两侧的两个地板金属层与位于中间的单个导体金属层却在天线所在的平面上分别朝相反的方向延展,产生了另一种形式的非对称性。这种非对称性导致了天线 E 面主瓣偏移。在高频,E 面主瓣朝中间导体金属层指向的方向偏转,并且偏转角随着频率升高而增加。与此相反,低频 E 面主瓣朝双地板金属层指向的方向偏移,而且偏转角随频率的降低而增加。主瓣偏转导致了天线宽频带性能的不稳定,也造成了实际获得增益的损失。而且,带状线的结构增加了同轴线馈电的难度。尤其对工作于毫米波频段的平衡对拓维瓦尔第天线而言,为了获得良好辐射性能必须使用极薄的介质板,再考虑到同轴内芯固有直径,几乎让同轴线馈电成为不可能。此外,传统平衡对拓维瓦尔第的低频截止频率仍有待扩展。

文献[1,2]分别采用高介电常数的半椭圆形介质透镜与三角形介质延伸,通过波束汇聚的作用来缓解平衡对拓维瓦尔第天线 E 面主瓣偏移的问题。然而这种方式提高了天线制作的复杂度,同时也增加了天线体积,这与天线小型化的目标背道而驰。而且,为了保证介质透镜以及介质板延伸波束汇聚的效果,天线结构采用的介质板与介质透镜一定要保证一定的厚度,如果太薄则达不到充分的波束汇聚效果。这也就意味着,工作于高频的平衡对拓维瓦尔第天线为了保证辐射性能而采用极薄的介质板的情况下,这种改善E面主瓣偏移的方法是无效的。另外,由于文献中的天线都工作于20 GHz以下,介质板的厚度足以让天线采用同轴线馈电的方式。如果需要设计工作于更高频率的平衡对拓维瓦尔第天线,则必须另外设计馈电方案。

文献[3]使用垂直于天线侧边矩形波纹边缘结构来延长天线的有效电长度,从而拓展对拓维瓦尔第天线的低频带宽限制。文献[4,5]指出了传统矩形边缘的不足之处并依次对其进行了改进,设计了渐变波纹边缘和棕榈树型波纹,通过更充分地利用金属臂边缘空间,来实现更高程度的低频带宽扩展。以上思路同样可以应用于平衡对拓维瓦尔第天线。

本节设计的新型BAVA,在保留传统平衡对拓维瓦尔第天线低交叉极化的优点的同时,解决了它的固有缺陷,也就是E面主瓣偏移的问题。该天线可工作于10～40 GHz的超宽带宽,并且凭借新型结构在整个工作频段内获得全方位的性能提升。

(1)天线结构与理论分析。

如图4.33所示,该天线由2层介质基板、2层额外基板层和3层铜金属层组成,其中1层导体金属层位于中间,2层地板金属层在两边。2层额外基板层(Additional Substrates,ADS)分别贴合在BAVA天线的两侧。铜金属层均有混合型波纹边缘(Mixed Slot Edge,MSE)特征,并由两层介质基板分开。MSE由一组小的矩形槽和一个M形槽形组成。天线参数如图4.34所示。

其中导体层与地板层形成的金属臂内外侧曲线均满足指数渐变,而且内外侧渐变率分别相同。所述曲线方程如下:

$$\begin{cases} X_{\text{inner}} = \pm\left[-W_B + (W_B/2)\exp(p_1 z)\right] \\ X_{\text{outer}} = \pm\left[(W_B/2)\exp(p_2 z)\right] \end{cases} \tag{4.17}$$

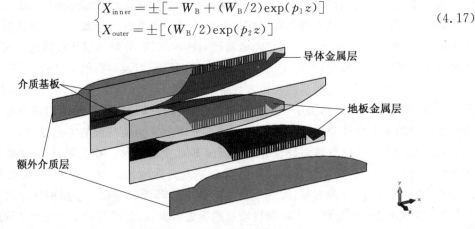

图 4.33　BAVA天线结构图

该介质基板层的切口(Cut－Out,CUT)和额外基板层的曲线边缘被定义为X_{inner}。所有的介质基板均采用罗杰斯RT 5880,其相对介电常数为2.2,损耗角正切为0.001 2,厚度为0.254 mm。天线的尺寸参数见表4.1。

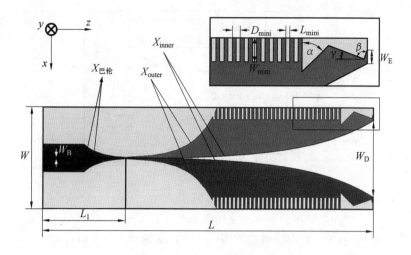

图 4.34 BAVA 天线尺寸参数图

表 4.1 BAVA 尺寸参数

尺寸参数/mm				角度		渐变率	
W	24	W_B	0.4	L_{mini}	1	α	45°	p_1	0.064 27
W_D	18	L	60	D_{mini}	2	β	90°	p_2	0.157 47
W_E	1.8	L_1	20	W_{mini}	2.8	γ	30°		

（2）天线仿真分析。

传统的 BAVA 天线在 $10\sim40$ GHz 的频率范围内，低频时辐射特性较差，同时在高频和低频都存在波束偏移。采用 CST Microwave Studio ® 对天线进行仿真优化，通过在介质基板上采用切口技术（CUT），使电磁波传播到自由空间时更近似平面波。从而使天线增益在 $25\sim40$ GHz 处得到显著提高并且在 40 GHz 处提高了 2.5 dB，如图 4.35(a) 所示，同时副瓣电平也大大降低，如图 4.35(b) 所示。

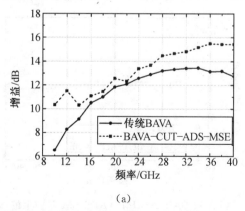

（a）

图 4.35 传统 BAVA 和 BAVA－CUT－ADS－MSE 增益及 E 面副瓣电平仿真结果

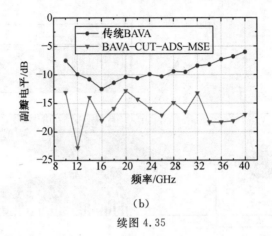

(b)

续图 4.35

通过采用 MSE 技术，工作频率的下限从 22 GHz 延伸至 9 GHz，如图 4.36 所示。用于对边缘电流的控制，整个工作频段内的 SLL 也被大大减少了。

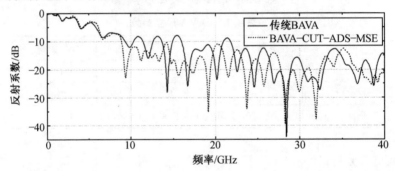

图 4.36　传统 BAVA 和 BAVA－CUT－ADS－MSE 反射系数仿真结果

导体金属层与接地金属层的不对称性导致了等效介电常数的差异，引起了天线的波束偏移。通过加入额外基板层（ADS）和混合型波纹边缘（MSE），高效地消除了等效介电常数的差异，从而解决了在高频和低频时的波束偏移现象，如图 4.37 和图 4.38 所示。传统 BA-VA 和 BAVA－CUT－ADS－MSE 的 E 面和 H 面辐射方向图如图 4.39 所示。

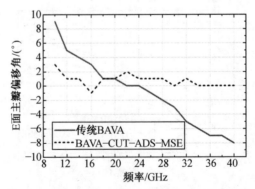

图 4.37　传统 BAVA 和 BAVA－CUT－ADS－MSE 波束偏移角度仿真结果

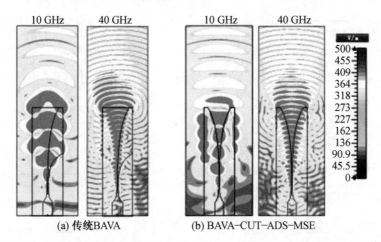

图 4.38　传统 BAVA 和 BAVA−CUT−ADS−MSE S_{11} 在 10 GHz 和 40 GHz 时 E 面电场分布仿真结果

4.2.3　介质棒天线

在被动毫米波焦平面成像系统中,我们通常要求照射聚焦天线的馈源天线具有馈电方便,结构简单、高增益、锐波束、低副瓣等特性,能对聚焦天线产生合理的波束覆盖。如前所述,馈源天线的选择受两方面因素的影响。首先,对于较为直接简易的机械扫描手段,焦平面成像系统的空间分辨率受馈源天线的空间排布影响。通常,系统要求聚焦天线焦平面上的馈源分布较为紧密。因此,要求馈源天线具有较小的截面积。其次,馈源天线照射聚焦天线时应保证较低的溢出损耗,因此,馈源天线需要具有较高的增益。通常,这要求天线具有较大的口面或者横截面积。这一矛盾是我们在设计被动毫米波焦平面成像系统的馈源天线时必须考虑的。

许多作者提出过各种喇叭天线、印刷偶极子或者渐变缝隙天线,但这些馈源或不能够对透镜及反射器提供良好的照射,或不能紧密排列,或交叉极化隔离度较差。本节重点介绍一种新型介质杆天线。这种介质杆天线具有工作频带宽,副瓣电平和交叉极化电平低,不通过增加横截面积来改变天线增益等优点。同时,这种天线具有较低的副瓣电平,用于辐射计阵列分系统时,可以密排形成高分辨率馈源阵列。最后,其窄波束的特性可以保证馈源天线照射聚焦天线时较低的溢出损耗。因此,这种介质杆天线是一种合格的毫米波焦面阵成像的馈源天线。

1. 新型结构介质棒天线辐射机理与结构优化

(1)介质棒天线辐射机理。

通常介质棒天线可分为三个部分,即馈电渐变、棒体渐变和终端渐变。在实际应用中,介质棒天线的锥削十分平缓。此时,来自均匀介质波导或金属波导激励的表面波将无反射地在天线中传输。同时,将集中在介质区域中的束缚波能量转换成在空气区域中传播的自由空间波能量。这种波的相速 v 将随着波从天线根部到顶点的传输而逐渐增加,直到自由空间光速 c。

(2)新型结构介质棒结构设计与理论分析。

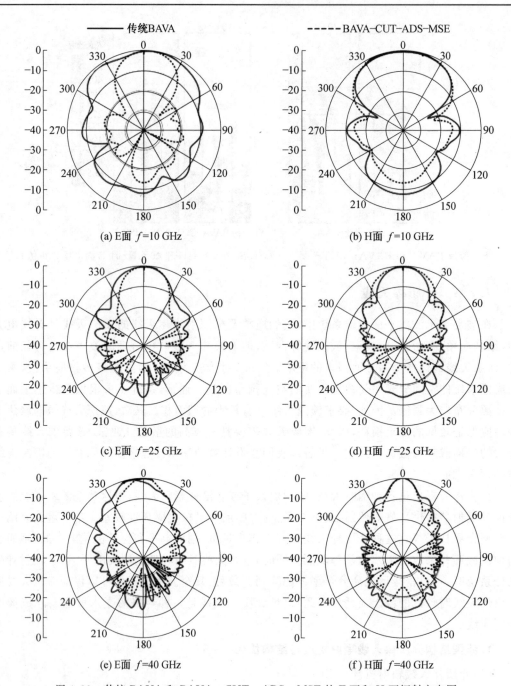

图 4.39　传统 BAVA 和 BAVA－CUT－ADS－MSE 的 E 面和 H 面辐射方向图

在毫米波波段,常见的介质棒天线一般采用矩形截面,并在矩形截面的一个方向上或者两个方向同时锥削。

新型结构介质棒天线的结构示意图如图 4.40 所示。l_1 和 l_2 段为"馈电渐变",s_1 和 s_2 为"棒体渐变",s_3 段为"终端渐变"。l_2 段为圆台与矩形介质相交构成,可以实现由矩形截面至圆形截面的转换。馈电渐变段插入馈源波导之中,并且馈源波导的内壁与介质棒天线紧密贴合,馈源波导外形如图 4.41 所示。

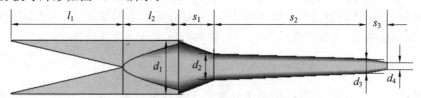

图 4.40　新型结构介质棒天线的结构示意图

图 4.41　馈源波导外形图

①介质棒材料选择。相对介电常数 ε_r 是影响介质棒天线性能的重要参数。介质棒天线工作于基模 HE_{11} 时,可得到低副瓣和高增益的传输方向图,如图 4.42 所示,d 为棒直径,λ_0 为波长。当天线根部直径 d_1 满足 $d_1/\lambda_0 < 0.626\sqrt{\varepsilon_r}$($\lambda_0$ 为自由空间波长)时,可保证激励起 HE_{11} 模式。ε_r 越大,色散曲线越陡,天线工作带宽越小。因此,通常介质棒天线的 ε_r 不宜过大,新型结构介质棒天线采用聚四氟乙烯作为材料。

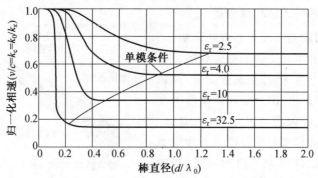

图 4.42　圆形介质棒中基模 HE_{11} 的色散曲线

②馈电渐变设计(匹配段)。"馈电渐变"提高激励功率,也影响馈电器方向图形状。l_1 段采用燕尾形设计以减小介质棒天线对波的反射,锥削部分也可采用其他形式,如尖劈形。

介质棒天线用金属波导馈电时,馈电口径的辐射对方向图形状和副瓣电平有很大影响,新型结构介质棒天线采用圆台结构作为馈电渐变的 l_2 段,不仅起到降低副瓣电平、提高天线增益的作用,还可减小来自波导天线过渡区的不希望有的辐射,完成由矩形截面至圆形截面的过渡。圆台的上底直径为波导短边长,下底直径为波导长边长,经优化设计,l_2 段长度为

λ_0。同时,馈电渐变段插入馈源波导之中,并且馈源波导的内壁与介质棒天线紧密贴合。

③棒体渐变设计(辐射段)。"棒体渐变"可抑制旁瓣和增加带宽。对于给定电长度的天线,为获得最佳性能,天线根部截面积 A_{max} 和顶部截面积 A_{min} 应分别为

$$A_{max} = \frac{\lambda_0^2}{4(\varepsilon_r - 1)}, \quad A_{min} = \frac{\lambda_0^2}{10(\varepsilon_r - 1)} \tag{4.18}$$

对于满足上式的锥削棒,天线增益主要取决于天线的长度 $s(s = s_1 + s_2 + s_3)$。线性锥削天线的最佳长度近似决定于如下条件:

$$\int_0^s (k_x - k_0) dx = \pi \tag{4.19}$$

式中　k_x——导波的局部相位常数;

　　　k_0——自由空间波数。

如果超过长度 s,会出现抵消性干涉,导致天线增益下降。

式(4.18)和式(4.19)可作为新型锥削介质棒天线的设计公式。但是适当增加根部的截面(超过 A_{max}),可以增加天线的带宽,并可作为一种降低副瓣电平的方法。因此,新型结构介质棒天线棒体采用两段分别做线性锥削,且根部圆形截面直径较大,等于波导长边长度。这样可以很好地降低副瓣电平,减小阵列中介质棒天线相互间的耦合。

同时,适当选择 s_1 和 s_2 段的比例,可以将集中在介质区域中的束缚波能量更有效地转换成在空气区域中传播的自由空间波能量。

④终端渐变设计。"终端渐变"可减小端头的反射表面波以免破坏方向图和带宽。但由于新型结构介质棒天线在终端相速已基本接近光速,产生的反射很小,为降低加工难度并减小天线形变,未使用终端渐变。

新型结构介质棒天线的最终仿真模型如图 4.43 所示。

2. 新型结构介质棒天线仿真分析

(1)天线参数对增益和反射系数的影响。

①辐射方向图和增益。介质棒天线随着辐射段长度的增加增益变大,波束宽度变窄,但原则上其增益不会超过 20 dB。在其他参数不变的条件下,利用基于有限积分法的 CST Microwave Studio® 软件仿真辐射段长度对天线增益的影响,结果如图 4.44 所示。由图可见,当频率为 35 GHz,介质棒天线相对介电常数为2.5,辐射段长度分别为 30 mm、50 mm 和 70 mm

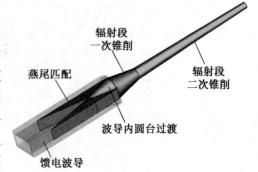

图 4.43　新型结构介质棒天线的最终仿真模型

时,天线增益分别为 15.03 dB、17.23 dB 和 18.78 dB;随着辐射段长度的增加,天线增益变大,波束宽度变窄,副瓣变低;E 面与 H 面方向图具有良好的对称性。同时,适当选择一次和二次锥削段的比例,可以将集中在介质区域中的束缚波能量更有效地转换成在空气区域中传播的自由空间波能量。可见,它不需要通过增大横截面积来提高增益,故更易于组成需要紧密排布的天线阵列。

当介质棒天线辐射段为 50 mm,工作于 35 GHz 时,仿真不同相对介电常数对天线辐射

方向图的影响,如图 4.45 所示。由图可见,当相对介电常数 ε_r 增大时,由于色散的产生,导致天线增益降低。

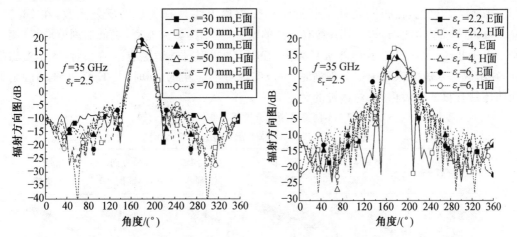

图 4.44 不同辐射段长度 $s(s=s_1+s_2)$ 介质棒天
线辐射方向图仿真结果

图 4.45 不同介电常数新型结构介质棒天线辐
射方向图仿真结果

②反射系数。"馈电渐变"提高激励功率,也影响馈电器方向图形状。新型结构介质棒天线采用燕尾形设计以减小天线对波的反射,图 4.46 显示锥削段为不同燕尾锥削长度时介质棒天线反射系数的仿真结果。由图可见,燕尾锥削长度越小,反射系数越大,带宽越窄。考虑实际应用,通常锥削部分的长度应为 $(1.5 \sim 2.5)\lambda_0$,新型结构介质棒天线燕尾长度为 $2\lambda_0$。

相对介电常数 ε_r 是影响介质棒天线性能的重要参数。介质棒天线工作于基模 HE_{11} 时,可得到低副瓣和高增益的传输方向图。在其他参数不变的条件下,仿真 ε_r 对天线反射系数的影响,如图 4.47 所示。由图可见,随着 ε_r 的增大,反射系数变大,带宽变窄,因此,通常介质棒天线的 ε_r 不宜过大。

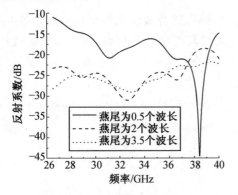

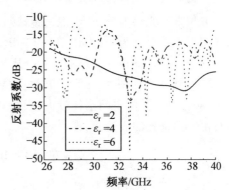

图 4.46 新型结构介质棒天线不同燕尾锥削长
度 l_1 时反射系数仿真结果

图 4.47 新型结构介质棒天线不同介电常数时
反射系数仿真结果

(2)不同棒体渐变介质棒天线辐射特性比较。

选择辐射段长度为 30 mm,相对介电常数为 2.5,馈电渐变段采用燕尾锥削长度为 $2\lambda_0$ 条件下,仿真不同棒体渐变结构的介质棒天线在 35 GHz 时的辐射特性,比较其增益、反射系数、波束宽度和副瓣电平,结果见表 4.2(表中 x 方向为波导长边方向,y 方向为波导短边方向)。

由表 4.2 可见,在相同条件下新型结构介质棒天线具有更低的反射系数,在 26.5～40 GHz 的频带内均小于−20 dB;具有更高的增益,更窄的波束宽度,更低的副瓣电平(第一副瓣电平小于−20 dB),在毫米波成像系统中可以实现对透镜更有效的照射,减小溢出损耗,在组成毫米波成像系统馈源阵列时,可以实现更小的互耦;同时,其 E 面和 H 面辐射方向图还具有很好的对称性,对透镜的利用效率更佳。

表 4.2　不同棒体渐变介质棒天线辐射特性比较
(频率:$f=35$ GHz,辐射段长度:$s=30$ mm)

介质棒种类		新结构介质棒天线	x 方向锥削	y 方向锥削	两方向锥削	圆形介质棒
介质棒外形						
增益/dB		15.03	14	14.6	13.6	13.1
反射系数/dB		−26.2	−16.5	−14	−15.1	−29.1
$\theta_{3\,\text{dB}}/(°)$	E 面	35.5	29.5	36.4	41	37.3
	H 面	36.3	30	33.3	38.8	38.5
$\theta_{15\,\text{dB}}/(°)$	E 面	65	100	64	73	92
	H 面	65	94	61	70	92
副瓣电平/dB	E 面	−21.9	−8.9	−16.3	−16.1	−24.5
	H 面	−21.4	−8.5	−18	−18	−15.2

3. 新型结构介质棒天线实验研究和性能分析

一般根据准光路的分析,考虑透镜截断和溢出效率,结合聚焦元件口径和焦距等参数,取边缘照射电平分别为−10 dB 和−15 dB,选用聚四氟乙烯作为材料,制作了辐射段长度分别为 50 mm 和 70 mm 的新型结构介质棒天线,两种介质棒天线馈电渐变燕尾锥削长度均为 $2\lambda_0$,天线实物如图 4.48 所示,馈电波导内外表面镀金。

Ka 频段电磁波的空间损耗较大,根据弗里斯传输公式(Friis Transmission Formula),可得自由空间损耗的表达式,即

$$L/\text{dB} = 10\lg\left[\left(\frac{\lambda}{4\pi R}\right)^2\right] \tag{4.20}$$

式中　　λ——自由空间波长;

　　　　R——空间距离。

当波长 λ 为 8.57 mm、空间距离 R 为 1 m 时,空间损耗 L 为 67 dB,若发射天线和接收天线距离过远,则接收信号可能会淹没于噪声中。因此,介质棒天线测试没有采用现有的微波暗室测量系统测试其辐射特性,而是采用如图 4.49 所示的测试系统。该系统采用 Agilent E8257D 信号发生器和 Agilent E4447A 频谱分析仪作为测试仪器,发射天线和接收天

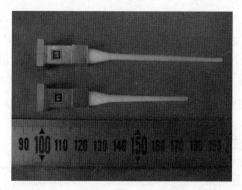

图 4.48　辐射段长度 s 为 50 mm 和 70 mm 的新型结构介质棒天线实物图

线相位中心在同一水平线上相距约 1.55 m(满足远场条件,标准天线和参考天线增益均约为 23.6 dB),接收天线架于转台上,工控机可控制其旋转 360°。

(1)天线电压驻波比。

新型结构介质棒天线驻波比仿真与实测结果如图 4.50 所示。由图可见,在 26.5～40 GHz 的宽频带范围内,辐射段长度为 50 mm 的新型结构介质棒天线驻波比小于 1.3,在 28.5～37.3 GHz 频率范围内驻波比小于 1.2;辐射段长度为 70 mm 的介质棒天线驻波比小于 1.4,在 33.6～40 GHz 频率范围内驻波比小于 1.2,实验结果与仿真结果较为吻合。

图 4.49　新型结构介质棒天线测试系统

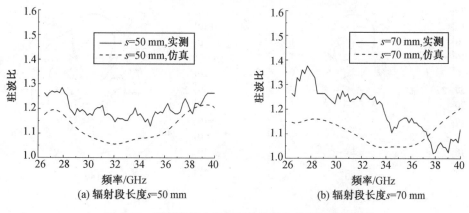

(a) 辐射段长度 s=50 mm

(b) 辐射段长度 s=70 mm

图 4.50　新型结构介质棒天线驻波比仿真与实测结果

（2）辐射方向图。

图 4.51 是辐射段长度为 50 mm 的新型结构介质棒天线辐射方向图仿真和测试结果。由图可见，在 33 GHz、35 GHz 和 37 GHz 条件下，天线的 10 dB 波束宽度均约为 44°，增益测试结果分别为 16.3 dB、16.9 dB 和 17.3 dB，E 面和 H 面方向图具有很好的对称性，第一副瓣电平约为 −20 dB，与仿真结果吻合得很好。在 37 GHz 频点，方向图副瓣测试结果劣

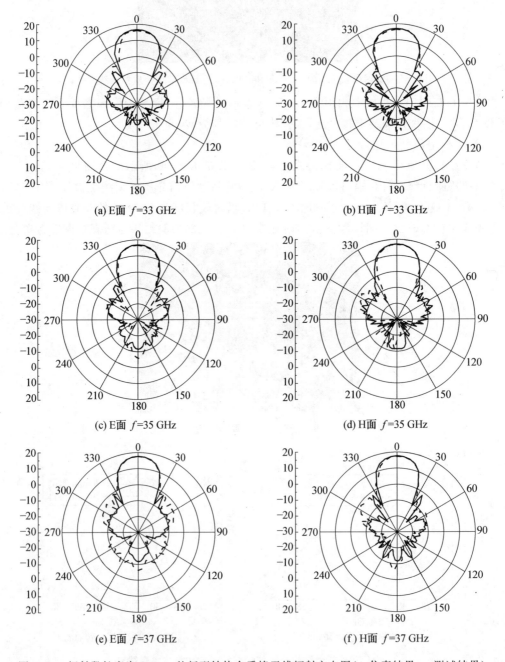

(a) E面 f=33 GHz　　　　　　　　　　　(b) H面 f=33 GHz

(c) E面 f=35 GHz　　　　　　　　　　　(d) H面 f=35 GHz

(e) E面 f=37 GHz　　　　　　　　　　　(f) H面 f=37 GHz

图 4.51　辐射段长度为 50 mm 的新型结构介质棒天线辐射方向图（—仿真结果，---测试结果）

于仿真结果,这是由于介质棒实际的相对介电常数与仿真值略有差异,导致在该频点产生抵消性干涉,降低增益,增大副瓣,但总体副瓣电平仍小于−20 dB。

图 4.52 是辐射段长度为 70 mm 的新型结构介质棒天线辐射方向图仿真和测试结果。由图可见,在 33 GHz、35 GHz 和 37 GHz 条件下,天线的 15 dB 波束宽度均约为 44°,且天线波束很窄,电平由−10 dB 下降到第一零点电平−33.5 dB 仅需 6°,增益测试结果分别为 17.4 dB、18.1 dB 和 18.4 dB,E 面和 H 面方向图具有很好的对称性,副瓣电平小于−20 dB,仿真和测试结果吻合较好。

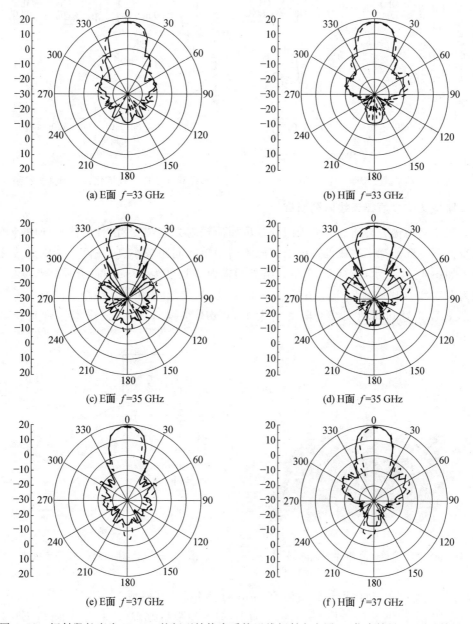

(a) E面 f=33 GHz　　　　　　　(b) H面 f=33 GHz

(c) E面 f=35 GHz　　　　　　　(d) H面 f=35 GHz

(e) E面 f=37 GHz　　　　　　　(f) H面 f=37 GHz

图 4.52　辐射段长度为 70 mm 的新型结构介质棒天线辐射方向图(—仿真结果,---测试结果)

(3)交叉极化方向图。

图 4.53 是辐射段长度 s 为 50 mm 和 70 mm 的新型结构介质棒天线在 35 GHz 频点的主极化和交叉极化方向图。由图可见,天线的交叉极化电平在主辐射方向上测试结果小于 -20 dB,但由于链路损耗很大,在副瓣方向上的交叉极化电平很小,已经被噪声淹没,故无法测出。又由于制作的夹具不够水平,故实际上天线交叉极化电平应小于测试值。

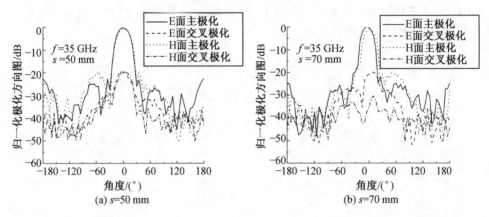

图 4.53　辐射段长度 s 为 50 mm 和 70 mm 的新型结构介质棒天线极化方向图测试结果

4. 新型结构介质棒天线阵列研究

天线之间的耦合会通过改变天线的近场而使辐射方向图变劣,且会使阵列中各单元的辐射特性不一致。毫米波成像系统的馈源阵列中单元间距较小,应该慎重考虑天线之间的耦合。如图 4.54 所示,仿真 10 个单元组成的辐射段长度为 30 mm 的介质棒天线阵,馈源间距为 $1.5\lambda_0$。如图 4.55 所示,在 $26.5 \sim 40$ GHz 的频带内,单个天线单元的反射系数均小于 -18 dB,3 号和其他天线的隔离度大于 30 dB,根据对称性,天线阵各单元互耦小于 -30 dB。

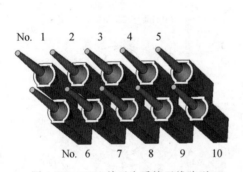

图 4.54　2×5 单元介质棒天线阵列

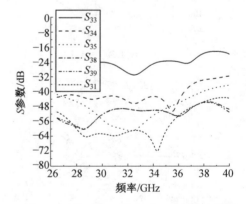

图 4.55　介质棒天线阵列 S 参数仿真结果

如图 4.56 所示,将辐射段长度为 50 mm 的介质棒天线排成 2×10 单元阵列,馈源天线指向透镜中心,相位中心位于透镜的焦平面上,馈源间距约为 $2\lambda_0$。采用 Agilent E8363B 矢量网络分析仪测试与上述结构相同的 7 单元介质棒阵列单元间的互耦,结果如图 4.57 所示。由图可见,天线单元之间的互耦均小于—30 dB。

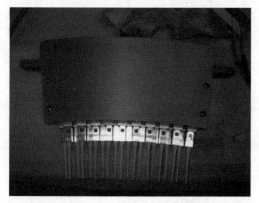

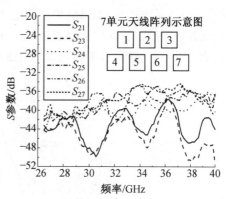

图 4.56　2×10 单元介质棒天线阵列　　　图 4.57　介质棒天线阵列 S 参数测试结果

本节针对毫米波焦面阵成像系统对馈源天线的要求,对介质棒天线进行改进和优化设计。根据介质棒天线的辐射机理,提出了分段锥削结构和圆台过渡结构,研究了新型结构介质棒天线的辐射特性。采用 CST Microwave Studio® 仿真分析了影响天线性能的主要参数,并制作了辐射段为 50 mm 和 70 mm 的新型结构介质棒天线。仿真和实验结果表明:(1)介质棒天线的增益随着棒体长度的增加而增大(但一般不超过 20 dB),而不需要增大天线的横截面来获取高增益,为组成馈源阵列打下了良好的基础。(2)介质棒天线的相对介电常数不宜过大,燕尾锥削长度一般取$(1.5\sim2.5)\lambda_0$。(3)比较了不同棒体锥削方式的介质棒天线,新型结构介质棒天线不仅具有宽频带、低副瓣、低互耦、低交叉极化等优点,还具有极其对称的 E 面和 H 面方向图,可以对透镜实现更好的照射。(4)在 26.5~40 GHz 的宽频带范围内,天线的驻波小于 1.3,辐射段为 50 mm 的天线增益在 33 GHz、35 GHz 和 37 GHz 时分别为 16.3 dB、16.9 dB 和 17.3 dB,辐射段为 70 mm 的天线增益在 33 GHz、35 GHz 和 37 GHz 分别为 17.4 dB、18.1 dB 和 18.4 dB,较为平稳。(5)天线交叉极化电平低于—20 dB,阵列单元间距为 19 mm 时,互耦小于—30 dB。可见,该天线十分适于作为毫米波焦面阵成像系统的馈源,天线能以较小的溢出损耗实现对聚焦天线的照射。

4.2.4　波导缝隙天线

波导缝隙阵列天线是一种传统的阵列天线,如果馈电相位能随频率变化而变化,就能够使天线主波束对视域的特定位置进行照射,从而实现频率与空间位置的一一映射,完成对视场的扫描。这种方式应用于毫米波成像系统,具有减少辐射计数目、实时成像的优点,因此波导缝隙天线是很有用的毫米波近场成像天线类型之一。

1. 波导缝隙阵列频扫天线

(1)波导开缝位置与辐射的关系。

矩形波导缝隙天线通常是通过在波导的短边或长边开出矩形缝隙构成的。缝隙长度通常为天线中心频点的半个波长,开缝的位置和形状主要有如图 4.58 所示的几种类型。矩形波导的主模为 TE_{10} 模,图中箭头线表示波导内部电流分布,x 轴上长度 a 为矩形波导宽边,

y 轴上长度 b 为矩形波导短边。图中的缝隙并不都能引起辐射,是否引起了辐射主要看缝隙是否切割了电流线,如果缝隙切割电流线,则会在缝隙横向产生位移电流,对缝隙产生激励,使波导内的部分功率通过缝隙向波导外的空间进行辐射,这种切割电流线的缝隙是需要的,称之为辐射缝隙,否则称为非辐射缝隙。

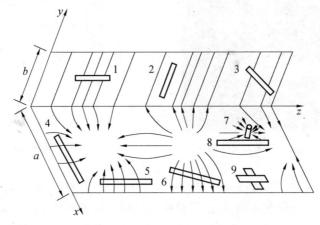

图 4.58　矩形波导内壁电流分布与缝隙位置示意图

在图 4.58 中,首先考虑窄边缝隙,缝隙 1 纵向切割了横向电流线,缝隙 3 也切割了横向电流,因此二者均为辐射缝隙;而缝隙 2 与横向电流线平行,并没有切割电流线,因此为非辐射缝隙。再来考虑宽边方向上的缝隙,缝隙 4、5、6 都切割了波导内壁的电流线或存在切割电流线的分量,因此都会产生辐射,均为辐射缝隙。对于缝隙 8,由于其位置处于波导宽边的中轴线上,缝隙方向与电流线平行,没有切割电流线,因此为非辐射缝隙,但并不绝对,当如图 4.58 所示,缝隙 8 旁边存在金属杆 7 时,金属杆 7 垂直深入矩形波导内,与波导内电场线平行,此时金属杆 7 上会产生感应电流,感应电流通过金属杆向波导壁上四周发散,此时就会存在相对缝隙轴向的横向电流以位移电流方式流过,即对缝隙 8 产生了激励,使缝隙 8 成为辐射缝隙。同时可以通过改变金属杆 7 的插入长度实现对缝隙 8 激励强度的控制。这种方法可以在矩形波导任意位置实现辐射缝隙。对于十字缝隙 9,该缝隙切割了电流线,因此为辐射缝隙,而由于纵向和横向两个缝隙分别切割了横向与纵向电流,并且波导内部纵向与横向电流存在 90°相位差,若保证两个电流幅度相同,就可实现圆极化辐射特性。因此十字缝隙通常被用于设计要求实现圆极化的天线[4]。

因此,波导缝隙的位置和形状决定了天线的辐射性能。人们往往根据天线的技术指标、性能要求和应用领域来选择合适的开缝方式。

(2)波导缝隙阵列的排列方式。

①缝隙单元的类型。常用的矩形波导缝隙阵列的辐射单元类型主要有三种,如图 4.59 所示,(a)为宽边纵缝,(b)为宽边横缝,(c)为窄边斜缝。通常对于以上三种缝隙结构,可以通过改变 x 或 θ 改变缝隙单元的等效电抗以实现辐射缝隙单元的阻抗匹配。

②频扫波导天线阵列类型与选择。波导缝隙阵列天线是由开在波导的同一侧壁的多条缝隙构成的,通常为均匀直线阵,一般根据开缝位置和天线结构可分为谐振式缝隙阵列、非谐振式缝隙阵列以及匹配偏斜缝阵列三种。

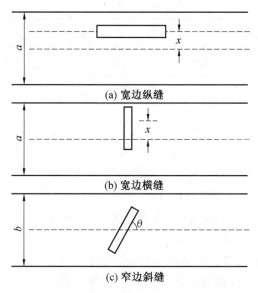

图 4.59　波导缝隙阵列的缝隙单元类型

　　谐振式缝隙阵列属于驻波天线,一般是由矩形波导宽边上的多个半波长谐振纵向缝隙构成的,通常在波导终端加入短路板或短路活塞,使天线在波导内的入射波和短路结构所产生的反射波进行叠加形成驻波,通过波导内谐振向外部辐射电磁能量。这种谐振式天线一般效率较高。若保证所有谐振缝隙同相激励,最大辐射方向将在波导缝隙所在平面的法线方向。但是当波导谐振式缝隙阵列天线的工作频率改变时,会造成天线阻抗失配,导致天线反射系数增大,效率降低甚至使天线无法工作。因此这种谐振式缝隙天线的带宽较窄。这也是在设计频扫阵列天线时需要考虑的一个重要因素。一般来说,该天线的带宽与阵列的缝隙单元的数量有关,通常缝隙越多,带宽越窄。因此要根据天线的指标要求合理设计阵列缝隙单元的数量。

　　非谐振式缝隙阵列通常是在波导终端加入匹配负载或吸波材料,使得波导内的反射波变得很小。这种天线一般为行波天线,在一定带宽范围内,能保证反射系数很小,使天线处于良好的阻抗匹配状态。因此这种非谐振式缝隙阵列天线的阻抗带宽相对较宽,但是由于匹配负载吸收了波导内的部分电磁能量,使得该天线的效率较低。同时这种天线一般要求缝隙位于波导内电磁波传播的波峰处,这样能使最多的电磁能量通过缝隙辐射到空间中。

　　匹配偏斜缝阵列一般是在波导宽边的中轴线的两侧交替倾斜放置缝隙,并且每个缝隙的旁边配有可用于调节电抗的匹配金属振子,波导终端同样接匹配负载(图 4.60)。这种天线也可在较宽的带宽内实现良好的阻抗匹配特性。这种形式可以说是非谐振式缝隙阵列的一种变形。通过调节匹配振子的深度、缝隙偏移量 x 和偏斜角度 θ 就可实现缝隙的阻抗匹配,但是由于匹配振子消耗了波导内的部分功率,会导致天线波导内的功率容量下降。

　　实际进行设计时,需要根据所要设计的频扫天线的指标,选出适合的波导缝隙阵列的排列方式。一般波导缝隙结构频扫天线的阵元排列方式有两种,如图 4.61 所示,并且缝隙单元的数量不宜过多,通常不超过 20 个。

　　③缝隙阵列频扫天线馈电网络分析。通过前面对天线频扫功能的原理分析,得出频扫

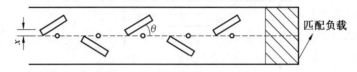

图 4.60 匹配偏斜缝阵列示意图

天线的最大扫描角度为

$$\theta_{\max} = \arcsin\left[\frac{L\lambda}{d}\left(\frac{1}{\lambda_g} - \frac{m}{L}\right)\right] \qquad (4.21a)$$

其中主要决定了最大扫描角度 $\theta_{\max}$ 的参数为相邻两缝隙单元间馈线长度差 L 和两缝隙间距 d，在设计中，若确定了最大扫描角度就决定了参数 L 和 d 的相对值，这两个参数值决定了天线馈电网络的物理结构和特点。

可以分析，对于波导缝隙阵列天线而言，若天线的馈电网络采用直线型传统波导或类似介质波导结构，其缝隙的排列方式为沿着波导内电磁波传播方向即波导纵向排列，此时天线相邻两缝隙单元的馈线长度差 L 与两缝隙之间实际距离 d 相等，即 $L=d$，而又由于 $L=m\lambda_g$，即 $L=m\lambda_g=d$，将其代入到式(4.21a)得

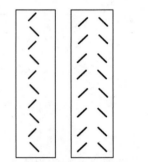

图 4.61 两种频扫天线缝隙单元的排列类型

$$\theta_{\max} = \arcsin\left[\frac{L\lambda}{d}\left(\frac{1}{\lambda_g} - \frac{m}{L}\right)\right] = \arcsin\left[\lambda\left(\frac{1}{\lambda_g} - \frac{1}{\lambda_g}\right)\right] = 0 \qquad (4.21b)$$

即不存在扫描角度，说明此时天线不具有频扫功能，因此若想实现天线的频扫功能，必须保证 $L > d$，因此要在缝隙阵列天线的馈电网络引入一些能增加相邻单元馈线电尺寸长度差的结构。

对以上分析可得到如下结论：频扫天线的设计主要包括馈电网络的设计以及天线单元的设计，其中馈电网络决定了天线的与频扫功能相关的性能，包括最大扫描角度、空间扫描分辨率等。而天线单元则决定了天线的增益、效率等指标。因此可以说频扫天线的设计关键在于其辐射单元的馈电网络的设计，并且馈电网络的性能基本上也决定了天线频率扫描的性能指标。

2. 介质集成波导频扫天线关键技术

上一小节分析了传统波导结构的缝隙阵列频扫天线，无法实现天线的频扫功能，因此需要在天线单元的馈电网络中引入慢波线等结构来扩宽扫描角度范围，但是由于天线的尺寸较小，考虑到在实际加工过程中，加工的难度、精度、成本等因素，因此选择利用介质集成波导(Substrate Integrated Waveguide, SIW)这一方式代替传统矩形波导来设计频扫天线。介质集成波导的传播特性与传统矩形波导类似，因此基于介质集成波导的缝隙频扫天线阵的辐射特性与矩形波导缝隙频扫天线阵不会相差很大，同时兼具有加工容易、精度高、成本低、易集成的优势。

(1)介质集成波导基本原理。

介质集成波导技术在最近几年被提出后就受到了广泛的关注，它是一种新型的集成在

低损耗介质基片上的微波传输线结构。介质集成波导具有低损耗、低辐射、刨面低、易于加工、成本低,并且易于与系统集成化等优点,已被广泛应用于微波领域。介质集成波导可用于实现高性能的滤波器、双工器、功率分配器,甚至可用于设计阵列天线。特别是在频率较高的毫米波段或亚毫米波段。因为在毫米波段的微波器件尺寸很小,因此加工难度较大且对加工的精度要求也比较高,相比于传统的波导结构,介质集成波导加工容易、成本低,特别适合于毫米波集成电路的设计和批量生产。特别是设计毫米波天线,介质集成波导可以实现天线与后续微波电路的无隙集成。

①介质集成波导的基本结构。介质集成波导利用两排金属化通孔代替传统波导的左右两个窄壁,通过选取适当的通孔间距,就能保证从通孔间泄漏的电磁能量小到可忽略不计,从而实现电磁波只在介质集成波导的上下两个金属面和左右两排金属通孔内传播。介质集成波导结构如图 4.62 所示,其中 s 为任意相邻两个金属通孔的距离,R_{via} 为金属通孔的直径。

通常为保证介质集成波导内的电磁能量不能从金属通孔间的缝隙内泄漏,要求金属通孔间距 s 要小于介质集成波导内波导波长 λ_g 的五分之一,并且金属通孔直径 R_{via} 要保证 $R_{via} > s/4$[5]。介质集成波导是在单层的介质基片上下表面附着金属表层,通过打入多个金属化的通孔实现的,一般是利用印刷电路板(PCB)或低温共烧陶瓷(LTCC)等技术。为了选择合适的 s、R_{via} 的数值,要先求出波导波长 λ_g,由于介

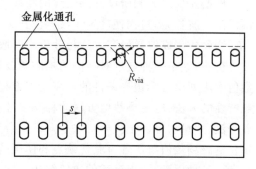

图 4.62　介质集成波导结构图

质集成波导的传播模式与传统矩形波导类似,因此可通过传统矩形波导理论计算,即

$$\lambda_g = \frac{2\pi}{\beta} \tag{4.22}$$

$$\beta = \sqrt{\left(\frac{2\pi}{\lambda}\right) - \left(\frac{2\pi}{\lambda_c}\right)^2} = \frac{2\pi}{\lambda}\sqrt{1 - \left(\frac{\lambda}{\lambda_c}\right)^2} \tag{4.23}$$

其中 λ_c 为等效矩形波导内截止波长,由式(3.1)和(3.2)得

$$\lambda_g = \frac{\lambda}{\sqrt{1 - \left(\dfrac{\lambda}{\lambda_c}\right)^2}} \tag{4.24}$$

为确定 λ_g,则要先求出截止波长 λ_c,矩形波导截止波长 λ_c 为

$$\lambda_c = \frac{2}{\sqrt{\left(\dfrac{m}{a}\right)^2 + \left(\dfrac{n}{b}\right)^2}} \tag{4.25}$$

其中参数 a、b 分别为等效矩形波导的宽边和窄边的长度,m、n 分别表示等效矩形波导宽边和窄边上驻波的个数。由于介质集成波导的厚度一般很薄,一般远小于工作波长,因此在等效为矩形波导中只能传播 TE 模,不能传播 TM 模。因此其主模为 TE_{10} 模,即 $m=1$,$n=0$,代入式(4.25)得

$$\lambda_{cTE_{10}} = 2a \tag{4.26}$$

同理可知等效矩形波导的 TE_{20} 模的截止波长为

$$\lambda_{cTE_{20}} = a \qquad (4.27)$$

设介质集成波导的基片相对介电常数为 ε_r，工作频率为 f，则工作波长 λ 为

$$\lambda = \frac{c}{f\sqrt{\varepsilon_r}} \qquad (4.28)$$

为了保证等效矩形波导内单模工作，其工作波长 λ 要在 TE_{10} 模和 TE_{20} 模的截止波长间：

$$a < \lambda = \frac{c}{f\sqrt{\varepsilon_r}} < 2a \qquad (4.29)$$

即

$$\frac{c}{2f\sqrt{\varepsilon_r}} < a < \frac{c}{f\sqrt{\varepsilon_r}} \qquad (4.30)$$

根据式(4.16)和所设计的天线的频率 f，便可确定出 a 的取值，选取适当的 a 值，便求出了截止波长 λ_c，进而便确定了波导波长 λ_g，以及 s、R_{via} 的取值。

②介质集成波导研究方法与分析。一般来说，微波器件电磁特性的分析方法主要为全波分析法，这是一种通过对不同结构的微波器件进行网格划分，利用积分方程法以及电磁场数值方法列出符合边界条件的麦克斯韦方程组，通过求解方程组的值分析其电场、磁场等电磁特性的方法，电磁场数值方法的种类多种多样，其中包括有限元法、有限差分法、时域有限差分法、矩量法等。全波分析法是对于复杂结构的微波器件最准确的分析方法。并且对于每种电磁场数值解法各有其优缺点和使用范围，因此对于不同结构的电磁特性的分析要综合考虑各种因素，选出合适的数值解法，同时由于微波器件结构多种多样，因此利用全波分析方法所需的时间和计算复杂度也差别很大。

对于某些特定结构的微波元件，分析其电磁特性可以通过画出等效的集总参数电路图实现。将微波器件的某些结构等效成电感、电容等电抗元件，通过分析电路关系、推导公式进行某些电磁特性的分析。这种方法被充分用于一些有源微波器件以及微带电路、天线的特性分析中。

对于介质集成波导，由于其传播特性与传统矩形波导类似，因此可利用等效模型法，将介质集成波导等效为填充其相同基片材料的介质填充波导进行电磁特性分析。根据介质集成波导与介质填充波导之间的对应关系，可以将对介质集成波导的电磁特性分析问题转化为对介质填充波导的分析，进而减小了分析的复杂度，同时也使天线设计简单化。

介质集成波导与介质填充波导有如下对应关系式：

$$a_p = \frac{a_{SIW}}{a} = \xi_1 + \frac{\xi_2}{\dfrac{s}{R_{via}} + \dfrac{\xi_1 + \xi_2 - \xi_3}{\xi_3 - \xi_1}} \qquad (4.31)$$

式中　a_p——介质集成波导与等效的介质填充波导的宽边长度的比值；

　　　a——等效的介质填充波导的宽边长度；

　　　a_{SIW}——介质集成波导的两侧金属通孔轴线的间距；

　　　s——相邻两金属通孔之间的距离；

　　　R_{via}——金属化通孔直径。其中：

$$\xi_1 = 1.019\ 8 + \frac{0.346\ 5}{\dfrac{a_{\text{SIW}}}{s} - 1.068\ 4} \qquad (4.32)$$

$$\xi_2 = -0.118\ 3 - \frac{1.272\ 9}{\dfrac{a_{\text{SIW}}}{s} - 1.201\ 0} \qquad (4.33)$$

$$\xi_3 = 1.008\ 2 - \frac{0.916\ 3}{\dfrac{a_{\text{SIW}}}{s} + 0.215\ 2} \qquad (4.34)$$

根据以上公式,当在介质集成波导的设计中确定 a_{SIW}、s、R_{via} 的参数值,就能计算出其等效的介质填充波导的结构参数。通过参数值就可进行分析,更为关键的是在利用软件建模时可以实现设计结构的简化,从而优化模型,提高效率。

(2)介质集成波导馈线结构。

利用介质集成波导设计频率扫描天线的过程中,如何实现对介质集成波导的激励是一个问题,通常的做法是利用微波传输线与介质集成波导进行无隙连接,将介质集成波导结构转化为传统微带传输线结构,在对微带传输线进行激励,并且这样设计天线的馈线结构也便于之后的样机测试工作。一般的微波传输线包括双线、同轴线、微带线、带状线、耦合微带线、槽线和共面线等等,但并不是所有的微波传输线都是用于对介质集成波导进行激励,要考虑到每种传输线的传播模式,如果与介质集成波导的传播模式相同或十分相近,则可以适用于连接介质集成波导,但仍然需要利用商业电磁仿真软件进行仿真验证。

在众多微波传输线中,微带线内部场的分布以及传输特性与介质集成波导类似,因此可以用微带线对介质集成波导进行激励。

①微带线结构分析。微带线是微波集成电路最常用的一种传输线,是微带电路的核心元件之一。微带线是基于在介质基片上附着金属层实现的,共有三层结构,中间是相对介电常数为 ε_r 的介质基片,介质基片的上层是一个金属带条,下层是金属接地板。微带线是由平行双线演变而来,如图 4.63 所示,将平行双线下面一根金属圆柱导体替换成一个无限薄的金属平板,其电场线都垂直于金属板,根据镜像原理,场的分布没有改变,再将上面的金属圆柱导体替换为金属带条,其电场分布也不会受到影响。

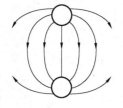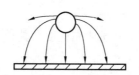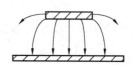

图 4.63　微带线演变示意图

微带线的结构及内部场分布如图 4.64 所示,如果其介质基板材料为空气,且周围也均为空气环境,它的传播是无色散的 TEM 波。但是实际上都是采用相对介电常数为特定参数的材料作为基片,这样就导致微带线内存在着空气与介质的分界面,在这两种不同的介质内的电磁波传播不可能是 TEM 波,而是 TE 模与 TM 模的混合模,这种模式类似于 TEM 波,因此称为准 TEM。从图 4.64 中可看出,微带线内的电场分布与矩形波导类似,而在之前的分析中也说明了介质集成波导可等效为介质填充波导,因此其内电场分布也与微带线类似,并且由于介质集成波导的主模为 TE_{10},不存在 TM 模,因此设计中只要求了对波导两侧金属圆柱之间距离 a_{SIW} 的限制,没有对窄边 b_{SIW}(即介质基片厚度 h)的限制。因此在设计过程中只要考虑到微带线对介质基片厚度 h 的要求即可。

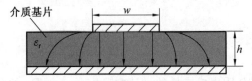

图 4.64　微带线的结构及内部场分布图

②微带线主要参数。微带线的主要电参数包括特性阻抗 Z_0、工作波长 λ_g 以及相对有效介电常数 ε_e。其中特性阻抗 Z_0 定义为

$$Z_0 = \sqrt{\frac{L}{C}} \tag{4.35a}$$

式中　L——微带线单位长度上的电感;

　　　C——微带线单位长度上的电容。

假设介质基片相对介电常数 ε_r 为 1,设其特性阻抗为 Z_{01},实际基片的相对有效介电常数为 ε_e,则 Z_0 可表示为

$$Z_0 = \frac{Z_{01}}{\sqrt{\varepsilon_e}} \tag{4.35b}$$

这样微带线的工作波长 λ_g 与空气中传播波长 λ_0 可表示为

$$\lambda_g = \frac{\lambda_0}{\sqrt{\varepsilon_e}} = \frac{c}{f\sqrt{\varepsilon_e}} \tag{4.36}$$

其中参数 c 为光速,f 为微带线工作频率。

对于相对有效介电常数 ε_e 一般做这样定义,由于微带线处于空气和介质基板材料的混合介质中,可以用一种相对有效介电常数为 ε_e 的均匀介质来等效这种混合介质,同时这样也便于对微带线结构进行分析。因此 ε_e 存在如下关系:

$$1 < \varepsilon_e < \varepsilon_r \tag{4.37}$$

相对有效介电常数 ε_e 的计算表达式为

$$\varepsilon_e = 1 + (\varepsilon_r - 1) \cdot q \tag{4.38}$$

上式中的 q 为介质填充系数,表示介质填充程度。其计算公式为

$$q = \frac{1}{2}\left[1 + \left(1 + 10\frac{h}{w}\right)^{\frac{1}{2}}\right] \tag{4.39}$$

因此将式(4.38)、式(4.39)代入式(4.35)得出特性阻抗 Z_0 为

$$Z_0 = \frac{Z_{01}}{\sqrt{\varepsilon_e}} = \frac{120\pi}{\sqrt{\varepsilon_e}}\left\{\frac{w}{h} + \frac{2}{\pi}\left[1 + \ln\left(1 + \frac{\pi w}{2h}\right)\right]\right\}^{-1} \tag{4.40}$$

因此只要确定介质基板厚度 h、相对介电常数 ε_r 以及微带线带条宽度 w,就能算出特性阻抗 Z_0,通常 h 和 ε_r 只要选定基板就已经确定了,只要通过改变 w 就能算出所要求的特性阻抗 Z_0,也可通过要求的 Z_0 值反推出微带带条的宽度 w。

③微带线传输特性。微带线的传播常数 β 定义为在一个 2π 周期内所传播工作波长 λ_g 的波数。其表示为

$$\beta = \frac{2\pi}{\lambda_g} = \frac{2\pi}{\lambda_0}\sqrt{\varepsilon_e} \tag{4.41}$$

④微带线馈线设计。对于微带线的尺寸设计要考虑抑制高次模的出现,其中主要是在金属带条和接地板间存在 TE 模和 TM 模,对于 TE 模最低次模 TE_{10} 模,其截止波长为

$$\lambda_{cTE_{10}} \approx 2w\sqrt{\varepsilon_r} \tag{4.42}$$

考虑到边缘效应,可将微带带条宽度增加 $0.4h$,因此上式表示为

$$\lambda_{cTE_{10}} \approx (2w + 0.8h)\sqrt{\varepsilon_r} \tag{4.43}$$

为抑制 TE_{10} 模,则最短的工作波长 λ_{min} 应满足

$$\lambda_{min} \approx (2w + 0.8h)\sqrt{\varepsilon_r} \tag{4.44}$$

即

$$w < \frac{\lambda_{min}}{2\sqrt{\varepsilon_r}} - 0.4h \tag{4.45}$$

对于 TM 模,其最低次模 TM_{10} 的截止波长为

$$\lambda_{cTM_{10}} \approx 2h\sqrt{\varepsilon_r} \tag{4.46}$$

为防止出现高次模,则 λ_{min} 应满足

$$\lambda_{min} > 2h\sqrt{\varepsilon_r} \tag{4.47}$$

由式(4.45)和式(4.47)则确定了设计微带线尺寸要满足如下条件:

$$w < \frac{\lambda_{min}}{2\sqrt{\varepsilon_r}} - 0.4h \tag{4.48}$$

$$h < \frac{\lambda_{min}}{2\sqrt{\varepsilon_r}} \tag{4.49}$$

(3)介质集成波导简化建模与分析。

通过以上的理论分析,可以在对频扫天线设计过程中利用微带线结构实现对介质集成波导的馈电,但是由于介质集成波导结构具有十分多的金属通孔,利用微波仿真软件建模时会比较烦琐,更为关键的问题是由于这么多的精细通孔结构,会导致仿真软件在仿真时对天线结构的网格划分数量十分巨大,这使得对计算机的配置要求十分高,内存需要很大,并且单次仿真时间很长,这会大大影响天线在仿真优化过程中的效率,甚至如果天线结构比较复杂使得网格数量过于密集使计算机内存溢出,会导致仿真无法进行。

考虑到上述因素,在天线的前期建模优化过程中,需要通过一些等效的手段对所设计的天线模型进行简化。因为介质集成波导结构中的两排金属通孔在微波理论中可等效为电壁,因此在介质集成波导建模过程中可利用这一点,直接将两排金属通孔设置成理想电壁,利用等效原理将介质集成波导建成介质填充波导。这样在建模中就省去了建立金属通孔,达到了模型简化的目的,使仿真软件在仿真时对结构的网格划分大大减少,以提高仿真的速度,从而提高对天线仿真优化的效率。

为了验证上述想法的正确性和合理性,利用微波仿真软件 Ansoft HFSS 分别对两种结

构的微带线连接波导结构进行建模,如图 4.65 所示。选择相对介电常数 $\varepsilon_r = 2.2$ 的 Rogers RT 5880 介质板,介质板厚度 $t = 0.254$ mm。在参数指标相同的情况下,进行仿真得到的反射系数 S_{11} 以及传输系数 S_{21} 的对比图如图 4.66 所示。通过仿真可以发现两种结构都能实现微带线到波导结构的良好传输特性,在 85~100 GHz 内,传输系数 S_{21} 值均在 -0.5~0 dB 以内。在反射系数 S_{11} 方面,介质填充波导的反射非常低,这是因为波导四周都为理想电壁,属于理想状态。而介质集成波导结构由于多个金属通孔结构而影响电磁波的纵向传播,导致反射相比于理想的介质填充波导大,但是也都在 -20 dB 以下,说明反射已经非常低了,可以忽略,从而验证了利用等效的介质填充波导代替介质集成波导结构,以实现简化建模的可行性。因此,对拥有介质集成波导结构的天线进行建模仿真分析,可以充分利用这一优势,进行整体天线的等效简易模型的建立和仿真,实现天线优化的高效率。当然,当最终优化结束后,得到了所有参数的最终值,在进行天线真实模型的建立时,需要通过仿真以证明设计的准确性。

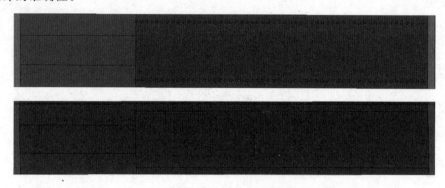

图 4.65　介质集成波导与介质填充波导的馈电模型

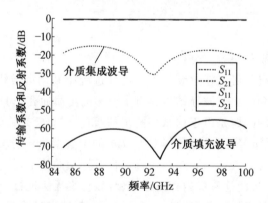

图 4.66　两种波导结构传输系数的仿真对比图

（4）慢波线结构分析。

由于传统的波导结构实现直线缝隙阵列无法达到所需的最大扫描角度,因此为了扩大扫描角度,需要在设计频扫天线中引入慢波线结构。慢波线结构是通过改变传输线结构或利用特殊材料等方法在两个相邻天线单元真实距离不变的前提下,使电磁波在这两个单元间传播距离尽可能增加,这样当频率变化时,其相邻单元间的相位差有显著的增大,导致天线口面的等相位面明显倾斜,从而使天线辐射波瓣指向角增大。

对于慢波线结构既要考虑到其对天线扫描角度范围的增大效果,同时也要兼顾其本身带来的损耗等问题。通常慢波线主要包括以下几种类型:①蛇形线或蛇形波导,它可以用矩形波导制作,因此也可用介质集成波导实现;②螺旋线,一般也由波导结构实现;③其他慢波线,主要是利用材料的特性实现慢波效果,一般可用波导结构或同轴线等微波传输线。

①蛇形慢波线。蛇形慢波线是设计频扫天线中比较常用的一种慢波线,其内部电磁波传播方向如蛇一样曲折前进,通常利用波导结构实现。图 4.67 给出了五种蛇形慢波线结构:

图(a)是将波导 E 面进行 180°弯曲实现,加工较为容易,但是由于相邻单元之间距离较大,导致天线的损耗增大,同时在设计多个辐射单元时,天线整体尺寸也较大。

图(b)利用 180°圆弧接头将(a)中结构进行压缩,这可以有效降低传输线的反射系数,但是内部的波导公共壁较厚。

图(c)是利用矩形的弯头结构替换(b)中圆弧接头使波导宽边尺寸增大以减小传输线损耗,这种结构功率容量大,其驻波比也较小,但是其加工较为复杂。

图(d)是在图(c)的基础上进行了简化,制作工艺难度降低,但同时也带来了较高的反射系数以及功率容量降低而易击穿等缺点。

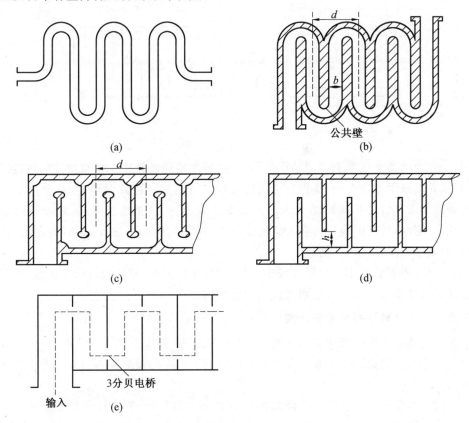

图 4.67　蛇形慢波线结构图

图(e)是在两相邻单元的公共壁上引入了 3 分贝电桥,通过改变 3 分贝电桥的位置便可改变天线工作频段,但同时要增加机械装置控制 3 分贝电桥的位置。

②螺旋慢波线。将矩形直波导沿着螺旋线形弯曲成螺旋结构便构成了螺旋慢波线,这种慢波线与蛇形慢波线相比,其反射系数和传输系数都较小。通常用于对抛物柱面馈电,但是为了防止其本身对抛物柱面造成遮挡而导致天线增益降低和副瓣电平升高,通常对抛物柱面采用偏馈形式进行馈电。

③其他慢波线。慢波线还存在其他结构,如图 4.68(a)是在矩形波导中填入厚度 h 的介质,使电磁波在介质和空气中产生慢波特性,但是由于这种结构的损耗很大,一般在达到相同扫描带宽的前提下,其损耗是传统波导的 2~3 倍,因此很少使用。另一种结构是在矩形波导中加入梳状结构,如图 4.68(b)所示,这种结构可实现宽角度扫描,但同样存在损耗大的问题,在实现相同扫描带宽的前提下,其损耗约是蛇形波导的 3 倍,并且对工艺要求较高。

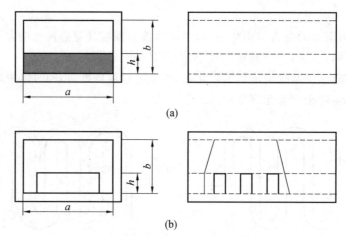

图 4.68　两种波导结构慢波线

图 4.69 中的慢波线是利用同轴线实现的,这种慢波线通常用于频率较低的波段。其中图(a)是在同轴线中填充介质,优点是色散性较好,进行扫描、跟踪时误差小,缺点是对介电常数有特殊要求;图(b)是在同轴线内加入栅型结构,其优点是加工容易,缺点是功率容量低且损耗大;图(c)是在同轴线内引入螺旋线结构,这种结构的色散性弱,但损耗大,且工艺难度高,对精度要求也比较严格。

综上所述,考虑到所用波导尺寸较小,加工实物比较困难,精度也可能无法保证,因此也可能选择利用介质波导来实现蛇形慢波线馈电结构。

3. 介质集成波导频扫天线设计实例

上面对设计介质集成波导频扫天线所需要的关键技术有了详细的了解,本小节将在此基础上利用这些技术给出一种基于介质集成波导的 3 mm 波段缝隙阵列频扫天线的详细设计过程。

该天线中心频点为 94 GHz,介质基板选择 Rogers RT 5880,相对介电常数为 2.2,慢波线采用蛇形线结构,要求扫描角度为 50°左右,并且在保证较低的副瓣电平的前提下,在扫描带宽范围内,每个频点都要具有稳定且较高的增益。

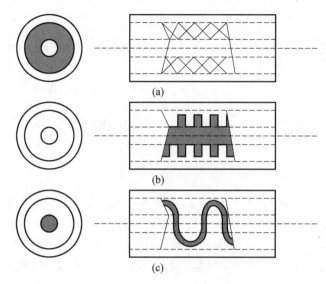

图 4.69　三种同轴线结构慢波线

（1）频扫天线理论分析与计算。

对于介质集成波导，借鉴传统矩形波导理论，可以得到任意两个相邻辐射单元的相位差 $\Delta\varphi$ 满足

$$\Delta\varphi = \beta_{\mathrm{SIW}} \cdot L \tag{4.50}$$

式中　β_{SIW}——介质集成波导的波束；

L——相邻两个缝隙单元的距离。

所要设计的频扫天线采用蛇形慢波线结构，如图 4.70 所示，其中终端如果选择接匹配负载，可以实现良好的阻抗匹配，同时天线方向图的副瓣电平也会比较低，但是天线的效率会大大降低，因此考虑设计中在终端采用短路形式，这样天线的效率会大大提高，并且只要保证使大部分电磁能量都能通过缝隙单元辐射出去，就会有效地减少终端反射对天线阻抗匹配和方向图的影响。这都需要通过仿真软件进行仿真优化以实现。

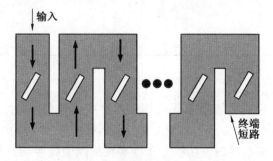

图 4.70　蛇形慢波线结构示意图

要保证相邻辐射单元的相位一致性，需要保证 $\Delta\varphi = n \cdot 180°$，其中 n 必须为奇数，根据矩形波导理论有

$$\beta_{\mathrm{SIW}} = \sqrt{k^2 - k_{\mathrm{c}}{}^2} \tag{4.51}$$

$$k = \omega \sqrt{\mu \varepsilon} \tag{4.52}$$

k_c 为介质集成波导的截止波长，ω 为角频率，ε、μ 分别为介质的介电常数和磁导率，由于考虑主模传输，即 TE_{10} 模，则

$$k_c = \sqrt{\left(\frac{m\pi}{a}\right)^2 + \left(\frac{n\pi}{b}\right)^2} = \frac{\pi}{a} \tag{4.53a}$$

其中 a、b 分别为介质集成波导端口的长边和短边，由式(4.50)～(4.53a)得出

$$L = \frac{n\pi}{\sqrt{\omega^2 \mu\varepsilon - \left(\dfrac{\pi}{a}\right)^2}} \tag{4.53b}$$

因此只要得到介质集成波导的长边 a，即两排金属通孔间距离，以及参数 n 的取值，就能计算出每个缝隙单元所在的介质集成波导的长度 L。n 的取值与天线的最大扫描角度有关，n 越大，L 越长，天线的最大扫描角度也越大，但扫描角度不能无限增大，n 过大也会导致天线的损耗增大，影响到天线的其他性能指标。根据设计指标要求，选择 n 为 5，对于 a 的取值根据式(4.53a)有

$$\frac{c}{2f\sqrt{\varepsilon_r}} < a < \frac{c}{f\sqrt{\varepsilon_r}} \tag{4.54}$$

其中 f 为 94 GHz，ε_r 为 2.2，c 为光速，计算得出 1.07 mm $< a <$ 2.14 mm，因此选择 a 为 1.6 mm。理论计算的慢波线结构参数值见表 4.3。

表 4.3　理论计算的慢波线结构参数值

参数	数值
c	3×10^8 m/s
f	94×10^9 Hz
μ_0	$4\pi \times 10^{-7}$ H/m
ε_0	$\dfrac{1}{36\pi} \times 10^{-9}$ F/m
ε_r	2.2
n	5
a	1.6 mm
L	6.97 mm

(2)缝隙单元的设计。

本节所设计的频扫天线的辐射单元是在介质集成波导宽边中线上开矩形缝隙而得到的，矩形缝隙与波导纵向夹角为 45°，如图 4.71 所示，根据等效矩形波导内的场分布，该位置的缝隙可以切割介质集成波导内电场线分布以实现缝隙天线的辐射特性。同时，在缝隙的两侧引入两个金属化通孔，通过改变这两个通孔的位置，即改变参数 p、q 的值，就能改变缝隙单元的辐射阻抗，通过利用 HFSS 仿真软件仿真优化，使缝隙单元直接匹配，使最多的电磁能量通过缝隙辐射到空间中。

其中，L_{slot} 为缝隙的长度，p、q 为金属化通孔的位置参数，要求天线的中心频点为 94 GHz，缝隙长度 L_{slot} 通常为 $0.5\lambda_g$（λ_g 为天线中心频点的工作波长），利用 HFSS 电磁仿真

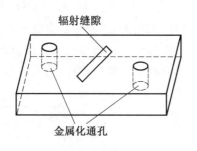
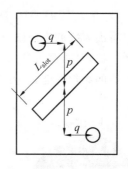

图 4.71　频扫天线缝隙单元结构示意图

软件对辐射单元建模,如图 4.72 所示,其模型利用了之前分析的简化建模原理,建成了等效介质填充波导,波导两层设为理想电壁(PEC)以等效介质集成波导的两排金属通孔,波导两端口均设置为 Waveguide Port,因为若直接终端短路,必定会有很大的反射影响,对结构的优化也就没有了意义,因此设置成无反射影响的理想状态。对终端短路后的仿真优化只有在确立阵元个数、进行天线整体建模分析时才能进行。通过优化参数 p、q,获得比较理想的仿真结果。

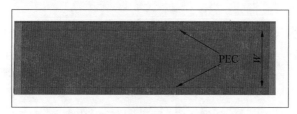

图 4.72　缝隙单元仿真结构图

　　通过仿真优化,宽度 w 在之前的分析中选择为 1.6 mm,缝隙单元的两个金属通孔位置参数 p 为 0.58 mm,q 为 0.48 mm,波导长度 L 出于是单个单元,还不具备频扫特性,因此需要在之后组阵建模中进行仿真以确定。其经过优化后的 S_{11}、S_{21} 如图 4.73 所示,传输系数 S_{21} 的相位变化如图 4.74 所示。可以发现,缝隙单元在 85~100 GHz 内都有良好的阻抗匹配,且 S_{21} 的相位线性度良好。但是 S_{21} 的幅值均在 −0.5 dB 左右,说明大部分能量都从波导内的 1 端口传输到了 2 端口,只有一小部分能量通过缝隙辐射出去,效率很低,对应了行波天线的特点。

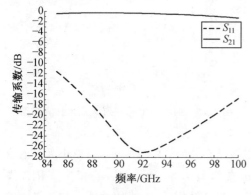

图 4.73　缝隙单元 S 参数仿真结果

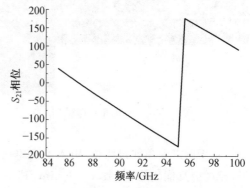

图 4.74　缝隙单元传输系数相位变化

　　图 4.75 为缝隙单元在 94 GHz 频点的 3D 方向图,图 4.76 为 94 GHz 频点 yOz 面方向图。从图中可以看出天线的方向图方向性较好,无副瓣,主瓣与后瓣电平差值小于 -10 dB,但缝隙天线的增益比较低,这也是由于大部分电磁能量都传输到了 2 端口而没有辐射出去,因此为了实现天线的频扫性能,以及使天线具有良好的辐射特性,需要对单元进行组阵。

图 4.75　94 GHz 频点 3D 方向图

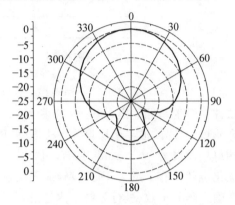

图 4.76　94 GHz 频点 yOz 面方向图

　　(3)频扫天线建模与仿真分析。

　　①相邻辐射单元的过渡。在确定了频扫天线的辐射单元的模型后,需要进行多个单元的组阵,采用均匀直线阵,首先对两个辐射单元进行组阵,利用 HFSS 软件进行建模如图 4.77 所示。

　　通过仿真,其 S 参数 S_{11}、S_{21} 如图 4.78 所示,其反射比较大,在 $88\sim95$ GHz 内 S_{11} 都超过了 -10 dB,说明该天线已经不能正常工作,根据之前仿真结果,缝隙单元的设计不存在问题,因此应该是在两单元过渡段存在问题导致了较大的反射,需要对两单元过渡段模型进行改进。

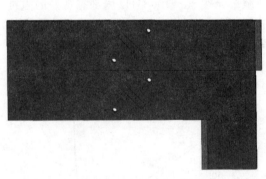

图 4.77　两缝隙单元阵模型

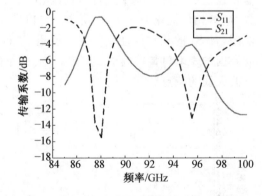

图 4.78　两缝隙单元阵列 S 参数仿真结果

　　对于两缝隙单元过渡段,引入了直角拐角的过渡结构,如图 4.79 所示,以减小天线的反射,经过仿真优化后,参数 $x=1$ mm,其 S 参数仿真如图 4.80 所示,S_{21} 的相位变化如图 4.81 所示。可以发现,在相邻单元间引入直角拐角的过渡结构后,天线的性能得到了极大的改善,反射系数大大减小,在频段 87~100 GHz 内 S_{11} 都小于 -10 dB,S_{21} 值相比于不引入倒直角结构时,已经减小到 -1.7 dB 左右,但是由于单元数量只有两个,因此还是只有少部分能量辐射到空间中。

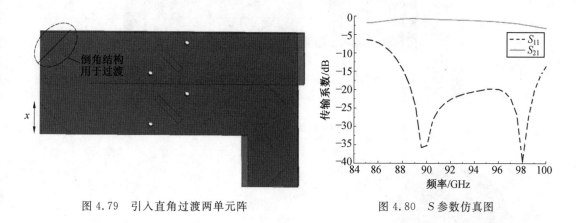

图 4.79　引入直角过渡两单元阵　　　　　　图 4.80　S 参数仿真图

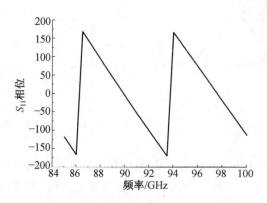

图 4.81　S_{21} 的相位变化图

图 4.82 为两缝隙单元表面电场分布,通过优化确定介质填充波导的长 L 为 8.25 mm,可以看出每个天线单元的表面电场的峰值个数为 5,与之前设定 $n=5$ 相对应。图 4.83 和 4.84 分别为频点 94 GHz 的 3D 方向图以及 yOz 面方向图,与之前单个单元对比,在 yOz 面方向图的 3 dB 波瓣宽度已经有所减小,并且由于单元数量增加一倍,增益也提高了约 3 dB,与理论相符。并且该天线已经具备一定的频扫功能,但是其 3 dB 波瓣宽度较大,增益也较低,因此其扫描特性还比较差。

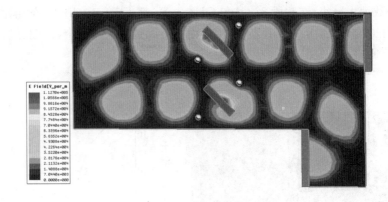

图 4.82　两单元表面电场分布

图 4.83　94 GHz 的 3D 方向图

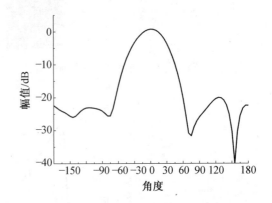

图 4.84　94 GHz 的 yOz 面方向图

②频扫阵列单元数量分析。频扫天线阵列单元的数量影响着天线频率扫描特性、天线增益、3 dB 波瓣宽度等天线指标。当天线的单元数量越多时,天线的增益越高,沿着阵列方向的辐射波束越窄,频扫天线的空间扫描角分辨率也越高,但天线增益不能无限增大,因为辐射单元数量越多,天线的反射系数以及介质损耗也会增大,影响天线的辐射特性。因此当天线的单元增大到一定数量时,增益的提高效果微乎其微,因此在设计频扫阵列单元时要根据设计指标和应用要求,综合考虑天线增益与物理尺寸,合理选择天线单元的数量。

首先用 HFSS 软件建立 4 单元、8 单元以及 12 单元阵,如图 4.85 所示,通过分析它们的仿真结果确定最优的单元数量。图 4.86 为 3 个单元阵传输系数 S_{21} 的对比图,从图中能发现,随着单元数量的增加,S_{21} 值逐渐减小,说明越来越多的电磁能量辐射到空间中,并且如果数量继续增加,其 S_{21} 还存在继续降低的可能性,为了使天线的效率达到最高,还存在继续增长单元数量的空间和必要性。

图 4.87 为 3 个单元阵在 94 GHz 频点的 yOz 面方向图,从图中发现,随着单元数量的增加,天线的 3 dB 波瓣宽度变窄,增益提高,但是单元数量为 12 个时,其 94 GHz 的 3 dB 波瓣宽度为 7°,仍然比较宽,考虑到空间角度分辨率,仍然需要继续增加单元数量。其中 4 单元阵扫描带宽内的增益为 6.4 dB,8 单元阵的扫描带宽增益为 10.28 dB,12 单元阵扫描带宽的增益为 11.57 dB,基本符合单元数增加一倍,增益提高 3 dB 的原理,同时也说明天线的

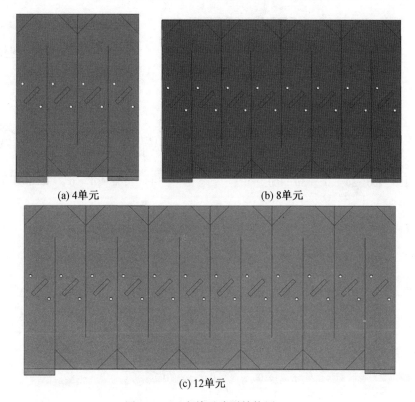

(a) 4 单元　　　　　　　　　(b) 8 单元

(c) 12 单元

图 4.85　3 个单元阵列结构图

增益还没有到饱和状态,因此可以继续增加单元数量,这也是为了之后实现终端短路时,能保证最多的电磁能量都从缝隙单元辐射到空间中,从而使由终端短路造成的反射影响最小。

从图中可以发现,3 个单元阵的扫描角度基本上均为 $-40°\sim40°$,说明影响频扫天线扫描角度范围主要取决于单元间慢波线的长度,单元数量的影响较小。但单元数量对扫描角度范围并不是完全没有影响,当单元数达到某个值时,单元数继续增加对最大扫描角度影响越来越大。

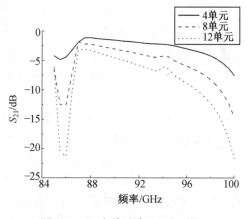

图 4.86　3 个单元阵 S_{21} 对比图

同理建立 16 单元和 20 单元的频扫缝隙直线阵,其传输系数 S_{21} 在频扫带宽内分别为 -8.8 dB 和 -9.3 dB,不同单元数在 94 GHz 上的增益变化图如图 4.88 所示。可以发现,当单元数增大到 20 个时,其增益比 16 个单元时提高了约 0.6 dB,这是由于电磁能量在介质中损耗已经足够影响到单元数增加带来天线增益的提高效果,同时天线物理尺寸也相对增大了四分之一,并且两个频扫阵列的传输系数 S_{21} 几乎一致,这说明当单元数增大为 16 个时,大部分电磁能量都通过单元辐射出去,而继续增加单元数,电磁波传输到第 17~20 个单元时能量已经十分小,几乎不产生辐射,说明单

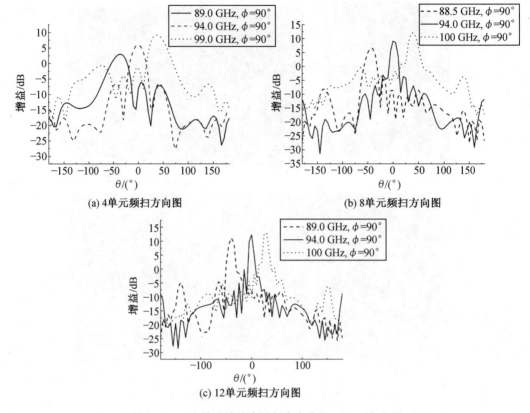

(a) 4单元频扫方向图　　　　　　　　　　(b) 8单元频扫方向图

(c) 12单元频扫方向图

图 4.87　3 个单元阵波束随频率变化的 yOz 面方向图

元在 16 个时已经接近于饱和状态。因此综合考虑天线物理尺寸、辐射特性以及损耗等因素，决定所设计频扫天线辐射单元的数量为 16 个。

③频扫天线整体结构仿真分析。

（ⅰ）整体结构分析。本节所设计的频率扫描天线的模型结构如图 4.89 所示，采用 Rogers RT 5880 介质板，相对介电常数 $\varepsilon_r = 2.2$，厚度 $t = 0.254$ mm，该天线是由 16 个缝隙单元组成的均匀直线阵，利用微带线对等效的介质波导结构馈电，通过改变微带线的带条宽度 w_1，可实现 50 Ω 的阻抗匹配。通过仿真后，微带线带宽 w_1 为 0.8 mm。

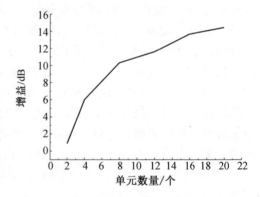

图 4.88　94 GHz 上不同单元数量增益变化图

缝隙直线阵列的终端采用直接短路设计，短路的位置选择通常为到缝隙距离的 $1/(4n\lambda_g)$（$n = 1,3,5,\cdots$，λ_g 为电磁波在介质板中的传播波长）。对于终端短路设计，还要考虑到终端反射对天线辐射性能的影响，通过以上仿真分析，当天线单元数为 16 个时，电磁能量辐射到空间中的效果是最好的。因为取该数目时，介质损耗的影响虽比较多但不至于影响到天线频域特性，同时介质集成波导中的电磁能量最终传输到终端时已经变得很小，使得

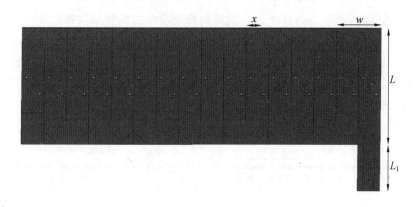

图 4.89　频扫天线仿真结构图

终端反射对天线的影响变得很小。除此之外,在相邻单元间过渡段引入直角拐角的过渡结构这一举措可以减小天线的反射,提高天线的辐射性能。

(ⅱ)等效电路分析。本节所设计的频扫天线的等效电路如图 4.90 所示,其中 Z_0 表示端口 1 输入阻抗,R 为缝隙端口匹配阻抗,这里由于缝隙向外辐射电磁能量,因此可以把缝隙等效为端口,Z 和 θ 为相邻两单元间 SIW 电长度的匹配阻抗和相位。d 为相邻两缝隙单元间实际直线间距。对于每一个天线单元,电磁能量从一个端口流向下一个端口,能量中的一部分通过缝隙端口辐射到空间中,余下能量流入下一个天线单元。每一个缝隙单元都可视为用输入阻抗为 R 的端口进行馈电。对于 16 单元直线阵设计,为实现较宽频带辐射特性,要求到达每个缝隙端口的电磁能量相位保持一致。同时整个天线的输入阻抗要保持匹配,并且全部能量要同时均匀分配给每个缝隙端口。由于本节所设计的天线采用 50 Ω 微带线对 SIW 进行馈电,因此 SIW 的匹配阻抗 Z 为 50 Ω,其缝隙单元输入阻抗 $R = 16Z = 800$ Ω,因此对于设计不同单元数量的频扫阵列,其缝隙输入阻抗 R 均不相同,需要通过优化参数 p、q 值进行匹配。

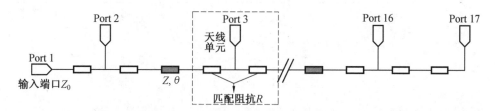

图 4.90　频扫天线的等效电路图

(ⅲ)仿真结果分析。考虑到终端短路位置产生的反射会对天线的辐射性能造成影响,主要会影响到天线的阻抗匹配,以及可能导致副瓣电平升高。但是由于到达终端的电磁能量较小,发射波主要影响天线终端辐射单元的匹配,主要通过仿真优化终端短路处与终端辐射缝隙之间距离 a,因此能在最后辐射单元中形成驻波,以提高天线的效率。图 4.91 为不同参数值 a 时,频扫天线反射系数 S_{11} 的仿真结果。从图中可以发现,当 a 为 0.8 mm 时,在 89～100 GHz 频段内,其反射系数相比于其他参数值更为理想。虽然 a 为 1 mm 时,其反射系数最低可达到 -34 dB 左右,但是却存在某些反射系数高于 -10 dB 的频点,并且 a 为

0.6 mm和1 mm时,92~96 GHz这一主要频扫频段内的反射系数都比$a=0.8$ mm时高。

图4.92为参数a为0.6 mm、0.8 mm、1 mm时,中心频点94 GHz时yOz面增益方向图,可以看出,a为0.8 mm时,天线的增益最高,为15.9 dB,副瓣电平小于-20 dB,而在之前仿真分析中,16单元阵终端匹配情况下,天线增益为13.6 dB,提高了约为2.2 dB,证明了终端短路相比于接匹配负载使天线的效得到了提高。根据以上仿真分析结果,最终参数a选择0.8 mm。

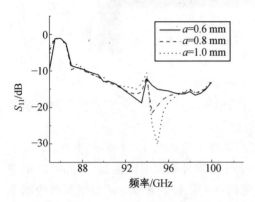

图 4.91　a 不同值时反射系数图

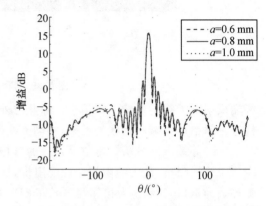

图 4.92　不同 a 值 94 GHz 时 yOz 面增益方向图

通过仿真优化分析,最终得出天线的参数见表4.4,其中rvia表示用于辐射缝隙匹配的金属化通孔的直径,当微带线带条宽度w_1为0.8 mm时可实现端口阻抗为50 Ω时良好的阻抗匹配。天线的中心频率为94 GHz,天线的反射系数S_{11}如图4.93所示,可以看出天线在89~100 GHz内,反射系数均小于-10 dB,具有良好的阻抗带宽。

表 4.4　频扫天线的结构参数

参数	数值/mm
L_{slot}	1.05
p	0.58
q	0.41
t	0.254
w	1.6
L	8.25
x	1
R_{via}	0.15
L_1	3.3
w_1	0.8
a	0.8

图4.94为天线的表面电场分布图,从图可以看出每个天线单元的表面电场的峰值为

5,与之前理论分析时 $n=5$ 相对应。同时随着单元数量的增加,电场能量也随着减小,以此验证大部分电磁能量都辐射到空间中,也使得天线终端短路处的反射对天线的影响较小。图4.95 给出了频率扫描天线在 92 GHz、94 GHz、99.5 GHz 三个频点的 3D 方向图,可以发现天线在 y 轴方向实现了波束扫描功能,并且扫描范围覆盖了两个方向。同时天线在频扫的 yOz 面内波束较窄,而在 xOz 面内波束比较宽。

图 4.96 和图 4.97 给出了频扫天线的波束随频率变化的方向图,从图中可以发现,在

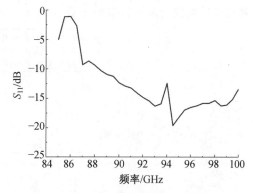

图 4.93 频扫天线反射系数的仿真结果

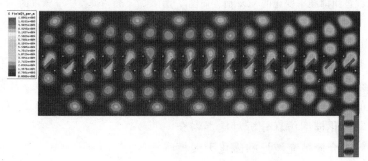

图 4.94 频扫天线表面电场的分布图

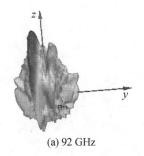

(a) 92 GHz

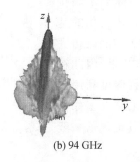

(b) 94 GHz

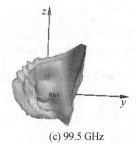

(c) 99.5 GHz

图 4.95 频扫天线的 3D 方向图

89~100 GHz 内波束扫描角度可以覆盖 $-50°\sim45°$,没有产生旁瓣,但是在 89~94 GHz 内天线的副瓣电平较高,并且随着频率的降低而升高,在 92~94 GHz 内,副瓣电平都能保证小于 -10 dB,因此覆盖的最大波束角度为 15°,在 94~100 GHz 内,天线的副瓣电平都较低,副瓣电平都能保持在 -15 dB 左右,天线的辐射特性较好,覆盖的最大波束角度为 45°,在 100 GHz 的频点上天线的增益比其他频点低了约 2 dB,扫描角度为 $-15°\sim40°$。天线在89~94 GHz 的较低频段内,副瓣电平升高主要是由于终端短路产生的电磁波反射造成的,相比于中心频点 94 GHz,较低的频率的波长较长,通过辐射缝隙时产生了谐振,使得在天线对称的角度上产生了副瓣,因此较低频率的反射波对天线的影响较大。而相对于中心频点较高的频率范围内,由于波长相对较短,在天线辐射缝隙处无法谐振产生辐射,因此高频的

电磁波反射的影响可以忽略不计。

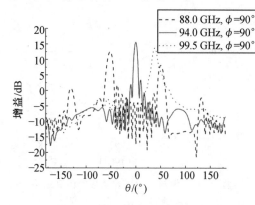 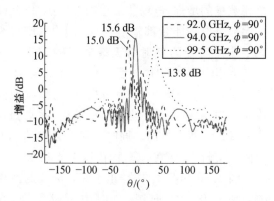

图 4.96　频扫天线波束随频率变化的 yOz 面方向图　图 4.97　频扫天线三个频点的 yOz 面增益方向图

图 4.98 为频扫天线仿真的增益变化曲线,从图中可看出,在 92～94 GHz 的频率范围,增益随着频率升高而升高,在中心频点 94 GHz 上的增益达到最大,可达到 15.6 dB,在 94～99.5 GHz 的频率范围内,增益有所降低,但是都稳定在 13.8～15.6 dB 范围内,说明该频率扫描天线的增益特性平稳,是一个频域特性良好的 3 mm 波段的频率扫描天线。

④简化与非简化模型仿真分析对比。将介质集成波导等效成介质填充波导的简化天线模型的仿真分析已经证明本节所设计的频扫天线良好的频扫特性,然而在天线的实际加工制作方面,仍然需要利用仿真软件建立非简化的基于介质集成波导的天线模型。由于前面的仿真优化工作已经得到了较为满意的结果,因此在非简化模型的建立中,天线的参数均可利用前面优化结果,使非简化模型的优化仿真工作量大大降低,只需要优化个别参数,其最优值一般会与参考值相差很小。

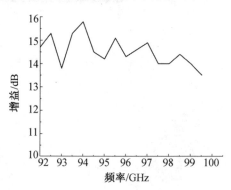

图 4.98　频扫天线仿真的增益变化图

由于简化天线模型的建立采用了理想边界条件,真实的非简化天线模型的金属边界条件利用金属通孔阵列实现,因此总会存在少量的电磁能量泄漏,可以推测非简化天线模型的天线性能会稍微差于建模模型的仿真结果,但非简化天线模型的仿真结果更接近于真实天线的性能指标。可以通过对比两种天线模型的仿真结果,分析其差距的原因和程度,给出一些在实际天线设计加工中的建议,并验证所设计的频扫天线的可用性。

为了保证电磁能量在基片内传输而不泄漏到外面,介质集成波导的金属通孔应满足

$$s < \frac{1}{5}\lambda_{\mathrm{g}} \tag{4.55}$$

$$R_{\mathrm{via}} > s/4 \tag{4.56}$$

s 为相邻金属通孔间距,λ_{g} 为电磁波在介质板内传播波长,R_{via} 为金属通孔直径。通过计算选择 $s=0.15$ mm,$R_{\mathrm{via}}=0.1$ mm。利用 HFSS 软件进行天线建模如图 4.99 所示,通过

优化参数,最终确定参数 $p=0.56$ mm,$q=0.45$ mm。由于金属通孔之间距离 s 的限制,使得单元长度参数 L 无法为任意值,只能尽可能接近于简化建模中 L 的值,最终的参数 L 约为 8.1 mm。其他参数保持不变。

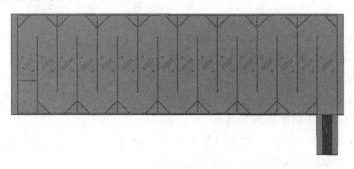

图 4.99　非简化频扫天线模型

仿真反射系数 S_{11} 如图 4.100 所示,天线在 89.3～100 GHz 内其反射系数均小于 -10 dB,与简化天线模型的仿真结果相比,阻抗带宽基本一致,但是非简化模型的反射系数要整体高于简化模型,这是由于简化模型天线的电壁为理想边界,反射系数相对较小,而真实的天线模型利用金属通孔阵列实现电壁,其中存在金属通孔结构对在介质中传播的电磁波的影响,电磁波传播到金属柱面上,其反射波会向四周散开,因此导致了天线反射系数的增大。

图 4.101 为非简化频扫天线的 yOz 面频率扫描增益方向图,可以发现其频扫特性与简化模型的结果基本吻合,在频段 92～99.5 GHz 内,可实现扫描角度为 $-20°～35°$,其中扫描角度范围发生了偏移,如扫描角度为 $0°$(正 z 轴方向)对应的频点为 95 GHz,这是由于之前说明了天线单元的介质波导等效长度 L 为 8.1 mm,小于简化模型中的 $L=8.25$ mm,使得天线的频扫角度与频率的对应关系发生了改变,但并不影响天线的频扫功能,如需实际加工,可通过适当改变介质集成波导的金属通孔间距,使其更接近于理想的 $L=8.25$ mm,便可解决此问题。

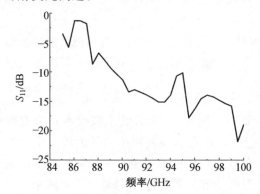

图 4.100　非简化频扫天线 S_{11} 仿真结果

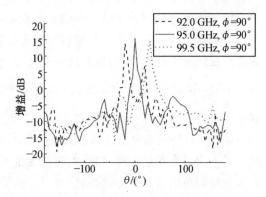

图 4.101　非简化频扫天线的 yOz 面频率扫描增益方向图

图 4.102 为非简化模型增益随频率变化图,其增益在 92～99.5 GHz 内稳定在 14.5 dB 左右,最大增益在 95 GHz 频点上为 15.4 dB,整体增益较简化模型相差 0.3 dB 以内,与简

化模型的仿真结果吻合,说明了所设计的频扫天线仿真结果的准确性,也说明了利用等效介质填充波导代替介质集成波导的建模方法的可行性和实用性。

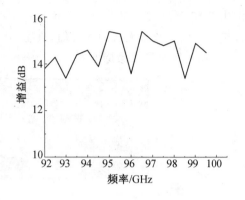

图 4.102　非简化模型增益随频率变化图

　　本小节介绍了一种基于介质集成波导的 16 单元频扫缝隙阵天线,天线的中心频率为 94 GHz,天线单元采用在介质集成波导宽边中线上开哑铃型缝隙的方式得到,哑铃型缝隙与波导纵向夹角为 45°,并利用缝隙周围两个对称金属化通孔实现缝隙匹配,通过对天线结构的理论分析计算,并结合等效电路分析以及软件仿真分析,对天线的结构设计和参数选择给予了解释。所设计的频扫天线可实现在 92~99.5 GHz 内反射系数 S_{11} 均小于 −10 dB,对应扫描角度为 −15°~40°,副瓣电平小于 −10 dB,在频扫方向内的 3 dB 波瓣宽度小于 4°,在整个频扫带宽内增益平稳,稳定在 13.8~15.8 dB。最后通过简化与非简化模型的对比分析,证明了本节所设计的频扫天线的正确性和可用性,说明了所设计的天线是一个频域特性良好的 3 mm 波段频率扫描天线。

4.2.5　其他类型馈源天线

　　作为毫米波能量的辐射和接收装置,毫米波天线具有一些技术特点。首先,工作频率的选择与大气吸收衰减密切相关。尽管毫米波频段覆盖了 30~300 GHz 的极宽频带,但由于毫米波在大气中传播的吸收和衰减特性,在雷达、制导和通信等系统中常用的工作频率是 30 GHz、94 GHz、140 GHz、220 GHz 四个大气窗口频率。图 4.103 表示毫米波在大气中的吸收衰减特性,在上述四个频率附近,吸收衰减出现极小值,因而有利于增大系统的作用距离。相反,如需要的作用距离较近,但要求毫米波雷达隐蔽工作或者通信系统高度保密时,则可将工作频率选在强烈吸收带处,常用的两个吸收带是 22.5 GHz 和 60 GHz,它们分别对应用于水蒸气和氧分子的一个谐振吸收频率。

　　毫米波天线的最大特点是能以其紧凑的物理尺寸获得较高的天线增益和极窄的主波瓣宽度。在给定增益电平下,需要的口径尺寸与频率的对数近似为线性减小的关系。如从 X (9.4 GHz)波段到 W(94 GHz)波段,相同增益的天线尺寸可减小为原来的 $\frac{1}{10}$,这对导弹末制导导引头和机载探测器等许多应用是十分重要的。同样,由于天线主波瓣半功率宽度 $2\theta_{0.5}$ 与天线口径的电尺寸 D/λ 成反比,因此,在毫米波段很容易利用小口径天线产生窄波束。对于大多数雷达天线,口径振幅常为锥削分布以获得较低的副瓣电平。天线的窄波束意味着高的角精度和角分辨率,这对雷达和导引头也是至关重要的。同时,窄波束减小了损耗和旁瓣地面波干扰,这对低仰角或下视系统具有特别重要的意义。

　　毫米波天线的另一个特点是由于波长很短,因而对天线的结构设计和加工技术有十分严格的要求。以反射面天线为例,通常要求表面加工精度为 $\lambda/16$,在 94 GHz 频带,其容许的机械公差仅为 0.2 mm。此外,对机载或弹载毫米波系统,天线结构就能在规定的温度、

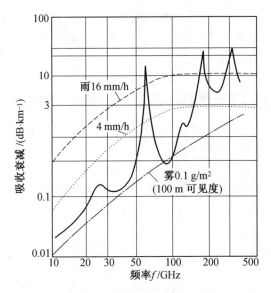

图 4.103　毫米波在大气中的吸收衰减特性

湿度、速度、加速度和冲击震动等各种环境条件下,保证天线的机械公差符合要求。

　　除了前面介绍的四种常用的被动毫米波焦平面成像系统馈源天线,当然还有其他形式的馈源天线,漏波天线和介质谐振天线就是其中的代表。

　　新型均匀漏波天线以低损耗毫米波波导为基础,其辐射泄漏模式可以由两种方式产生。一种方式是沿纵向以一种不对称但均匀的方式对结构进行微扰。它与栅状介质天线的区别在于它是均匀的而不是周期性的,因而这些天线具有均匀开波导的外部特征。均匀微扰的优点是结构简单,在短毫米波段易于加工。这种均匀漏波天线的缺点是使用中缺乏灵活,因为它仅能在前向 1/4 空间辐射,而周期性漏波天线则还能向后向 1/4 空间辐射。均匀开波导产生辐射的第二种方式是采用高阶模式。如果波导结构没有很好地被扰动,这些波导的基模总是被良好地束缚的,但高阶模可形成泄漏辐射,尽管有时仅能发生在某个有限的频段以内。构成漏波天线的均匀扰动毫米波波导的例子是槽沟波导和无辐射介质波导。用作天线的泄漏高阶模式的例子是槽沟波导和微带线。此时,波导尺寸应该选择为仅能传输第一个高阶模,并通过适当的馈电装置保证只激励起这个模式。

　　还有一种典型的馈源天线称为介质谐振器天线。由于介质谐振器的许多优点,近年来它被广泛用作天线——介质谐振器天线(Dielectric Resonant Antenna,DRA)。介质谐振器是最基本的介质器件。早在 1939 年,介质谐振器的概念和理论就已经被提出,但因为没有找到适当的介质材料,这个理论沉睡了 20 多年,未获得实际的发展,到了 20 世纪 60 年代金红石瓷等高介电常数陶瓷($\varepsilon_r \approx 0 \sim 100$)的研制成功,使介质谐振器又开始被人们注意。但是因为金红石瓷的温度系数太高,限制了它的实际应用。20 世纪 70 年代研制了钛酸钡系和钛酸锆系陶瓷,它们的介电常数高,损耗小,温度系数低,才使得介质谐振器实用化。介质谐振器具有体积小、质量轻、品质因数高、稳定性好等优点。特别是便于应用在微带电路或微波集成电路中和毫米波段,近年来受到很大重视,发展很快。当介电常数很高时介质与空气的界面近似于开路面,电磁波在界面上的反射系数接近于 1,这时可以把介质谐振器的表面看成是开路壁,即磁壁。于是介质谐振器成为具有齐次边界条件的封闭系统,即等效开路壁(磁壁)谐振腔。一般介质天线由低损耗、高介电常数的介质材料构成,天线的谐振频率是谐振器形状、大小和材料介电常数的函数。

4.3　馈源天线参数对系统成像性能的影响

4.3.1　对温度灵敏度的影响

毫米波近距离成像系统温度灵敏度可以用式(4.45)估计:

$$\Delta T_{\text{s}} = \frac{T'_{\text{A}} + T_{\text{REC}}}{\eta_1 \eta_{\text{m}} \alpha \gamma \sqrt{B\tau}} \tag{4.57}$$

$$T'_{\text{A}} = \eta_1 \{\eta_{\text{M}} \gamma [\alpha T_{\text{AP}}(\theta,\varphi) + (1-\alpha) T_{\text{op}}] + (1-\eta_{\text{M}}) T_{\text{s}}\} + (1-\eta_1) T_0 \tag{4.58}$$

且

$$T_{\text{REC}} = (N_{\text{f}} - 1) T_{\text{sl}} \tag{4.59}$$

而　　η_{m}——馈源主瓣效率;

　　　η_1——馈源对光路的遮挡效率;

　　　α——机箱面板透射率;

　　　γ——反射板反射效率;

　　　T_{op}——机箱面板亮度温度。

由式(4.45)可以看出,系统温度灵敏度与辐射计性能和馈源天线的技术指标密切相关,确切地说是与实际有损耗天线的天线温度 T'_{A} 有关。而式(4.46)给出了决定有耗天线温度的物理量。从中不难看出,要尽量提高馈源天线的主瓣效率;同时加大馈源天线对光路的遮挡效率 η_1。

4.3.2　对空间分辨率的影响

馈源天线的主瓣宽度、副瓣电平以及阵元互耦等特性都将影响被动毫米波焦平面成像系统的空间分辨率。主瓣宽度过宽、副瓣电平较高都会导致辐射计阵列阵元天线之间的耦合增强,进而恶化成像系统的空间分辨率。另一方面,馈源阵列单元天线形式的选定、阵元天线技术指标的提出和验证、阵元个数和空间排布情况,都由系统的空间分辨率、成像帧频等系统技术指标决定。在后续的章节中会介绍相关内容。

本章参考文献

[1] RUSCH C, SCHAFER J, KLEINY T, et al. W-band vivaldi antenna in LTCC for CW-radar near field. Distance Measurements[C]. Tucson, AZ, USA: IEEE, the 5th European Conference on Antennas and Propagation, 2011: 2124-2128.

[2] BEER S, ZWICK T. Probe based radiation pattern measurements for highly integrated millimeter-wave antennas[C]. Barcelona, Spain: IEEE, the 4th European Confer-

ence on Antennas and Propagation, 2010: 1-5.

[3] 邱景辉,李在青,王宏,等. 电磁场与电磁波[M]. 哈尔滨:哈尔滨工业大学出版社,2001.

[4] 王力卓. 介质集成脊波导缝隙阵列天线的研究[D]. 哈尔滨:哈尔滨工业大学, 2013.

[5] 刘永康. 微带频扫天线阵列研究与设计[D]. 南京:南京理工大学, 2009.

[6] SAMANTA K K. Pushing the envelope for heterogeneity: multilayer and 3-D hetero-geneous integrations for next generation millimeter- and submillimeter-wave circuits and systems[J]. IEEE Microwave Magazine, March-April 2017, 18(2): 28-43.

[7] YI H, QU S W, NG K B, et al. 3-D printed millimeter-wave and terahertz lenses with fixed and frequency scanned beam[J]. IEEE Transactions on Antennas and Prop-agation, Feb. 2016, 64(2): 442-449.

[8] ELBOUSHI A, SEBAK A. MMW sensor for hidden targets detection and warning based on reflection/scattering approach[J]. IEEE Transactions on Antennas and Propagation, Sept. 2014, 62(9): 4890-4894.

[9] CHEN Z, WANG C C, YAO H C, et al. A BiCMOS W-band 2×2 focal-plane array with on-chip antenna[J]. IEEE Journal of Solid-State Circuits, Oct. 2012, 47(10): 2355-2371.

[10] ELBOUSHI A, SEBAK A. High-gain hybrid microstrip/conical horn antenna for MMW applications[J]. IEEE Antennas and Wireless Propagation Letters, 2012, 11: 129-132.

[11] RADENAMAD D, AOYAGI T, HIROSE A. High-sensitivity millimeter-wave ima-ging front-end using a low-impedance tapered slot antenna[J]. IEEE Transactions on Antennas and Propagation, Dec. 2011, 59(12): 4868-4872.

[12] LU Z L, SCHUETZ C A, SHI S Y, et al. Experimental demonstration of self-colli-mation in low-index-contrast photonic crystals in the millimeter-wave regime[J]. IEEE Transactions on Microwave Theory and Techniques, April 2005, 53(4): 1362-1368.

[13] MOOSAZADEH M, KHARKOVSKY S, CASE J T, et al. Improved radiation characteristics of small antipodal Vivaldi antenna for microwave and millimeter-wave imaging applications[J]. IEEE Antennas and Wireless Propagation Letters, 2017, 16: 1961-1964.

[14] AKBARI M, GUPTA S, FARAHANI M, et al. Gain enhancement of circularly po-larized dielectric resonator antenna based on FSS superstrate for MMW applications [J]. IEEE Transactions on Antennas and Propagation, Dec. 2016, 64(12): 5542-5546.

[15] QIAO L, WANG Y, ZHAO Z, et al. Range resolution enhancement for three-di-mensional millimeter-wave holographic imaging[J]. IEEE Antennas and Wireless Propagation Letters, 2016, 15: 1422-1425.

[16] IBRAHIM A A, SARABANDI K. Evaluation of SAR performance degradation in

sparse random media: an analytical study with 2-D scatterers[J]. IEEE Transactions on Antennas and Propagation, Oct. 2014, 62(10): 5219-5229.

[17] MOALLEM M, SARABANDI K. Polarimetric study of MMW imaging radars for indoor navigation and mapping[J]. IEEE Transactions on Antennas and Propagation, Jan. 2014, 62(1): 500-504.

[18] GAO X, LI C, SUN Z, et al. Implementation of step-frequency continuous-wave scheme in millimeter-wave inline holography for interferences elimination[J]. IEEE Antennas and Wireless Propagation Letters, 2013, 12: 1176-1179.

[19] ROZBAN D, AKRAM A A, LEVANON A, et al. W-band chirp radar mock-up using a glow discharge detector[J]. IEEE Sensors Journal, Jan. 2013, 13(1): 139-145.

[20] GAO X, LI C, GU S, et al. Study of a new millimeter-wave imaging scheme suitable for fast personal screening[J]. IEEE Antennas and Wireless Propagation Letters, 2012, 11: 787-790.

[21] MOALLEM M, SARABANDI K. Miniaturized-element frequency selective surfaces for millimeter-wave to terahertz applications[J]. IEEE Transactions on Terahertz Science and Technology, May 2012, 2(3): 333-339.

[22] GUMBMANN F, SCHMIDT L P. Millimeter-wave imaging with optimized sparse periodic array for short-range applications[J]. IEEE Transactions on Geoscience and Remote Sensing, Oct. 2011, 49(10): 3629-3638.

[23] PAN S, CAPOLINO F. Design of a CMOS on-chip slot antenna with extremely flat cavity at 140 GHz[J]. IEEE Antennas and Wireless Propagation Letters, 2011, 10: 827-830,.

[24] GWALA M R, WANG F, SARABANDI K. Study of millimeter-wave radar for helicopter assisted-landing system[J]. IEEE Antennas and Propagation Magazine, April 2008, 50(2):13-25.

[25] RUEGG M, MEIER E, NUESCH D. Capabilities of dual-frequency millimeter wave SAR with monopulse processing for ground moving target indication[J]. IEEE Transactions on Geoscience and Remote Sensing, March 2007, 45(3): 539-553.

[26] PATROVSKY A, WU K. 94-GHz planar dielectric rod antenna with substrate integrated image guide feeding[J]. IEEE Antennas and Wireless Propagation Letters, Dec. 2006, 5(1): 435-437.

[27] ABOUZAHRA M D, AVENT R K. The 100-kW millimeter-wave radar at the Kwajalein Atoll[J]. IEEE Antennas and Propagation Magazine, April 1994, 36(2): 7-19.

[28] NANNAN W, MU F, TIANYAO D, et al. Research on a novel balanced antipodal Vivaldi antenna for MMW imaging system[C]. Okinawa: 2016 International Symposium on Antennas and Propagation (ISAP). 2016: 362-363.

[29] TOGO H, KOJIMA T, MOCHIZUKI S, et al. Reconstruction of MMW near-field image with antenna-radiation-pattern deconvolution processing[C]. Hiroshima: 2013 International Symposium on Electromagnetic Theory. 2013: 423-424.

[30] YUAN Y, MOU J C, LI D, et al. Design of integrated antenna-coupled detector for MMW and Sub-MMW imaging[C]. Chengdu: 2010 International Conference on Microwave and Millimeter Wave Technology. 2010: 1315-1317.

[31] VOLKOV L V, VORONKO A I, KARAPETYAN A R, et al. Imaging peculiarities of MMW quasi-optical systems based on focal plane antenna arrays[C]. San Diego, CA, USA: Twenty Seventh International Conference on Infrared and Millimeter Waves. 2002: 71-72.

[32] QIAO L, WANG Y, LI Z, et al. Algebraic reconstruction technique for millimeter-wave holographic imaging[C]. Hong Kong: 2015 40th International Conference on Infrared, Millimeter, and Terahertz waves (IRMMW-THz). 2015: 1-2.

[33] MOLAEI A, KABOLI M, MIRTAHERI S A, et al. Dielectric lens balanced antipodal Vivaldi antenna with low cross-polarisation for ultra-wideband applications[J]. Microw. , Antennas Propag. , 2014, 8(14): 1137-1142.

[34] KOTA K, SHAFAI L. Gain and radiation pattern enhancement of balanced antipodal Vivaldi antenna[J]. Electron. Lett. , 2011, 47: 303-304.

[35] TENI G, ZHANG N, QIU J, et al. Research on a novel miniaturized antipodal Vivaldi antenna with improved radiation[J]. IEEE Antennas Wireless Propag. Lett. , 2013, 12: 417-420.

[36] FEI P, JIAO Y C, HU W, et al. A miniaturized antipodal Vivaldi antenna with improved radiation characteristics[J]. IEEE Antennas Wireless Propag. Lett. , 2011, 10: 127-130.

[37] OLIVEIRA A D, PEROTONI M, KOFUJI S, et al. A palm tree antipodal Vivaldi antenna with exponential slot edge for improved radiation pattern[J]. IEEE Antennas Wireless Propag. Lett. , 2015, 14: 1334-1337.

第 5 章　被动毫米波近场成像准光理论与聚焦天线

在被动毫米波近场成像系统中,通常,系统所探测的目标都是小尺寸物体,为了获得更多被检测人体和目标的细节,需要实现高空间分辨率的图像。为此,需要在馈源天线与目标平面之间加入聚焦天线,并通过合理分析和设计成像系统的准光路,来提高系统在被探测目标平面的空间分辨率。同时,为了提高成像系统的帧频,实现实时成像,通常需要采用焦平面阵列结合机械扫描的成像体制,该体制要求在馈源天线偏离焦点时被探测目标平面上焦斑畸变较小,即要求聚焦天线要在较宽的角度内实现良好的聚焦特性[1]。

本章主要讨论被动毫米波近场成像的准光理论和聚焦天线的种类,对透镜天线和椭球反射面这两种近场聚焦天线进行详细的理论分析,并通过具体的实例给出天线设计、仿真和测试的方法。

5.1　聚焦天线种类及特点

多波束聚焦天线种类较多,常用的主要分为三类:一是利用反射实现聚焦的金属反射面天线,二是利用折射实现聚焦的透镜天线,三是利用相控阵原理的多波束相控阵天线。三种聚焦元件的特点见表 5.1[2]。

表 5.1　三种多波束聚焦元件比较

天线类型	优点	缺点
反射面天线	结构简单 质量轻	馈源阵列存在 光路遮挡
透镜天线	对光路无遮挡 良好的宽角扫描性能 设计自由度大	存在表面失配和介质损耗 电大尺寸质量和体积太大
多波束相控阵天线	没有泄漏损失 无口径遮挡 波束可控	存在馈电网络损耗 频带窄 结构复杂

在毫米波波段,波长很短,对反射面天线加工精度要求较高,特殊类型的反射面(如偏置椭球反射面)加工成本较高;多波束相控阵天线在毫米波段主要缺点是馈电网络损耗很大。相比于微波低频段,多波束透镜天线在毫米波段的体积及质量都较小,符合应用的要求,结合其宽角扫描特性可以获得良好的工作性能。

5.2　透镜天线

透镜天线根据其材料可分为介质透镜天线和金属透镜天线(人工介质)。介质透镜的折射率 n,即比值 c/v(c 为真空中光速,v 为介质中光速)大于 1,而人工介质的折射率可以大于 1 也可以小于 1;折射率 n 大于 1 的透镜称为延迟透镜,折射率 n 小于 1 的透镜称为加速透镜。另外,还可根据透镜形状分为双曲透镜、球透镜;根据透镜折射面分为单折射面透镜和双折射面透镜;根据透镜分区情况分为分区透镜和不分区透镜;根据透镜折射率变化关系分为普通透镜和变折射率透镜等[3]。

由于介质透镜天线在性能和成本方面的优势,近场毫米波成像系统中多采用介质透镜作为主要聚焦元件。

5.2.1　准光路设计方法与过程

对毫米波成像系统准光路子系统进行单独研究,不仅因为准光路系统关系到系统关键性能参数,而且准光路研究对象为近场成像方式,不同于远场工作方式的射电天文学与红外成像,其特殊性也决定了毫米波准光学技术研究的必要性。

毫米波准光学技术研究内容主要可分为三部分,一是系统参数的设计,针对系统视域范围、工作距离、所需元件指标进行设计;二是系统聚焦元件设计;三是天线阵列排布及扫描方式的研究。系统参数的计算是设计的关键,只有在系统参数确定的条件下才能设计高性能的系统元件并使各元件良好匹配,获得最佳系统性能,聚焦元件的设计能提高系统空间分辨率,尤其是透镜的设计关系到系统能否获得足够小尺寸的焦斑,而天线阵列的设计决定了系统的空间采样率,结合透镜形成的焦斑确定系统空间分辨率。

如前文所述,毫米波波长介于微波与红外线之间,其特性决定了需要采用特殊的方法对其进行研究。本节主要研究准光路设计的典型方法及原理,通过对几种典型的准光路设计方法的比较和分析,选择最适合毫米波段的方法设计近场毫米波成像系统的准光路;透镜天线的设计将在下节研究。

1. 准光路设计典型方法

准光学技术的提出到现在已经有 50 余年历史,随着研究手段的发展,准光学技术的研究方法也在不断改进。从最简单的光学近似到基于麦克斯韦方程组精确解的全波分析方法,如今典型的近场毫米波成像准光学系统设计方法可大致分为以下几种:

(1)几何光学法。

将几何光学法应用到毫米波段是因为毫米波段波长较短,体现出一定的光学性质,利用这种似光性,采用光学中的射线追迹法研究毫米波传播特性。不同于物理光学,几何光学不考虑光的本性,研究的是光的传播规律和传播现象。

①几何光学法基本定律。

(a)光的直线传播定律。光线在均匀透明介质中按直线传播。

(b)光的独立传播定律。从不同光源发出的光线通过空间或介质中的某点时各光线互不影响。

（c）光的反射和折射定律。如图 5.1 所示，入射光 A 从介质 1 中以入射角 i 投在两种介质的分界面上，其中一部分光线在分界面上以反射角 r 反射回介质 1，称为反射光 B；另一部分光线穿过分界面以折射角 d 进入介质 2 中，称为折射光 C，则入射光线与法线所在的平面称为入射面，而反射定律与折射定律可表述如下：

反射定律：反射光位于入射面内，反射光与入射光在法线两侧；反射角 r 等于入射角 i。

折射定律：折射光位于入射面内，折射光与入射光在法线两侧；入射角和折射角满足

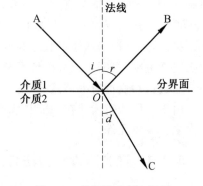

$$\frac{\sin i}{\sin d} = n_{21} \tag{5.1}$$

其中　n_{21}——介质 2 相对介质 1 的折射率。

②几何光学法的基本原理。

（a）光路可逆原理。根据几何光学法的基本定律可知光线的传播具有可逆性。

图 5.1　光线的反射和折射

（b）费马原理。费马原理利用光程的概念描述光的传播规律，光程是指光在介质中传播的几何路程 l 与介质的折射率 n 的乘积 s：

$$s = l \times n \tag{5.2}$$

则光从一点传播到另一点，期间无论经过多少次折射或反射，其光程为极值，即光沿光程为极值的路径传播。费马原理或称为射径的电（或光）长度等同性原理，是描述光线传播的基本规律，无论是光线的直线传播或是光的反射及折射定律，都可由费马原理直接导出[4]。

③射线追迹法（Ray-tracing）。对于任意给定的一束入射电磁波可将其分为垂直极化与水平极化两个分量，前者的电场矢量垂直于入射面，后者的电场矢量平行于入射面，即

$$\boldsymbol{E}_i = \boldsymbol{E}_\parallel + \boldsymbol{E}_\perp \tag{5.3}$$

式中　$\boldsymbol{E}_\parallel$——水平极化波；

　　　$\boldsymbol{E}_\perp$——垂直极化波。

根据介质的边界条件：

$$E_{1t} = E_{2t}, \quad H_{1t} = H_{2t} \tag{5.4}$$

可得

$$\begin{cases} E_i + E_r = E_t \\ \dfrac{E_i}{\eta_1} \cos i - \dfrac{E_r}{\eta_1} \cos i = \dfrac{E_t}{\eta_2} \cos d \end{cases} \tag{5.5}$$

式中　E_i——入射波电场强度；

　　　E_r——反射波电场强度；

　　　E_t——透射波电场强度；

　　　η_1——媒质 1 的特性阻抗；

　　　η_2——媒质 2 的特性阻抗。

则垂直极化波和水平极化波的菲涅尔传输系数 T 和反射系数 R 可表示为

$$\begin{cases} R_\perp = \left(\dfrac{E_\mathrm{r}}{E_\mathrm{i}}\right)_\perp = \dfrac{\eta_2 \cos i - \eta_1 \cos d}{\eta_2 \cos i + \eta_1 \cos d} \\[3mm] T_\perp = \left(\dfrac{E_\mathrm{t}}{E_\mathrm{i}}\right)_\perp = \dfrac{2\eta_2 \cos i}{\eta_2 \cos i + \eta_1 \cos d} \\[3mm] R_\parallel = \left(\dfrac{E_\mathrm{r}}{E_\mathrm{i}}\right)_\parallel = \dfrac{\eta_2 \cos d - \eta_1 \cos i}{\eta_1 \cos i + \eta_2 \cos d} \\[3mm] T_\parallel = \left(\dfrac{E_\mathrm{t}}{E_\mathrm{i}}\right)_\parallel = \dfrac{2\eta_2 \cos i}{\eta_1 \cos i + \eta_2 \cos d} \end{cases} \tag{5.6}$$

利用上式即可由入射电场求出出射电场：

$$\begin{cases} \boldsymbol{E}_{\parallel \mathrm{t}} = T_\parallel \, \boldsymbol{E}_{\parallel \mathrm{i}} \\ \boldsymbol{E}_{\perp \mathrm{t}} = T_\perp \, \boldsymbol{E}_{\perp \mathrm{i}} \end{cases} \tag{5.7}$$

而出射磁场可由下式决定：

$$\boldsymbol{H} = \frac{1}{\eta} \boldsymbol{n} \times \boldsymbol{E} \tag{5.8}$$

式中　$\boldsymbol{n}$——出射电磁波传播方向。

至此出射电磁波可完全由入射电磁波描述。

几何光学法的优点是设计简单,通过简单的几何射线追踪即可得到毫米波传播特性,在复杂系统研究时具有计算成本优势。但几何光学法在毫米波段的不足也是明显的,由于毫米波的波长是可见光波长的数万倍,其衍射特性已不是几何光学法可描述的。但在介质透镜与自由空间分界面上,几何光学法是唯一有效的研究电磁波传播规律的方法,这也是分析电大尺寸透镜的有效方法。

(2) 高斯波束法。

① 高斯波束定义。电场具有二维高斯分布特性且极化方向垂直于传播方向的电磁波称为高斯波束[5]。高斯波束对电磁波传播的描述如图 5.2 所示。

实践证明高斯波束法在毫米波段具有较高的准确性,即对毫米波传播特性的拟合程度较高,是一种广泛应用的电磁场分布模型。高斯波束要求辐射源口径不能太小,辐射方向相对集中。另外,高斯波束法不是电磁波动方程严格解,但因为其简单有效且精度较高,在准光学技术中得到了广泛应用[6]。

② 高斯波束的推导及特性。高斯波束法的推导可由近轴波动方程的解得到,其推导过程如下。

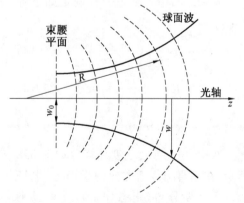

图 5.2　高斯波束示意图

由分布场满足亥姆霍兹方程：

$$\frac{\partial^2 u}{\partial x^2} + \frac{\partial^2 u}{\partial y^2} + \frac{\partial^2 u}{\partial z^2} + k^2 u = 0 \tag{5.9}$$

式中　k——波数,$k = 2\pi/\lambda$。

设电磁波沿 z 轴方向传播,在不考虑电磁波时域特性时,分布场可写为

$$u = \psi(x, y, z) \cdot \exp(-ikz) \tag{5.10}$$

式中　$\psi(x, y, z)$——场的幅值分布。

则在满足近轴条件：

$$|\partial^2 \psi / \partial z^2| \ll 2k \cdot |\partial \psi / \partial z| \tag{5.11}$$

时，式(5.9)可写成

$$\frac{\partial^2 \psi}{\partial x^2} + \frac{\partial^2 \psi}{\partial y^2} - 2ik \frac{\partial \psi}{\partial z} = 0 \tag{5.12}$$

式(5.12)即为近轴波动方程，该式的解在笛卡儿坐标系下为高斯－赫米特(Gauss-Hermite)多项式，在柱坐标系下为高斯－拉盖尔(Gaussian－Laguerre)多项式[7]。其解的高次模在一般场分布或某些特定情况具有重要作用，但在高斯波束系统中不需要考虑高次解，只需考虑基模解[8]。

由柱坐标系下归一化功率为 1 可得到近轴条件下式(5.9)的解为

$$u = \left(\frac{2}{\pi w^2}\right)^{0.5} \exp\left(-r^2/w^2 - ikz - \frac{i\pi r^2}{\lambda R} + i\varphi\right) \tag{5.13}$$

式中　w——场强下降到光轴上 $1/e$ 时所对应的波束半径；

　　　r——场点到光轴距离；

　　　k——玻耳兹曼常数；

　　　R——球面波的曲率半径；

　　　λ——波长；

　　　φ——固定相差。

指数项前的系数是为了使功率归一化，指数项中的第一项为高斯波束的幅度分布，第二项为沿 z 方向传播平面波的相位变化，第三项为垂直于传播方向平面波与相位波前曲率半径 R 之间的相位差，最后一项为附加相位变化，仅在束腰附近变化剧烈。

式(5.13)中各变量分别满足如下各式：

$$w = w_0 \cdot \left[1 + \left(\frac{\lambda z}{\pi w_0^2}\right)^2\right]^{0.5} \tag{5.14}$$

$$R = z + \left(\frac{\pi w_0^2}{\lambda^2}\right)/z \tag{5.15}$$

$$\varphi = \arctan\left(\frac{\lambda z}{\pi w_0^2}\right) \tag{5.16}$$

其中，电场幅度的变化规律如图 5.3 所示，在垂直于传播方向的平面上，电场幅度呈高斯分布(正态分布)，在束腰平面上电场能量最集中，所对应的波束半

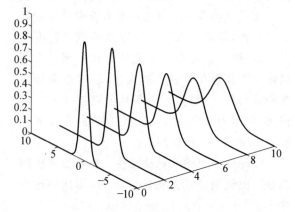

图 5.3　高斯波束归一化电场幅值示意图

径最小，即为束腰半径；沿着电磁波传播方向，能量逐渐扩散，光轴上能量下降，波束半径按式(5.14)增大。

在垂直于传播方向的平面上，电场强度分布为

$$E(r)/E(0) = \exp\left[-(r/w(z))^2\right] \tag{5.17}$$

　　明显地,该式表明在垂直于电波传播方向的平面上,电场分布为高斯分布,且到光轴距离为 w 时的电场强度是光轴上场强的 $1/e$。由图 5.4 可以看出在垂直于电波传播方向的平面上电场在不同位置条件下都服从高斯分布,只是所对应的波束半径 $w(z)$ 与光轴上电场幅值 $E(0)$ 不同。

　　定义共焦长度或瑞利(Rayleigh)长度为

$$z_c = \pi w_0^2 / \lambda \tag{5.18}$$

则式(5.14)~(5.16)可化简为

$$w = w_0 \cdot [1 + (z/z_c)^2]^{0.5} \tag{5.19}$$

$$R = z + z_c^2 / z \tag{5.20}$$

$$\varphi = \arctan(z/z_c) \tag{5.21}$$

至此可得到各参量关于传播距离 z 的关系图如图 5.5 所示。

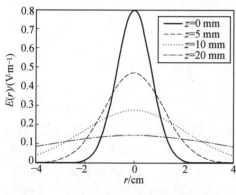

图 5.4　不同波束半径下电场分布

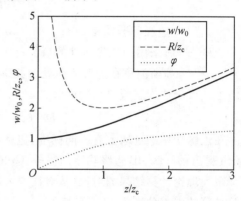

图 5.5　高斯波束归一化参量变化示意图

　　另外,波束半径与曲率半径可通过一个复杂波束参数 q 统一起来:

$$q = z + iz_c \tag{5.22}$$

则由 q 的倒数可以得到

$$1/q = 1/R - \frac{i\lambda}{\pi w^2} \tag{5.23}$$

　　从以上讨论中可以总结出高斯波束的基本性质。高斯波束振幅随离轴距离 r 的增大而减小,呈高斯分布;高斯波束在 z 处的等相位面是曲率半径为 $R(z)$ 的球面,而在束腰平面,即 $z=0$ 平面处的曲率半径 $R(z) \to \infty$,曲率中心在无穷远处,为平面波;沿着电波传播方向,$R(z)$ 由无穷大变小,曲率中心由 $z \to \infty$ 向 $z=0$ 点移动。在 $z = \pi w_0^2 / \lambda$ 处,$R = 2\pi w_0^2 / \lambda$,曲率中心在 $z = -\pi w_0^2 / \lambda$,此时曲率半径最小。随着电波沿 z 方向继续增大,$R(z)$ 又逐渐增大,当电磁波传播到无穷远时,$R(z) \to \infty$,相位中心为 $z=0$。高斯波束的等相位面近似为球面,但与点源发出的球面波不同,它属于变心球面波,即波前曲率中心位置随波面位置而变化。另外,由式(5.14)与式(5.15)可知,当 λ 与 w_0 确定时,则 $R(z)$、$w(z)$、$\varphi(z)$ 及 $E(r)$ 随 z 的变化可完全确定,即高斯波束的特性也就完全确定[9]。因此,w_0 可作为高斯波束法设计的起点,在工作频率确定后,即可确定整个高斯波束波形,进而完成对准光路系统的设计。

　　高斯波束法的另一特点是它能对包含多个聚焦元件或多个准光学器件的复杂准光路系

统进行分析。不同于电磁全波分析法,高斯波束法只对电磁波传播特性,尤其是场强分布的宏观特性进行描述,在一些复杂系统中能对电波传播特性有效分析,避免了繁杂的公式推导与计算[10,11]。

③高斯波束的截断效应。根据高斯波束的正态分布特性,有限口径的聚焦元件必然对高斯波束存在截断,不同的截断效果意味着通过聚焦元件聚焦能量的多少。聚焦元件的半径越大,绕射过聚焦元件的电磁波越少,高斯波束法的设计精度越高,系统所能获得的焦斑尺寸也越小;但聚焦元件过大会使系统体积过于庞大,提高加工难度最终导致系统成本过高。因此需要考虑采用有限口径的聚焦元件,同时考虑聚焦元件对高斯波束的截断效应。

聚焦元件对高斯波束的截断效应可由波束在聚焦元件边缘的功率相对于光轴上功率的比值定义:

$$T_E = -20 \lg \exp\left(-\frac{D^2}{4w^2}\right) \tag{5.24}$$

式中　T_E——边缘截断功率,dB;

　　　D——所采用的聚焦元件的口径;

　　　w——高斯波束在透镜表面处的波束半径。

上式可表达为透镜口径的函数:

$$D = 0.678\ 4w \cdot [T_E]^{\frac{1}{2}} \tag{5.25}$$

在边缘功率的选取上有不同标准,包括 Belland 和 Creen 提出的 -44 dB[12]以及 Goldsmith 提出的 -20 dB 边缘功率。另外,Goldsmith 还给出了不同边缘功率条件下设计结果与无限大理论计算结果的对比,从对比中可以看出,-33 dB 与 -20 dB 的边缘功率标准与理论计算的误差分别为 11.6% 与 15%,但前者的聚焦元件尺寸是后者的 1.3 倍。考虑到实用性与准确性的折中,采用 -20 dB 边缘功率进行设计,则式(5.25)可写为

$$D = 3.04w \tag{5.26}$$

④估算馈源天线增益。由式(5.14)可以看出,一定位置的波束半径与束腰半径间有明确的关系,只要确定了束腰半径,根据某处波束半径与天线增益间的关系就可以利用天线的束腰半径估算天线增益。

由天线增益估算公式[13]:

$$G \approx \frac{4\pi}{\theta_{HPBW}^2} \tag{5.27}$$

式中　θ_{HPBW}——天线的主瓣半功率波束角度,rad;

则在距离天线相位中心 z 处时可确定半功率波束半径 w' 为

$$w' = \frac{1}{2}\theta_{HPBW} \cdot z \tag{5.28}$$

由高斯波束法,距天线 z 处的波束宽度可用式(5.14)表示,当满足条件

$$\frac{\lambda z}{\pi w_0^2} \gg 1 \tag{5.29}$$

时,式(5.14)可用泰勒级数展开为

$$w = w_0 \cdot \frac{\lambda z}{\pi w_0^2}\left[1 + \left(\frac{\pi w_0^2}{\lambda z}\right)^2\right]^{\frac{1}{2}} \approx \frac{\lambda z}{\pi w_0} \tag{5.30}$$

考虑到(5.28)与(5.30)中 w' 与 w 分别对应半功率波束半径和 $1/e$ 场强波束半径,由(5.17)可建立两者关系:

$$\frac{E(w')}{E(0)} = \exp\left[-(w'(z)/w(z))^2\right] = \frac{\sqrt{2}}{2} \tag{5.31}$$

化简可得

$$\theta_{\mathrm{HPBW}} \approx \frac{1.18\lambda}{\pi w_{01}} \tag{5.32}$$

将上式代入(5.27)中可得增益与天线束腰半径之间关系为

$$G \approx \frac{89.1 w_{01}^2}{\lambda^2} \tag{5.33}$$

(3) $ABCD$ 矩阵法。

由式(5.23)可知,当 $\lambda \rightarrow 0$ 时,$q = R$,即高斯波束法与几何光学法在极高频率时具有统一性。因此,提出一种将高斯波束系统类似于几何光学法的线性化处理的方法,设高斯波束中波束的位置参数 r 与该点斜率 r' 如图 5.6 所示。则由输入与输出波束之间波束位置与斜率关系可推导出两参数间关系为

$$r_{\mathrm{out}} = A \cdot r_{\mathrm{in}} + B \cdot r'_{\mathrm{in}}$$
$$r'_{\mathrm{out}} = C \cdot r_{\mathrm{in}} + D \cdot r'_{\mathrm{in}} \tag{5.34}$$

写成矩阵形式即为

$$\begin{bmatrix} r_{\mathrm{out}} \\ r'_{\mathrm{out}} \end{bmatrix} = \begin{bmatrix} A & B \\ C & D \end{bmatrix} \cdot \begin{bmatrix} r_{\mathrm{in}} \\ r'_{\mathrm{in}} \end{bmatrix} \tag{5.35}$$

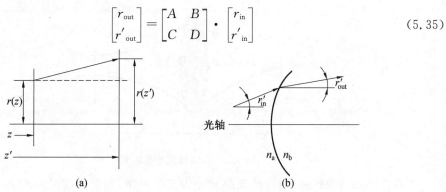

图 5.6　高斯波束位置参数 r 与该点斜率 r' 示意图

不同情况下可针对不同情况建立方程求解相应的 $ABCD$ 矩阵。常见 $ABCD$ 矩阵见表 5.2。

表 5.2　常见 $ABCD$ 矩阵

均匀媒质中相距为 L	焦距为 f 的薄透镜	n_1 媒质中厚度为 d,折射率为 n_2 的厚透镜	焦距为 f_1 和 f_2 的一对薄透镜
$\begin{bmatrix} 1 & L \\ 0 & 1 \end{bmatrix}$	$\begin{bmatrix} 1 & 0 \\ -1/f & 1 \end{bmatrix}$	$\begin{bmatrix} 1 + \dfrac{(n_2 - n_1)d}{n_2 R_1} & \dfrac{n_1 d}{n_2} \\ -1/f - \dfrac{d(n_2 - n_1)^2}{n_1 n_2 R_1 R_2} & 1 + \dfrac{(n_1 - n_2)d}{n_2 R_2} \end{bmatrix}$	$\begin{bmatrix} -f_2/f_1 & f_1 + f_2 \\ 0 & -f_1/f_2 \end{bmatrix}$

　　$ABCD$ 矩阵法是高斯波束法的延伸,最主要应用于存在聚焦元件的准光路系统聚焦效果计算,利用输入波束束腰半径、束腰与透镜距离以及透镜焦距即可获得输出端束腰半径及到透镜距离。公式推导过程如下:

　　近轴条件下,r 和 r' 可以确定入射波束波前球面半径 R:

$$R=\frac{r}{r'} \tag{5.36}$$

则利用 $ABCD$ 矩阵法可得出射波束曲率半径与入射波束曲率半径间关系为

$$R_{\text{out}}=\frac{AR_{\text{in}}+B}{CR_{\text{in}}+D} \tag{5.37}$$

　　类似地,q 参量满足

$$q_{\text{out}}=\frac{Aq_{\text{in}}+B}{Cq_{\text{in}}+D} \tag{5.38}$$

　　从 $ABCD$ 矩阵的定义方式可以看出 $ABCD$ 矩阵法具有级联性质,即对于级联网络,可采用矩阵相乘的方法研究。利用这个性质可将带有聚焦元件的准光路系统划分为若干网络,对每个简单的网络分别求其 $ABCD$ 矩阵并相乘即可得到整个准光路系统的 $ABCD$ 矩阵并求解系统参数。

　　如图 5.7 所示,波束传输起点为左侧束腰 w_{01},经过距离 d_1 传播后到达透镜,透镜对波束转换,把球面波半径 R_1 转变为 R_2,聚焦于距离透镜 d_2 的位置,束腰半径为 w_{02}。

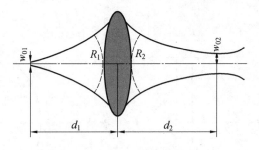

图 5.7　高斯波束变换示意图

　　波束按高斯波束传播,将该准光路划分为三个网络,则整个准光路的 $ABCD$ 矩阵可写为

$$\boldsymbol{M}=\begin{bmatrix}1 & d_2\\ 0 & 1\end{bmatrix}\cdot\begin{bmatrix}A & B\\ C & D\end{bmatrix}\cdot\begin{bmatrix}1 & d_1\\ 0 & 1\end{bmatrix}$$

$$=\begin{bmatrix}A+Cd_2 & Ad_1+B+d_2(Cd_1+D)\\ C & Cd_1+D\end{bmatrix} \tag{5.39}$$

令 $q_{\text{in}}=iz_c$,结合式(5.37)和式(5.38)可得

$$q_{\text{out}}=\frac{(A+Cd_2)iz_c+(A+Cd_2)d_1+(B+Dd_2)}{Ciz_c+Cd_1+D} \tag{5.40}$$

将透镜视为薄透镜,则 q 参数满足薄透镜成像公式,即

$$\frac{1}{q_{\text{in}}}-\frac{1}{f}=\frac{1}{q_{\text{out}}} \tag{5.41}$$

则由式(5.40)和式(5.41),输出波束聚焦位置与波束半径可分别由下式计算:

$$d_2 = f \cdot \left[1 + \frac{d_1/f - 1}{(d_1/f - 1)^2 + z_c^2/f^2} \right] \tag{5.42}$$

$$w_{02} = \frac{w_{01}}{\left[(d_1/f - 1)^2 + z_c^2/f^2 \right]^{0.5}} \tag{5.43}$$

$ABCD$ 矩阵法是利用极高频率下高斯波束与光学方法的近似来研究高斯波束特性,其优点在于计算简便,系统参数都由明确的解析式计算,且对于网络和级联系统研究很方便。但其不足也是明显的,由于未考虑厚透镜中波束的相位变化、场强分布以及透镜对高斯波束的截断,因此该方法应用在毫米波段存在一定误差,但在薄透镜系统中这些近似对系统设计误差影响较小,因此该方法适用于薄透镜系统。

(4)混合设计法。

混合设计法如图 5.8 所示,针对整个准光路系统不同部分采用不同设计方法,融合了几何光学、高斯波束以及全波分析方法:从馈源天线到透镜入射面表面采用高斯波束法分析,透镜内的电磁传播采用几何光学法研究,从透镜出射面到远场或某一特定平面的电场分布分析采用基于惠更斯定律的全波分析方法研究。

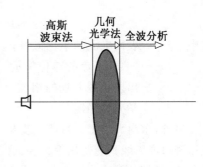

图 5.8　混合设计法示意图

在混合设计法中,高斯波束法设计部分主要研究电磁波从馈源出发到达透镜入射面时的电场分布;几何光学部分主要研究透镜表面电磁波的折射、反射与透射,并得到透镜出射面的电场及相位分布,而全波分析法则是求出最终辐射场的关键。

全波分析法是根据天线口径上的场分布用惠更斯原理求出辐射场。惠更斯原理认为:某一初级源所产生的波阵面上的任意点都是球面波的次级源,因此从包围源的表面发出的场,可以认为是这一表面上所有的点所辐射的球面波场的总和。Stratton−Chu 矢量衍射积分公式为惠更斯原理的数学表达式,可以求出透镜的焦区场分布[37]:

$$\boldsymbol{E}_p = -\frac{\mathrm{i}}{4\pi \omega \varepsilon} \int_s \left[-(\nabla \cdot \boldsymbol{J})\nabla + k^2 \boldsymbol{J} - \mathrm{i}\omega\varepsilon\,\boldsymbol{J}_m \times \nabla \right] \frac{\exp(-\mathrm{i}k r_s)}{r_s} \mathrm{d}s \tag{5.44}$$

$$\boldsymbol{J} = \boldsymbol{n} \times \boldsymbol{H}, \quad \boldsymbol{J}_m = -\boldsymbol{n} \times \boldsymbol{E} \tag{5.45}$$

式中　s——透镜出射口径面;

r_s——出射口径上源点与像场点之间的距离;

k——透镜中波数;

$\boldsymbol{E}$——透镜出射口径面上电场;

$\boldsymbol{H}$——透镜出射口径面上磁场;

$\boldsymbol{J}$——透镜表面电流矢量;

$\boldsymbol{J}_m$——透镜表面磁流矢量。

将式(5.44)分成三项:

$$\boldsymbol{E}_p = \boldsymbol{E}_{p1} + \boldsymbol{E}_{p2} + \boldsymbol{E}_{p3} \tag{5.46}$$

其中

$$E_{p1} = -\frac{ik^2}{4\pi u\varepsilon} \int_s \left(\mathbf{J} - \sqrt{\frac{\varepsilon}{\mu}} \mathbf{J}_m \times \frac{\mathbf{r}_s}{r_s} \right) \frac{\exp(-ikr_s)}{r_s} \mathrm{d}s \tag{5.47}$$

$$E_{p2} = -\frac{i^2 k}{4\pi u\varepsilon} \int_s \left[(\mathbf{J} \cdot \mathbf{r}_s) \mathbf{r}_s + \sqrt{\frac{\varepsilon}{\mu}} \mathbf{J}_m \times \frac{\mathbf{r}_s}{r_s} \right] \frac{\exp(-ikr_s)}{r_s^2} \mathrm{d}s \tag{5.48}$$

$$E_{p3} = -\frac{i}{4\pi u\varepsilon} \int_s (\mathbf{J} \cdot \mathbf{r}_s) \mathbf{r}_s \frac{\exp(-ikr_s)}{r_s^3} \mathrm{d}s \tag{5.49}$$

式中　$\mathbf{r}_s$——源点指向场点的单位矢量。

根据惠更斯原理,每一波阵面都是前一波阵面上初级源的振幅和相位叠加,因此需要考虑各子波到达场点的相位差。根据等效原理,只需关注表面电流和表面磁流:

$$\mathbf{J} = \mathbf{j} |\mathbf{J}| \exp(-i\varphi) \tag{5.50}$$

$$\mathbf{J}_m = \mathbf{j}_m |\mathbf{J}_m| \exp(-i\varphi) \tag{5.51}$$

式中　$\mathbf{j}$——表面电流的单位矢量;

$\mathbf{j}_m$——表面磁流的单位矢量;

φ——出射口径上场的相位分布,由馈源到透镜部分的高斯波束及透镜内的几何光学方法确定。

另外,东南大学窦文斌等人提出一种更为简便的混合设计方法,采用几何光学法中的射线追踪研究天线到透镜出射口径面的准光路传播,确定透镜出射口径面上的电场幅度和相位分布,再借助全波分析法分析由透镜表面场分布所获得的聚焦场分布[14-16]。

混合设计法的优点是计算准确,借助计算机辅助设计能够获得准确的光路设计参数。但由于计算远场的全波分析需要对整个口径面进行积分,不但积分计算十分复杂,而且聚焦元件的口径往往是波长的数百到数千倍,如果计算场点离透镜距离很远则导致积分计算的计算量很大,因此整个设计过程复杂,导致系统设计成本提高。

(5)典型准光路设计方法总结。

综合以上几种典型准光路设计方法的特点,从计算方法、计算难度、复杂程度、准确性以及适用范围进行比较可得到表 5.3。

表 5.3　设计方法特点比较

设计方法	几何光学	高斯波束	ABCD 矩阵	混合设计
计算方法	费马原理和折射定律	基模高斯波束	基模高斯波束	高斯波束＋几何光学＋惠更斯原理
计算速度	很快	较快	较快	慢
复杂度	简单	较简单	较简单	复杂
适用范围	透镜内部及薄透镜系统	任何准光路系统	薄透镜系统	任何准光路系统
准确性	差	较好	较差	很好

从表 5.3 中可以看出,混合设计法的设计准确性最好,在高精度要求情况下是最佳设计方法,但其设计方法过于复杂,计算量很大,设计成本较高;几何光学法与 ABCD 矩阵法设

计难度都比较低,容易快速设计准光路系统,但准确性较差,且适用范围局限在薄透镜系统;高斯波束法平衡了计算难度、计算速度与设计准确性,从综合的角度看是最佳设计方法。因此采用高斯波束法为主设计准光路系统参数,结合几何光学法分析透镜内的电磁传播以研究整个准光路系统。

2. 准光路设计步骤

准光路设计关系到系统关键参数,但成像系统中的空间分辨率与视域范围存在矛盾,需要合理的设计步骤兼顾两者。另外,虽然准光学技术发展已经有数十年历史,有成熟的设计方法可以参考,但准光路的设计步骤一直以来都不是非常明确。文献[6]中作者以已有透镜口径为出发点设计准光路系统,显然不能获得最佳系统参数;文献[17]及文献[16]中只给出了设计方法和结果,并没有提到准光路设计起点及步骤;文献[18]中准光路指标都由作者提出,并没有设计依据以及设计过程。因此有必要对准光路设计起点及设计过程进行研究。

如图 5.9 所示,考察最简单焦面阵成像方式的准光路系统,不考虑扫描成像,则水平或垂直方向视域范围和采样率只与天线排布有关。这样的准光路系统能排除由扫描系统或其他系统结构带来的误差。

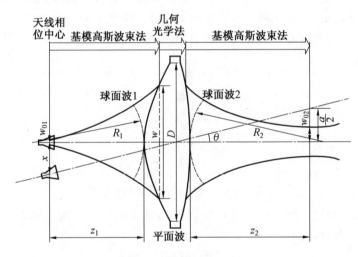

图 5.9　准光路系统示意图

准光路设计方法采用高斯波束法分析馈源到透镜以及透镜出射口径面到聚焦位置的光路传播,结合几何光学法分析透镜中电磁传播。准光路的设计起点为系统的视域范围和焦斑大小,由视域范围确定系统物距,将焦斑视作一个全向天线的束腰,电磁波按照高斯波束从该天线辐射并被透镜接收,由该处的截断效应要求确定透镜尺寸,之后确定透镜在像方聚焦特性,最后根据聚焦特性对馈源天线提出要求。

设系统工作中心波长为 λ,在天线排布方向构成视域宽度 a,系统要求焦斑大小为 2δ,接收天线阵列只考虑简单的线阵排布。如图 5.9 所示,设计步骤如下:

(1)确定物距 z_2。由要求的视域宽度 a 与聚焦元件可用视场角范围 $\pm\theta$ 得

$$z_2 = \frac{a}{2\tan\theta} \qquad (5.52)$$

(2)确定透镜尺寸 D。焦平面上焦斑 2δ 是由 -3 dB 波束宽度确定,而高斯波束法中的

束腰半径对应的是光轴上场强大小的 $1/e$，因此可以由式(5.17)建立焦斑尺寸与束腰半径之间的关系为

$$\frac{E(\delta)}{E(0)}=\exp\left[-\left(\frac{\delta}{w(z_2)}\right)^2\right]=\frac{\sqrt{2}}{2} \tag{5.53}$$

考虑到 $w(z_2)=w_{02}$，上式化简后可得到系统焦斑尺寸与高斯波束束腰半径之间的关系为

$$\begin{cases} \sqrt{2}/2=\exp\left[-((\delta/2)/w_0)^2\right] \\ \delta=1.18w_0 \end{cases} \tag{5.54}$$

则由式(5.14)得

$$w=\delta\cdot\left[1+1.94\left(\frac{\lambda z}{\pi\delta^2}\right)^2\right]^{0.5}/1.18 \tag{5.55}$$

至此可由式(5.26)结合式(5.55)得到满足系统要求的透镜口径，即

$$D=2.58\delta\cdot\left[1+1.94\left(\frac{\lambda z}{\pi\delta^2}\right)^2\right]^{0.5} \tag{5.56}$$

(3)确定像距 z_1。如图5.10所示，像距的选择关系到天线排布，太大的像距导致天线排布分散，增大系统尺寸；太小的像距则导致天线排布困难的问题。一般选取系统 F 数(即 f/D)不大于1.25，这样能使天线排布合理且系统结构紧凑[17]。

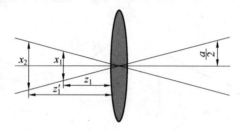

图5.10　像距对天线排布影响示意图

这里选择与文献[19]相同的系统 F 数为1.2，即 $f/D=1.2$，则当辐射计阵列摆放在透镜焦距处时，系统最佳，此时

$$z_1=1.2D \tag{5.57}$$

由此可以确定偏轴角最大的天线到光轴上距离为

$$x=\tan\theta\times1.2D=1.2D\tan\theta \tag{5.58}$$

(4)确定天线束腰半径 w_{01}。式(5.55)确定了物方到透镜处的波束半径，将透镜设计为如图5.9所示，即把球面波2转化为平面波，则从透镜阴暗面到照明面的波束半径不变，从透镜照明面出射的波束半径即为 w，根据光路可逆可以由式(5.14)变换得到天线束腰半径与距离 z 处波束半径之间的关系为

$$w_{01}=\frac{w}{\sqrt{2}}\left\{1-\left[1-\left(\frac{2\lambda z_1}{\pi w^2}\right)^2\right]^{\frac{1}{2}}\right\}^{\frac{1}{2}} \tag{5.59}$$

但确定天线束腰半径 w_{01} 后应验证是否满足文献[20]中 $w_0\geqslant0.9\lambda$ 的条件，否则应考虑高阶高斯波束法以修正波束。

(5)确定所需天线增益。结合式(5.33)和(5.59)可确定满足系统要求的天线增益：

$$G = \frac{89.1 w_{01}^2}{\lambda^2} \tag{5.60}$$

更精确的设计指标应当针对天线的波束宽度,要求馈源天线的 -20 dB 波束角与天线对向透镜的张角一致,即天线的 -20 dB 波束正好覆盖透镜。

(6)确定透镜焦距。由于透镜设计是对电磁波相位的转换,因此需要确定电磁波到达透镜表面时对应的球面波曲率半径以确定透镜焦距。由式(5.15)可得

$$R_1 = z_1 + (\pi w_{01}^2 / \lambda^2) / z_1 \tag{5.61}$$

$$R_2 = z_2 + (\pi w_{02}^2 / \lambda^2) / z_2 \tag{5.62}$$

式中　R_1——馈源天线发射的电磁波到达透镜表面所对应的球面波曲率半径;

　　　R_2——目标物体辐射出的电磁波到达透镜表面所对应的球面波曲率半径。

令 $f_1 = R_1, f_2 = R_2$,即确定了透镜焦距。至此完成了准光路系统参数的设计,下一步需要针对准光路系统参数设计出合乎系统要求的聚焦元件,使系统达到最佳。

本节首先确定了准光学技术的研究内容,其次介绍和总结了几种典型的毫米波成像准光路设计方法,在设计特点对比的基础上提出了一种以成像焦斑尺寸为设计起点、利用高斯波束法对准光路系统综合设计的方法,给出了明确的设计步骤和流程,且设计过程完全由解析式表达。

5.2.2　透镜天线工作原理与效率

1. 透镜的工作原理

在微波波段,透镜天线与光波段透镜具有相似形式,都是由电磁辐射器和透镜两部分组成,其基本功能是完成电磁波的相位修正。电磁辐射器通常是一种弱方向性天线,放置在透镜的焦点上,透镜通过修正初级天线所辐射的电磁波相位而改变电磁波的传播特性。

为了便于分析,将透镜朝向辐射器的一面称为照明面,将另一面称为阴暗面。单折射透镜是在透镜照明面或阴暗面中只有一个面产生折射而另一面不产生折射的透镜。单折射透镜结构比较简单,加工也较方便,但对辐射器位置比较敏感,辐射器偏离透镜焦点则电磁波传播特性改变。这也是多波束聚焦透镜天线实现的基础。

当馈源偏离光轴时,输出射线的波阵面会发生畸变,一部分射线发生散射,且散射的程度是随着馈源离开焦点的距离增加而增加。为了进一步控制输出射线的传播特性,可采用双折射面透镜,即透镜不仅在照明面改变电磁波相位波前,在阴暗面也可控制出射电磁波。也就是说,这种双折射面透镜是用更复杂的结构换取更好的波束控制性能。

几何光学中分析的透镜多为薄透镜,是指焦距与口径比很大、透镜厚度可以忽略的情况。由于薄透镜分析方法较简单,因此可先研究薄透镜成像原理。图 5.11 为薄透镜成像示意图。

在图 5.11 中,入射射线从 O 点发出,经透镜后汇聚于 O' 点,两点距离透镜分别为 R_1 和 R_2。入射到偏离透镜光轴距离为 h 的射线 OP 比透镜光轴上的射线 OQ 具有相位延迟 kl,其中 k 为自由空间波束,l 为 OP 与 OQ 之间光程差,由于透镜厚度可忽略,则有

$$h^2 + R_1^2 = (R_1 + l)^2 \tag{5.63}$$

考虑到薄透镜条件下 $2lR_1 \gg l^2$,上式可化简为

$$l \approx \frac{h^2}{2R_1} \qquad (5.64)$$

从上式可以看出,偏轴射线相位延迟与偏轴距离为平方关系,而透镜本身对射线相位的修正也是平方关系的,在偏轴 h 距离处,透镜带来的相位延迟为

$$\varphi = \frac{h^2}{2f} \qquad (5.65)$$

因此,出射射线的相位与偏轴距离的关系为

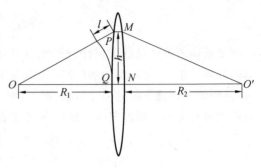

图 5.11　薄透镜成像示意图

$$\varphi' = \frac{h^2}{2R_1} - \frac{h^2}{2f} = \frac{h^2}{2R_2} \qquad (5.66)$$

化简可得薄透镜成像公式为

$$\frac{1}{R_1} - \frac{1}{f} = \frac{1}{R_2} \qquad (5.67)$$

式中　f——透镜焦距;

　　　R_1——照明面透镜表面球面波的相位中心;

　　　R_2——阴暗面透镜表面球面波的相位中心。

R_1 与 R_2 取值的正负由球面波的凹凸方向决定:从 O' 点看,凸球面对应的球半径为正,凹球面对应的球半径为负。

虽然毫米波成像中一般采用厚透镜,即透镜的厚度相比于其口径不可忽略,但仍具有类似于式(5.67)的性质,即一定的透镜焦距条件下像距或物距的改变都会造成另一方聚焦位置的改变[6]。

另外,透镜所汇聚的焦斑会随着远离聚焦位置而逐渐变大,但由于这种畸变是随距离逐渐变化的,因此透镜的工作距离并不唯一,而是具有一定范围,可用焦深描述。焦深是指焦斑畸变到一定程度内所容许的焦平面沿光轴移动的距离,焦深越大则系统可工作范围越大,对表面起伏目标的扫描也越有效。图 5.12 为焦深示意图。

焦深和焦斑大小都随透镜口径增大而减小,但实际成像系统希望大焦深和小焦斑,因此两者需要折中考虑。

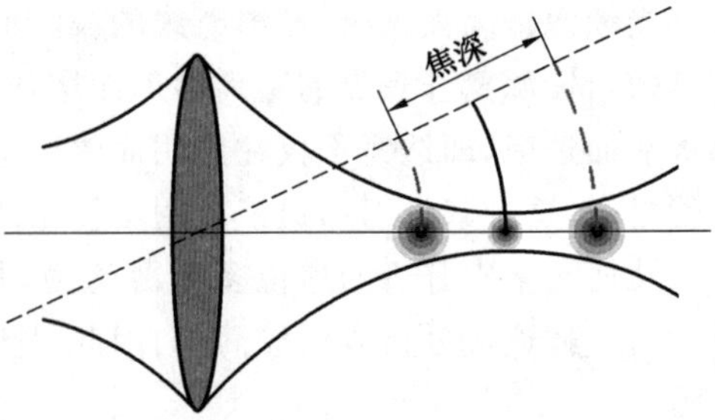

2. 透镜天线系统的效率

将透镜天线视作一个系统,则透镜系统的总效率 η_{sys} 可表达为

$$\eta_{sys} = \eta_s \eta_{tr} \eta_t \qquad (5.68)$$

式中　η_s——透镜的溢出效率;

图 5.12　焦深示意图

　　　η_{tr}——透镜的传输效率;

　　　η_t——透镜的收缩效率。

透镜的溢出效率 η_s 表征由初级天线辐射并被透镜接收的能量与总辐射能量的比值。由于初级天线一般都是低增益天线,波束范围较大,不可能将波束完全投射在有限口径的透

镜上,导致一部分波束不受透镜修正,造成一定能量损失。提高初级天线的定向性或增大透镜的口径都能提高透镜的溢出效率,但也会造成初级天线或透镜的尺寸过大。

透镜的传输效率 η_{tr} 表征由透镜出射的能量与照射到透镜照明面的能量比值。由于透镜是由具有一定折射率和损耗的介质构成的,电磁波从自由空间经过透镜到出射存在表面失配和介质损耗。

自由空间与透镜交界面上的垂直极化波与平行极化波的反射系数分别为

$$R_{\perp} = \frac{\cos\theta_i - \sqrt{n^2 - \sin^2\theta_i}}{\cos\theta_i + \sqrt{n^2 - \sin^2\theta_i}} \tag{5.69}$$

$$R_{\parallel} = \frac{\sqrt{n^2 - \sin^2\theta_i} - n^2\cos\theta_i}{n^2\cos\theta_i + \sqrt{n^2 - \sin^2\theta_i}} \tag{5.70}$$

图 5.13 是垂直极化波与平行极化波从自由空间入射到折射率为 1.5 的无限大介质媒质中的功率反射系数随入射角变化关系。

从图 5.13 中可以看出,入射角增大到一定程度时,功率反射情况严重,这也限制了透镜的可用扫描角;平行极化波能在较大的入射角范围内保持较垂直极化波更低的功率反射系数,即更高的传输效率 η_{tr}。

在无界媒质中电磁波每波长损耗为

$$L/\mathrm{dB} = 27.3n\frac{\varepsilon''}{\varepsilon_r} = 27.3n \cdot \tan\delta \tag{5.71}$$

式中　n——材料的折射率;

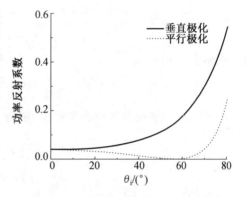

图 5.13　功率反射系数随入射角变化关系

　　　　ε'——复介电常数($\varepsilon' - \mathrm{j}\varepsilon''$)的实部;

　　　　ε''——复介电常数($\varepsilon' - \mathrm{j}\varepsilon''$)的虚部;

　　　　$\tan\delta$——介质材料的损耗角正切,$\tan\delta = \varepsilon''/\varepsilon'$。

从式(5.71)中可以看出透镜材料的折射率越大,由材料带来的损耗也越大,同时对透镜表面机械加工精度要求也越高;但太小的折射率会导致透镜尺寸及质量过大,因此必须折中考虑透镜材料折射率,一般选取折射率为 1.3~1.6 的低损耗材料,如聚苯乙烯、聚四氟乙烯、聚乙烯等。

收缩效率 η_t 表征由于透镜物理口径上电磁场幅度和相位分布不均匀造成的能量损失,其结果使透镜有效口径小于其物理口径,相当于透镜的口径收缩了一定比例。当透镜出射面上具有等幅同相电磁波分布时其收缩效率 η_t 最高[3]。

5.2.3　介质透镜天线设计原理

介质透镜的设计原理主要依据费马原理,或称射径的电长度等同性原理,即从馈源发出的电磁波都视作射线,则经过透镜后不同路径的射线具有相同的电长度。总体来说,根据设计起点的不同,主要可分为三种设计方法。

1. 光轴上馈源光程差为零

如图 5.14 所示,以平-凸透镜为例,透镜将发自初级天线的球面波前经照明面变换成平面波前,即透镜的形状要使得出射的场在垂直于轴的平面上处处同相,也就是从源点到该平面上各点的所有射径都具有相等的电长度。

对应到图 5.14 中,即要求射径 OPP' 与射径 $OQQ'Q''$ 具有相同的电长度,考虑到 $PP' = Q'Q''$,即要求 $OP=OQQ'$。令 $OQ=L,OP=R$,则有

$$\frac{R}{\lambda_0} = \frac{L}{\lambda_0} + \frac{R\cos\theta - L}{\lambda_d} \qquad (5.72)$$

式中　λ_0——自由空间中波长;

λ_d——透镜中波长。

由折射率 n 与波长间关系:

$$n = \frac{\lambda_0}{\lambda_d} \qquad (5.73)$$

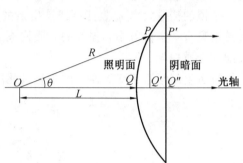

图 5.14　介质透镜中射径长度示意图

可将式(5.72)写为

$$R = L + n(R\cos\theta - L) \qquad (5.74)$$

则写成关于 R 的显式为

$$R = \frac{(n-1)L}{n\cos\theta - 1} \qquad (5.75)$$

将式(5.75)整理为以 O 为原点、光轴为 x 轴的直角坐标系下形式,并令 $f=L$:

$$\frac{\left(x - \dfrac{nf}{n+1}\right)^2}{\left(\dfrac{f}{n+1}\right)^2} - \frac{y^2}{\dfrac{(n-1)f^2}{(n+1)}} = 1 \qquad (5.76)$$

从式(5.76)可以看出,以光轴上的点为设计出发点所对应的零光程差透镜为双曲透镜。这种设计是利用馈源偏离光轴角度较小时光程差很小,透镜仍能良好聚焦的特性获得宽角扫描特性,最大偏轴角限制在±6°左右[15,18]。另外,由于该方法设计透镜采用解析式表达,当透镜设计存在误差时容易分析,也容易在原有设计基础上加以修正。

2. 焦面上所有馈源总光程差最小

文献[21]中提出了一种焦面阵多馈源总光程差最小的设计方法,如图 5.15 所示,以发射点到接收点的光程差为目标函数,采用射线追踪法研究射线在透镜表面的折射路线,并对透镜的照亮面轮廓进行优化,得出其函数表达式,这样的透镜具有很好的宽角扫描特性,能在±20°的扫描角范围内正常工作。

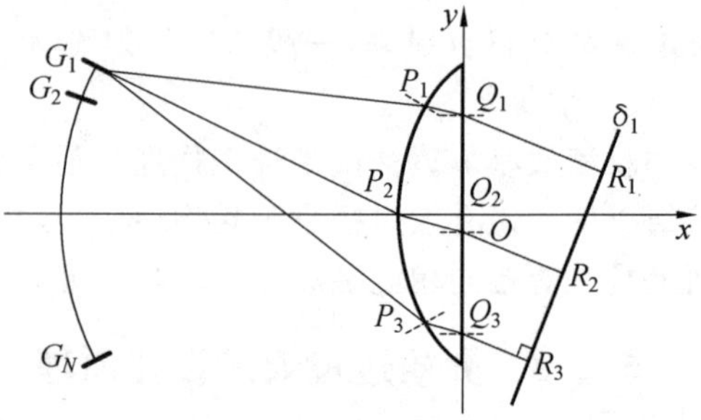

图 5.15　多馈源总光程差最小设计方法示意图

该方法首先设带有未知数的透镜照明面轮廓线公式,如下式:

$$y^2 = |a_0 + a_1 x + a_2 x^2 + a_3 x^3| \qquad (5.77)$$

然后对每个馈源所发出的射线都进行射线追踪分析,例如在透镜表面取 M 个点,即

$P_1, P_2, \cdots, P_M$，对于馈源 G_j 发出的射线 $G_j P_i$ 在均匀媒质中认为射线直线传播，根据透镜表面点 $P_i(x_i, y_i)$ 处的斜率和坐标建立射线 $G_j P_i$ 在直角坐标系下的方程，在透镜照明面根据 Snell 定律计算折射射线 $P_i Q_i$ 的斜率并确定其直线方程，最后确定出射射线 $Q_i R_i$ 的方程，则可以根据射线方程确定由馈源 G_j 发出射线的总光程为

$$\xi_{ij} = |G_j P_i| + n|P_i Q_i| + |Q_i R_i| \tag{5.78}$$

式中　n——介质透镜折射率。

设定下列优化目标以确定待定系数 a_i：

$$\min \sum_{i=2}^{M} \sum_{j=1}^{N} w_j (\xi_{ij} - \xi_{1j})^2 \tag{5.79}$$

式中　w_j——适当取定的权重系数；

　　　ξ_{1j}——始于馈源 G_j 止于照亮线 M 个折射点中心的射线光程。

由透镜口径要求结合式(5.77)~(5.79)可以确定透镜照明面的轮廓线公式中的系数并得到照明面的轮廓线公式。

这种焦面上所有馈源总光程差最小的设计方法可以预先设定较宽的扫描角，然后再对透镜表面轮廓线进行优化设计，可以获得较好的宽角扫描特性，但由于需要求解射线方程并需要射线的光程计算，因此设计过程复杂。当馈源点或透镜上的点取值过大时式(5.79)需要很大的计算量。

3. 偏馈条件下光程差最小

文献[22]提出以偏轴情况下的光程差最小作为设计起点，通过对光路中透镜表面的 6 个特征点的计算获得透镜表面的轮廓线方程，如图 5.16 所示。

该方法中设置了如图 5.16 的 7 个量：$f_0, s_0, n, \theta, x_f, y_f$ 和 w_0，其中 x_f 在如图 5.16 的坐标系设置下为 0，$w_0 = -y_f \csc \theta$ 为光路常数，用来确定透镜表面点，n 为介质透镜折射率。为了确定这 7 个参量，采用射线网格分析。射线网格是透镜表面一系列点和相关的斜率，确定这些点和斜率的方法也是采用射线追迹法，利用除 s_0 外的 6 个量描述光路。具体的分析过程如下：

透镜表面点 $P_n(x_n, y_n, \psi_n)$ 的坐标包括两个位置坐标和一个角度坐标，ψ_n 为从水平方向到透镜在该点法线间的夹角。由最大偏馈位置 $F(x_f, y_f)$ 发出的射线覆盖透镜照明面，可以确定透镜照明面中心点坐标 $P_0(c, 0, 0)$，对射线 $P_0 P_1$ 追迹可以确定点 $P_1(x_1, y_1, \psi_1)$，利用透镜的旋转对称性可确定与 P_1 关于 x 轴的对称点 $P_2(x_2, y_2, \psi_2)$，同样根据射线追迹确定点 $P_3(x_3, y_3, \psi_3)$ 后根据透镜的对称性确定点 $P_4(x_4, y_4, \psi_4)$，最后由射线追迹确定点 $P_5(x_5, y_5, \psi_5)$。这 6 个特征点的坐标求解具有代表性

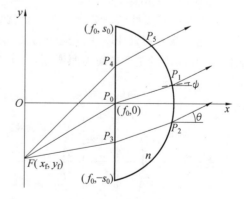

图 5.16　偏轴时光程差最小设计方法示意图

和普遍性，可推广到整个透镜轮廓线上的点，最终可确定透镜的轮廓线。

偏馈条件下光程差最小的设计方法可以保证透镜在一定计算量代价下具有较宽的扫描角,但其扫描特性是在所设计的偏馈点具有最好的聚焦特性,在偏离设计点时聚焦特性逐渐变差,尤其馈源在光轴上时其聚焦特性无法保证。

4. 透镜设计方法小结

综合以上三种透镜设计方法及其特点可以得到表5.4。

表 5.4　三种透镜设计方法特点比较

	光轴上馈源 光程差为零	焦面上馈源 总光程差最小	偏馈条件下 光程差最小
设计原理	偏轴角较小时光程差仍较小	设计区域内的所有馈源光程差的加权和最小	一定偏轴角附近的馈源产生的光程差仍较小
设计方法	解析式计算	数值计算	特征点结合射线网格
运算量	最小	最大	一般
扫描角	一般,适用光轴附近	最大,运算区域内	一般,适用偏馈点附近
误差分析	容易,还可适当修正	很难	很难

从表5.4中可以看出,以光轴上馈源光程差为零为出发点设计透镜天线,以最小的设计成本获得较好的设计效果,同时可对误差进行分析和修正。因此本文采用光轴上馈源光程差为零的介质透镜设计方法。

5. 双面透镜设计原理

由上节所述,单面透镜是将焦点处初级天线发射出的球面波转换为平面波出射,如果在出射透镜后再加上一个单面透镜,则该透镜能将前一透镜出射的平面波转换为另一球面波[23],如图5.17所示。

如果将透镜1和透镜2合并在一起就是一个双面透镜。双面透镜可以根据需要对两个半透镜轮廓线分别设计以获得良好的波束控制效果。以两透镜旋转对称中心为 x 轴建立坐标系,并设透镜左半曲面为照明面,右半曲面为阴暗面,如图5.18所示。

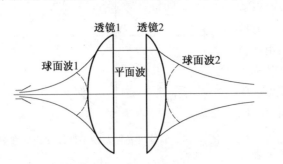

图 5.17　双面透镜对电磁波的转换

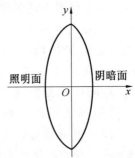

图 5.18　双面透镜设计坐标设置示意图

则该双面透镜的照明面和阴暗面公式可分别表示为

$$\frac{\left(x+\sqrt{\dfrac{D^2}{4(n^2-1)}+\left(\dfrac{f_1}{n+1}\right)^2}\right)^2}{\left(\dfrac{f_1}{n+1}\right)^2}-\frac{y^2}{\dfrac{(n-1)f_1^2}{(n+1)}}=1 \quad (x\leqslant 0) \tag{5.80}$$

$$\frac{\left(\sqrt{\dfrac{D^2}{4(n^2-1)}+\left(\dfrac{f_2}{n+1}\right)^2}-x\right)^2}{\left(\dfrac{f_2}{n+1}\right)^2}-\frac{y^2}{\dfrac{(n-1)f_2^2}{(n+1)}}=1 \quad (x\geqslant 0) \tag{5.81}$$

式中　f_1——照明面透镜的焦距;

　　　f_2——阴暗面透镜的焦距;

　　　D——透镜口径,令两个半透镜具有相同口径能获得尽可能大的溢出效率。

设单面双曲透镜厚度为 t,则令式(5.80)和(5.81)中 $y=0$ 可得透镜厚度为

$$t=-\frac{f}{n+1}+\sqrt{\frac{D^2}{4(n^2-1)}+\left(\frac{f}{n+1}\right)^2} \tag{5.82}$$

由式(5.82)可知透镜的厚度与其口径、焦距以及材料的折射率有关。进一步分析透镜焦距与透镜参数之间关系可得

$$f=\frac{D^2}{8t(n-1)}-\frac{t(n+1)}{2} \tag{5.83}$$

从上式中可以看出,双曲透镜的焦距与其材料的折射率和物理尺寸有关,因此可通过调整双曲透镜的折射率参数与口径和厚度参数灵活设计所需要的双曲透镜。

5.2.4　介质透镜天线设计实例

1. 介质透镜天线参数设计与仿真

实际准光路系统中心频率为 35 GHz,对应工作波长约为 8.57 mm,要求焦斑尺寸为 $2\delta=100$ mm,天线线阵排布构成视域宽度为 $a=600$ mm,则根据本章中准光路的系统参数设计得到各个系统参数如下:$z_2=2\,854$ mm,$w=188$ mm,$D=572$ mm,$z_1=686$ mm,$w_{01}=9.97$ mm,$G=20.8$ dB,$R_1=686$ mm,$R_2=2\,854$ mm,且所计算参数满足高斯波束法应用条件[20],由此可设计相应的双面透镜与之适应。令 $f_1=R_1$,$f_2=R_2$,并采用折射率为 $n=1.45$ 的聚四氟乙烯作为透镜材料,则透镜的轮廓线方程可由式(5.80)与式(5.81)得到。为完成透镜的装配,在透镜边缘留有 10 mm×10 mm 的环带,则相应的透镜轮廓线方程为

$$\frac{(x+390.6)^2}{78\,400}-\frac{y^2}{86\,436}=1 \quad (x\leqslant 0) \tag{5.84}$$

$$\frac{(x-1\,196.3)^2}{1\,356\,987}-\frac{y^2}{1\,496\,078}=1 \quad (x\geqslant 0) \tag{5.85}$$

其中(5.84)为透镜照明面轮廓线方程,(5.85)为透镜阴暗面轮廓线方程。透镜的剖面图如图 5.19 所示。

由式(5.82)可得两个单面透镜的厚度分别为 $t_1=110.6$ mm,$t_2=31.4$ mm,令透镜环带厚度为 $t'=10$ mm,则双面透镜总厚度为

$$t = t_1 + t' + t_2 = 152 \text{ mm} \qquad (5.86)$$

由于该透镜的电尺寸为 $D/\lambda = 66.7$，远大于 CST、HFSS 等传统全波分析软件的可仿真范围，因此采用 FEKO 研究该透镜的聚焦特性，如图 5.20 所示。

从图 5.20(c)中可以看出，从光轴上馈源发出的 33～37 GHz 电磁波经透镜聚焦后均汇聚于 $z = 3.97$ m 处，归一化能量下降 3 dB 所对应的焦深尺寸约为 2.3 m，说明该透镜在很宽的频带内均具有较好的聚焦性能且其可工作范围较大；图 5.20(d)说明在理论设计透镜聚焦处($z = 3\,740$ mm)具有约 580 mm 的视域宽度，馈源位于光轴与偏焦 6° 发出的毫米波经透镜汇聚后分别形成 55 mm 和 60 mm 的半功率宽度，比理论设计值略大，主要是由于透镜焦距产生的误差所致。

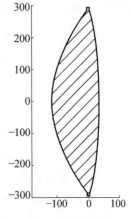

图 5.19　设计透镜剖面图

对比理论设计与 FEKO 仿真结果可以说明，高斯波束法设计系统总体参数结合几何光学法设计相应多波束聚焦介质透镜可以获得较好的准确性，设计误差主要集中在聚焦位置为 $z = 3\,970$ mm，与理论设计存在 9.7% 的误差，这是高斯波束法本身存在的设计误差[6]；同时在理论设计聚焦处的视域宽度为 $a = 580$ mm，与理论设计值误差为 3.33%，这是由于在系统设计时未考虑透镜厚度对光路折射的影响造成的偏差。

2. 介质透镜天线实验与误差分析

为研究毫米波成像准光路系统成像规律并验证准光学技术设计准确性，实际加工制作了准光路系统器件并进行了实验。

(1)透镜实物及其测试系统。

采用相对介电常数约为 2.1 的聚四氟乙烯依照图 5.19 加工了介质透镜，利用螺钉固定两块带槽金属圆环以卡住透镜环带的方式固定，并将带固定板的透镜架设在支架上。透镜实物图如图 5.21 所示。

透镜中心到地面距离为 48 cm，固定透镜所用的金属圆环厚度为 15 mm，外径为 790 mm，通过 6 个螺丝紧固两层金属圆环以固定透镜。

透镜的测试主要是研究透镜对电磁波的聚焦特性，因此采用天线发射电磁波并由天线接收的方式测试焦平面的功率分布。透镜测试系统框图与测试实物图分别如图 5.22 和图 5.23 所示。

图 5.23(c)中右端为信号源与发射天线，中间为带支架的透镜，左端为接收天线及频谱分析仪。信号源发射频率为 35 GHz 的连续波；采用辐射段长度为 50 mm、增益为 17 dB 的介质杆天线作为发射天线并指向透镜中心，固定在可三维平动及二维转动的木质馈源支架上，通过馈源支架的移动模拟阵列中各单元位置；接收天线为一个波导口天线，同样指向透镜中心并固定在与发射天线馈源架相同的木质馈源支架上，通过软同轴电缆连接到频谱分析仪；频谱分析仪应选取小的扫频范围和较小的分辨率带宽以获得较小的底噪，这样能更精确地测量焦平面的功率分布。测试过程中只需连续移动接收天线横向位置即可获得准光学系统焦平面上的功率分布。

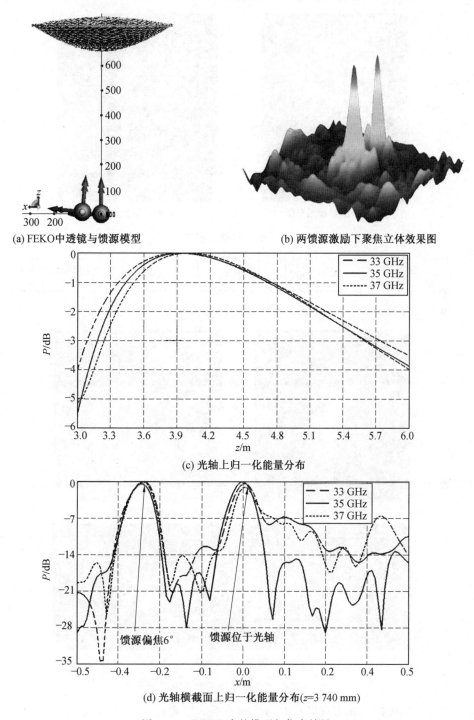

(a) FEKO中透镜与馈源模型

(b) 两馈源激励下聚焦立体效果图

(c) 光轴上归一化能量分布

(d) 光轴横截面上归一化能量分布(z=3 740 mm)

图 5.20 FEKO 中的模型与仿真结果

采用波导口天线作为接收天线是因为其口径小,波束在一定范围内基本不变,即天线增益在最大辐射方向附近变化不大,则平移接收天线时测得的接收功率只是接收点的空间功率分布,与接收天线本身方向图形状基本无关,不需要像文献[25]对测试数据进行再处理。

(a) 介质透镜正视图   (b) 介质透镜侧视图

图 5.21 透镜实物图

发射源（信号源）─→ 发射天线 ─→ 透镜 ─→ 接收天线 ─→ 接收机（频谱分析仪）

图 5.22 透镜测试系统框图

(a) 发射端实物图   (b) 接收端实物图

(c) 测试系统实物图

图 5.23 透镜测试系统实物图

图 5.24 为该天线的归一化方向图在直角坐标系下的形式。

从图中可以看出，波导口天线的 E 面和 H 面方向图在偏离最大辐射方向 6°处的辐射强度相对于最大辐射强度分别下降 0.04 dB 和 0.06 dB，也就是说该天线所测得数据在准光路视域范围内由方向性导致的误差可忽略不计。

（2）透镜测试步骤及测试结果。

　　透镜的测试必须保证透镜中心、收发天线中心共轴,因此首先透镜中心及收发天线均调整到距地 48 cm 的同一水平面,其次固定发射天线及透镜,调整接收天线横向位置同时观察频谱分析仪所接收功率电平,当接收功率最大时认为收发天线相位中心及透镜中心三点共轴。

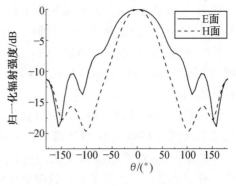

图 5.24　波导口天线归一化方向图

透镜测试步骤如下:

①固定发射天线与透镜之间的距离 z_1。

②固定接收天线到透镜的距离 z_2。

③调整接收天线使测试系统共轴。

④改变接收天线到光轴的距离 x_2 并记录各点接收功率。

⑤增大接收天线到透镜的距离 z_2 并重复步骤③和④。

⑥增大发射天线与透镜之间距离 z_1 并重复步骤②～⑤。

　　其中,发射天线和接收天线到透镜的距离 z_1 与 z_2 初始值应选择较小,逐渐步进增大;考虑准光路对物距和像距的敏感程度,z_1 与 z_2 步长分别取为 2 cm 和 10 cm。接收天线到光轴距离 x_2 采用步长 1 cm 的步进方式。

　　以上测量方式不但能获得垂直于光轴平面上的功率分布,而且能获得波束的聚焦特性变化,同时也能得到光轴上接收功率变化。图 5.25 为馈源天线在透镜光轴上时归一化接收功率测试结果。

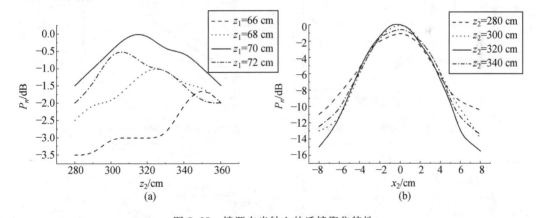

图 5.25　馈源在光轴上的透镜聚焦特性

　　从图 5.25(a)可以看出,透镜聚焦位置随 z_1 增大而减小,且归一化接收功率最大值在 $z_1=70$ cm 处,此时 $z_2\approx320$ cm;从图 5.25(b)中可以看出,当 $z_1=70$ cm 时垂直光轴的平面上接收功率分布具有高斯分布特性,当 $z_2=320$ cm 时准光路系统的半功率波束宽度约为 6 cm,与仿真结果基本一致,且光轴上的接收功率与图 5.25(a)所示规律一致。

　　将发射天线调整为距离透镜 70 cm、距透镜光轴 7.4 cm 的位置并调整使之对向透镜中心,即测试偏轴 6°情况下透镜的聚焦特性。同样重复测试步骤②～⑤可得到如下测试结果:

如图 5.26 所示,透镜所形成的最小焦斑尺寸与最大归一化接收功率发生在同一点,即 $z_2=320$ cm 处,此时准光路系统的半功率波束宽度约为 6.5 cm,视域范围约为 63 cm,基本满足系统指标要求。

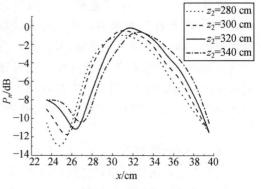

图 5.26 馈源偏轴 6°时的透镜聚焦特性

综合以上结果可以发现,设计的准光路系统在发射天线和接收天线到透镜距离分别为 70 cm 和 320 cm 时准光路系统达到最佳工作状态。将设计值与仿真结果和实验结果比较可以发现,高斯波束所设计的准光路系统与实验和仿真结果较为一致,但仍存在一定偏差。除了高斯波束法本身的设计误差外[12,35],也与透镜的误差有关。

(3)透镜误差分析。

为研究透镜对准光路系统聚焦特性的影响,应考虑透镜物理尺寸与介电常数的误差。所设计的透镜具有 $n=1.45$ 的折射率和 $D=570$ mm 的口径,照明面和阴暗面透镜厚度分别为 $t_1=110.2$ mm 和 $t_2=29.3$ mm。由式(5.83)可得到折射率及透镜物理尺寸误差对透镜焦距的影响,具体可如图 5.27 所示。

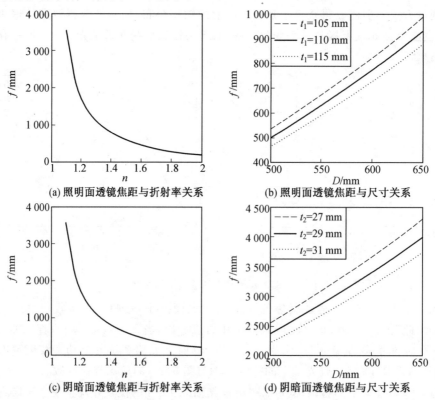

图 5.27 馈源偏轴 6°时的透镜聚焦特性

从图 5.27 中可以看出,透镜材料的折射率对透镜焦距影响很大,1%的折射率误差分别导致 4.4%和 3.8%的照明面和阴暗面透镜焦距误差,而透镜加工误差对透镜的焦距影响较小,1%的厚度和口径误差分别导致 1.4%和 2.4%的照明面透镜焦距误差,或分别导致 1.1%和 2%的阴暗面透镜焦距误差。若双面透镜同时存在材料折射率误差或物理尺寸误差,所产生的透镜焦距误差将更大,因此在透镜材料选取时应保证材料介电常数的均匀性和准确性并应尽可能提高透镜表面曲率的加工精度。

5.3　椭球反射面天线

毫米波成像准光路系统中采用聚焦天线,一般分为反射面天线与准光学介质透镜天线。相比之下,反射面天线的质量较轻,而且便于馈源天线阵列的排列和系统电路的调整。常用的透镜天线在高分辨率近场成像时,由于口径过大以及焦径比过小导致透镜变厚,透射率低,质量过大,影响系统的温度灵敏度并提高了加工成本。为了提高成像系统实时性,达到实际应用的需求,常采用馈源天线阵列覆盖一维视场,采用机械扫描覆盖另一维视场的方式进行扫描[17]。

为了解决上述问题,提出采用大口径偏置椭球反射面天线作为毫米波成像系统的聚焦天线,该天线质量轻,可以将来自于一个焦点的电磁波聚焦于另一个焦点。同时采用偏置结构,避免了馈源阵列的遮挡,提高了系统的效率。本研究设计了一种应用于 Ka 频段(26.5~40 GHz)的被动毫米波(Passive Millimeter Wave,PMMW)成像系统中的馈源天线,其中心工作频率为 35 GHz,对应波长为 8.57 mm。

5.3.1　准光路与椭球天线设计

1.椭球方程的计算

反射面为双焦点的椭球面,如图 5.28 所示,实线部分为椭球反射面,虚线部分为光路或其余的椭圆曲线。待位于焦点 F_2 处的成像物体所辐射的电磁波发射到主天线的椭球反射面上,由其椭圆的几何特性可知,被反射之后的电磁波将会聚集在椭球的焦点 F_1 上,且从焦点 F_2 处出发经过不同路径到达馈源天线处的各路电磁波所走过的电磁波程是相等的,同为椭圆长轴的长度,一般被记作 $2a$。当馈源接收天线阵列的中心处于两个焦点中的一个时,这些电磁波将会被天线阵列接收。电磁波经由天线阵列再进入接收机阵列,其辐射能量通过毫米波辐射计转化成电信号,再经由模数转换等一系列信号处理工作,最终在监视器上成像。

在 CADFEKO 中构建椭球面,只需要画出图 5.28 中实线部分的一半,再将其通过 Spin 命令旋转 360°即可得到曲面。因此,为了建模首先应对二维椭球方程进行求解。求解椭圆方程所依赖的已知条件,主要由准光系统空间分辨率、视域大小决定。空间分辨率的计算公式如下:

$$\delta = \frac{1.22\lambda f}{D} \tag{5.87}$$

由式(5.87)可以看出,空间分辨率 δ 与波长 λ、焦距 f 成正比,与天线的口径大小成反比。为了在 8 mm 波段（Ka 频段，λ 为波长）实现较好的空间分辨率，需要增大天线口径 D 或减小天线口面与人体的距离 f，于是根据安检系统的指标要求，将距离 f 设定为 2.8 m。设椭球的两焦点距离为 $2c$，长半轴为 a，短半轴为 b，天线深度（天线口面中心点距椭球长轴顶点的距离）为 t，则有如下几何关系（单位为 mm）：

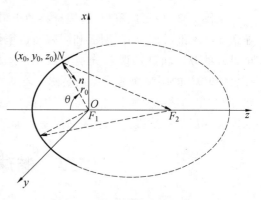

$$a^2 = b^2 + c^2 \qquad (5.88)$$

$$t + 2\ 800 = a + c \qquad (5.89)$$

列出待定系数法所示椭球方程如下：

图 5.28　准光系统光路示意图

$$\frac{z^2}{a^2} + \frac{x^2}{b^2} = 1 \qquad (5.90)$$

根据对当前国际上具有代表性的被动毫米波成像系统的统计，工作于 77 Hz 和 94 GHz 的成像系统空间分辨率一般为 24～60 mm。在机场安检应用领域当中，据调查，一般小于 2 cm 的炸药等危险品不足以构成威胁，因此，为与国际接轨，满足应用需求，需要空间分辨率在所需的焦深内、在人体的大部分部位满足 24～40 mm。经过几何计算，求解上述几个方程，可得到已设参数的数值，列在表 5.5 中。

表 5.5　椭球面天线结构尺寸

D	a	b	$2c$	t	δ
1 300 mm	2 098 mm	1 929 mm	1 650 mm	122 mm	22.52 mm

2. 视场与馈源排布范围

在该聚焦天线中，人体位于椭球的焦点 F_2 处，整个人体的中心点距天线口面 2 800 mm。根据人体的大小，确定视场大小中的水平视场 H 为 800 mm，垂直视场 V 为 2 000 mm，椭球的光路如图 5.29 所示。

根据表 5.5 所列出的数据，可以算得水平视场对于椭球顶点的张角 2θ：

$$\theta = \arctan\left(\frac{800/2}{2\ 800 + 122}\right) = 7.795°$$
$$(5.91)$$

$$2\theta = 15.59° \qquad (5.92)$$

馈源天线阵列中心位于焦点 F_1 处，馈源阵列可排布的角度为 $\pm 7.795°$。馈源天线阵

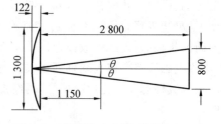

图 5.29　椭球的光路图（单位：mm）

列与椭球口面的距离设计为 1 150 mm，椭球面深度为 122 mm。将馈源天线阵列单元的相位中心放置在以椭球顶点为圆心、以 1 272 mm（1 150 mm + 122 mm）为半径的圆周上。因此，计算可得馈源阵列排布范围为

$$2(f - 2c + t)\tan\theta \approx 348.26 \text{ mm} \qquad (5.93)$$

馈源天线阵列的排布范围计算出以后，就可以根据馈源天线单元的截面大小与彼此的

间距,来安排各天线单元的具体排布方式。

3. 采样与馈源间距

根据奈奎斯特采样定律,若要完全恢复图像,采样间隔需要小于等于半功率波束宽度的一半,即每个空间分辨率里面至少采集 2 次,如图 5.30 所示。按照前面设定的分辨率,可认为每个像素点直径约为 23 mm。为了表达清楚对同一像素两次采样的概念,做出如下定义:

方位重叠系数 $K_{i\beta}$＝方位采样间隔/波束投影宽度;

俯仰重叠系数 $K_{i\gamma}$＝俯仰采样间隔/波束投影长度。

为了所成图像的质量较高,同时做到最小化冗余数据,选择 $K_{i\beta}＝K_{i\gamma}＝0.5$ 为最佳,即第二个圆像素点的边缘恰好与第一个圆像素点的竖直的直径相切,在图 5.30 中可以清晰地看出这一点。

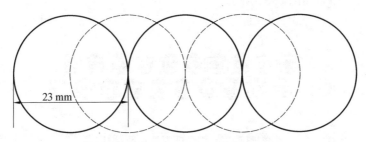

图 5.30　像素点采样大小示意图

水平视场 $H＝800$ mm,于是有

$$方位采样间隔＝K_{i\beta}×波束投影宽度＝0.5×23 \text{ mm}＝11.5 \text{ mm}$$

方位采样点数 $N_{i\beta}$ 满足: $N_{i\beta}＝\dfrac{800}{11.5}＝69.565≈70$。俯仰采样点数 $N_{i\gamma}$ 的计算方式与其类似,可得到 $N_{i\gamma}＝\dfrac{2\,000}{11.25}＝173.913≈174$。由于过去的单通道辐射计采样速度很慢,而如果将馈源天线与辐射计排列成面阵列,又会使加工成本十分昂贵,因此,在馈源天线排成阵列的方案上,经过综合考虑,选择在水平方向上排成阵列,垂直方向上的采样则通过机械扫描完成。

如上所述,需要辐射计共计 70 个。当在第一焦点处水平排成一排(关于长轴对称)时,馈源间隔 Δ 为

$$\Delta＝\frac{348.26}{70}＝4.975 \text{ (mm)} \tag{5.94}$$

应用于 8 mm 的矩形波导 BJ320 的标准尺寸(内腔)为 7.112 mm×3.556 mm,波导金属厚度为 1 mm,因此外截面尺寸为 9.112 mm,保证各天线单元的极化方向是平行的。馈源天线的馈电波导之间的间隔,不可能小于标准矩形波导的外截面尺寸,上述的馈源间隔明显无法做到,即 4.975＜9.112。因此,考虑要将 70 个馈源天线单元排成两行。这种情况下所采集的像素点如图 5.31 所示,两行天线单元并不是完全的平行排布,而是交错排布,其中排在第二行的辐射计所采的像素正是图 5.30 中的虚线部分。

如图 5. 31 所示，在焦点 F_1 处的 $-7.795° < \theta < 7.795°$ 范围内排列 70 个馈源，将馈源天线设计成两排，这考虑到了一维天线阵列排布与机械扫描相结合的效率。每排馈源天线单元间水平方向（x 方向）间距 Δx 为

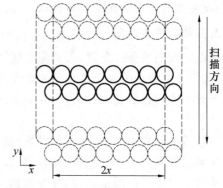

图 5.31　馈源天线排成两行时的扫描和采样示意图

$$\Delta x = \frac{2x}{(70/2-1)} = \frac{348.25}{34} \approx 10.24 \text{（mm）}$$
$$(5.95)$$

两排馈源垂直方向（y 方向）间距 Δy 为

$$\Delta y = \delta = 10.24 \text{ mm} \qquad (5.96)$$

两排的第一个馈源在水平方向（x 方向）错开 $0.5\Delta x = 5.12$ mm，如图 5.32 所示。

图 5.32　馈源阵列排布示意图

尽管两排馈源天线排布的方式中，馈源天线的间距可以满足奈奎斯特采样定律，但是经过 CST Microwave Studio® 中对天线阵列的仿真，发现间距为 10.24 mm 时，馈源天线间互耦严重，辐射方向图发生明显畸变，副瓣电平升高，与优选的天线单元性能差异非常明显。

因此，需要继续修改馈源天线间距，以降低天线单元互耦，进而可以考虑将 70 个馈源天线单元排成三排，使间距变为 10.24 mm×1.5＝15.26 mm，即 $\Delta x = \Delta y = 15.36$ mm。而馈源天线阵列中，第二排与第一排水平错开 5.12 mm，第三排与第一排水平错开 10.24 mm。此时，扫描像素点的示意图如图 5.33 所示。

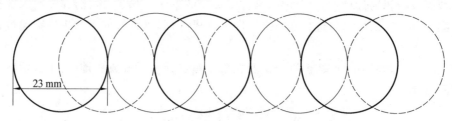

图 5.33　三排馈源天线采样时的像素点示意图

图 5.33 中，粗实线所示的像素点由第一排馈源天线采样，虚线所示的采样点由第二排馈源天线采样，点划线所示的采样点由第三排馈源天线采样。因此，天线阵列排布的示意图如图 5.34 所示。

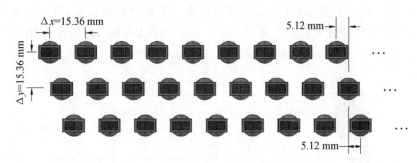

图 5.34　修改后的天线阵列排布的示意图

5.3.2　椭球面天线聚焦特性分析

在大口径反射面聚焦天线中,椭球天线因其双焦点的特性而有着独特的应用。由于在人体安检中,对于人体的不同位置,对空间分辨率的要求也不完全相同。在准光路的设计中,视场的宽度以 800 mm 计,人体的宽度以 600 mm 计,这两种情况下对应的偏焦点位置为 8°与 5.5°,在仿真与实验中都需要加以考察。

椭球面的选取如图 5.35 所示,馈源阵列放置于椭球的第一焦点上,选择椭球面上的偏置部分作为反射面,馈源照射到反射面的角度范围约为 57°,等效口径为 1.3 m。椭球的第二焦点与反射面中心连线为主轴,即 z 轴,辐射计排列方向为垂直纸面,即 x 轴,反射面在 z 方向和 x 方向上对称,而在 y 方向非对称。

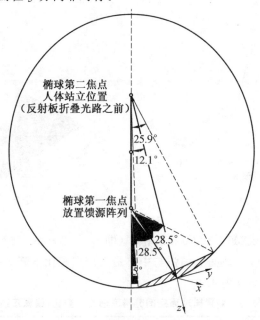

图 5.35　椭球面选取示意图

准光路分系统的聚焦特性仿真实验利用介质棒天线的方向图作为初级馈源,边缘照射电平为 −10 dB,采用 FEKO 软件的多层快速多极子(MLFMM)方法仿真了所设计的椭球天线,如图 5.36 所示,沿椭球轴线以及轴线上待测量区域的截面上场强进行了仿真。辐射计阵列中心放置在椭球焦点,因此中心的辐射计相对于反射面是正馈,由于采用焦平面阵列,位于边缘的天线产生偏焦。对于宽度为 600 mm 的人体,其边缘对应的馈源天线偏焦5.5°。整幅图像宽度为 800 mm,其边缘对应的馈源天线偏焦 8°。

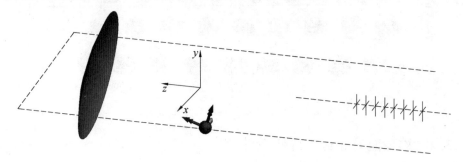

图 5.36　椭球天线仿真模型图

(1)轴线上场强分布。

首先,仿真正馈时椭球面天线沿其主辐射方向的场强变化,主辐射方向沿 $-z$ 方向。椭球天线沿 z 轴的场强分布如图 5.37 所示。由图可见,在距离天线口面 2.95 m 处,场强最大,为 37.85 dB。

(2)正馈时截面上场强分布。

观察第二焦点附近(人体所在位置)垂直于 z 轴的截面上的场强分布,如图 5.38 所示,呈高斯状。

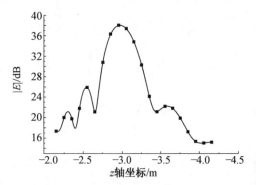

图 5.37　椭球天线沿 z 轴的场强分布

图 5.38　垂直于 z 轴的截面上场强分布

观察距离天线口面 2 800~3 200 mm 范围(即 $z=-2\ 800$~$-3\ 200$ mm 范围)(焦深需求)内空间分辨率的变化,即截面上场强与中心最大值点相比下降 3 dB 的波束半径,结果如图 5.39 所示,空间分辨率见表 4.1。

表 5.6　偏置椭球面空间分辨率随焦深变化(馈源正馈)

人体距椭球口面距离/mm	2 800	2 900	3 000	3 100	3 200
x 轴空间分辨率/mm	24	23	23	24	26
y 轴空间分辨率/mm	24	22	23	26	28

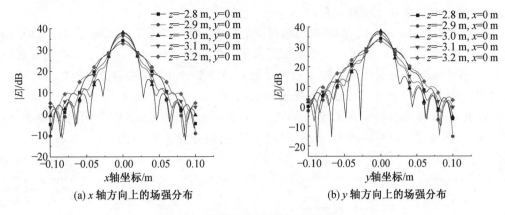

(a) x 轴方向上的场强分布　　　　　　(b) y 轴方向上的场强分布

图 5.39　馈源正馈时截面上场强分布

可见,在躯干部分($z=2\,850\sim3\,000$ mm),空间分辨率约为 24 mm。在头、小腿、脚的位置,空间分辨率变差,约为 26 mm。

(3)偏焦 5.5°时截面上场强分布。

由于采用焦平面阵列,位于边缘的天线产生偏焦。对于宽度为 600 mm 的人体,其边缘对应的馈源天线偏焦 5.5°。图 5.40 为偏焦 5.5°时沿椭球轴线 2\,800$\sim$3\,200 mm 截面的场分布,其中 y 轴分布曲线对应的 x 轴位置为 x 轴分布中电场最大幅值对应的点。馈源偏焦 5.5°时,在需求的焦深内空间分辨率见表 5.7。

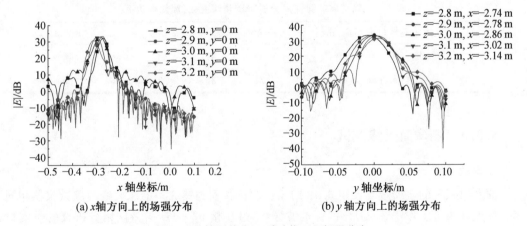

(a) x 轴方向上的场强分布　　　　　　(b) y 轴方向上的场强分布

图 5.40　馈源偏焦 5.5°时截面上场强分布

表 5.7　偏置椭球面空间分辨率随焦深变化(馈源偏焦 5.5°)

人体距椭球口面距离/mm	2 800	2 900	3 000	3 100	3 200
x 轴空间分辨率/mm	24	24	24	27	38
y 轴空间分辨率/mm	26	24	24	26	28

可见,在人体两侧边缘的躯干部分($z=2\,850\sim3\,000$ mm),空间分辨率约为 24 mm。在人体两侧边缘的头、小腿、脚的位置,空间分辨率变差,约为 38 mm。

（4）偏焦 8°时截面上场强分布。

对于宽度为 800 mm 的背景，其边缘对应的馈源天线偏焦 8°。仿真馈源偏焦 8°时，截面上的场强变化如图 5.41 所示。图中给出了偏焦 8°时沿椭球轴线 2 800～3 200 mm 截面的场分布，其中 y 轴分布曲线对应的 x 轴位置为 x 轴分布中最大电场幅值对应的点。馈源偏焦 8°时，在需求的焦深内空间分辨率见表 5.8。

可见，在图像边缘处对应的躯干部分（$z = 2\ 850 \sim 3\ 000$ mm），空间分辨率为 26～38 mm。在图像边缘处对应的头、小腿、脚的位置，空间分辨率变差，为 38～40 mm。

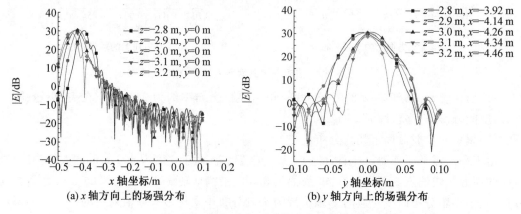

图 5.41　馈源偏焦 8°时截面上场强分布

表 5.8　偏置椭球面空间分辨率随焦深变化（馈源偏焦 8°）

人体距椭球口面距离/mm	2 800	2 900	3 000	3 100	3 200
x 轴空间分辨率/mm	34	36	38	38	40
y 轴空间分辨率/mm	38	38	32	26	25

5.3.3　椭球面天线测试

1. 测试系统

准光路系统的实验现场如图 5.42 所示。测试仪器与第 3 章馈源天线的测试仪器相同，第一焦点处为可工作于 35 GHz 的标准波导，通过连接 67 GHz 矢量网络分析仪的 1 端口，担当发射天线，其仰角为 12.1°，这与图 5.35 是符合的。介质杆天线单元担任接收天线，架设在三脚架上的微距云台上，云台可控制 z 轴与 x 轴两个方向的微距调整。通过几何准光路理论计算与现场调试，找到沿 z 轴方向上介质杆天线能接收到最大功率的位置。本实验中几何位置非常精细，在寻找峰值时需要谨慎操作。

在实测的过程中，由于存在加工误差和测量误差，导致实际测量时的几何位置与仿真时存在一些差异。经过调试后，确定了像素点电平峰值的几何位置，见表 5.9。

图 5.42　准光路系统的实验现场图

表 5.9　像素点电平峰值的几何位置

几何参数	数值
发射天线距椭球反射面中心的距离	2 730 mm
接收天线距椭球反射面中心的距离	1 140 mm
发射天线的高度	402.7 mm
接收天线的高度	825 mm
微距云台 z 轴坐标	−2.3 mm
微距云台 x 轴坐标	8.8 mm

2. 测试结果

经调试之后,接收天线的 z 轴位置为 2 730 mm,x 轴坐标为 0 mm,此时能够接收到最大电平值。发射天线所发射的功率电平值为 0 dBmW。沿 z 轴方向上调整接收天线的位置,测量不同 z 轴坐标下接收电平的变化情况,结果如图 5.43 所示。

将接收天线的 z 轴位置重新调整为 2 730 mm,在此平面内沿 x 轴向移动接收天线,求得该截面上场强与中心最大值点相比下降 3 dB 的波束半径,结果如图 5.44 所示。中心最大电平值为 −24.87 dB,将两侧的 3 dB 位置的尺寸偏移相加,可计算得出分辨率为22.5 mm。

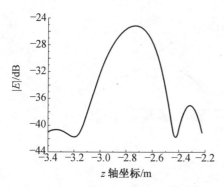

图 5.43　椭球天线轴线上场强分布的测试结果

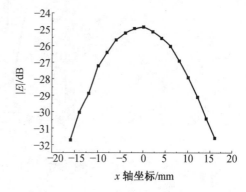

图 5.44　馈源正馈时截面上 x 轴场强分布

　　保持接收天线仍在此截面内，将发射天线置于偏焦 5.5°的位置，并找到接收电平峰值点。此时距正馈时的 x 轴位置偏移了 276 mm，该截面上场强与中心最大值点相比下降 3 dB 的波束半径，如图 5.45 所示。可计算得到此时的分辨率为 26 mm。

　　保持接收天线仍在此截面内，将发射天线置于偏焦 8°的位置，并找到接收电平峰值点。此时距正馈时的 x 轴位置偏移了 423 mm，求得该截面上场强与中心最大值点相比下降 3 dB 的波束半径，如图 5.46 所示。可计算得到此时的分辨率为 25 mm 左右。

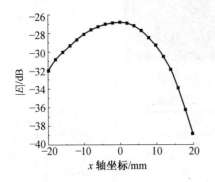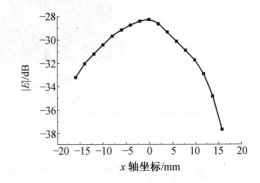

图 5.45　馈源偏焦 5.5°时截面上 x 轴场强分布　　　图 5.46　馈源偏焦 8°时截面上 x 轴场强分布

　　测量椭球反射面天线在不同频率距离天线口面不同距离的空间分辨率，即 3 dB 波束宽度，结果如图 5.47 所示。

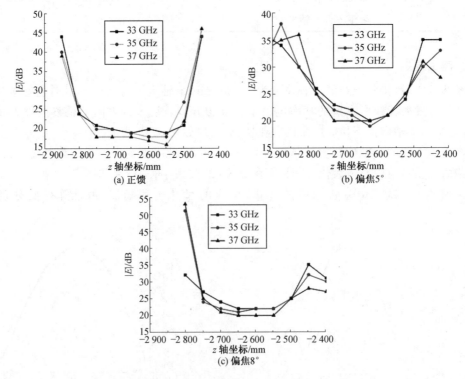

图 5.47　椭球天线空间分辨率测试结果

本章参考文献

[1] ANDERTON R N，APPLEBY R，BEALE J E，et al. Security scanning at 94 GHz [C]. Proc. of SPIE，Orlando(Kissimmee)，FL，USA，2006：62110C-1-62110C-7.

[2] 甘仲民. 毫米波通信技术与系统[M]. 北京：电子工业出版社，2003：133-139.

[3] 殷力凡. 毫米波介质透镜天线的研究[D]. 南京：南京理工大学，2005：2-12.

[4] 吴晓红，王中林. 工程光学基础[M]. 武汉：湖北科学技术出版社，2008：3-5.

[5] GOLDSMITH P F，MOORE E L. Gaussian optics lens antennas[J]. Microwave Journal，1984，27：153-157.

[6] GOLDSMITH P F. Perforated plate lens for millimeter quasi-optical system[J]. IEEE Transactions on Antenna and Propagation，1991，39(6)：834-838.

[7] KOGELNIK H，LI T. Laser beams and resonators[J]. Applied Optics，1966，54 (10)：1312-1329.

[8] GOLDSMITH P F. Quasi-optical techniques[J]. Proc. of the IEEE，1992，80(11)：1729-1747.

[9] 窦文斌. 毫米波准光理论与技术[M]. 北京：电子工业出版社，2008：4-8.

[10] CAO X S，SHI S C. Development of a compact THz FTS system[C]. Kunming：8th International Symposium on Antennas，Propagation and EM Theory，ISAPE，2008：1498-1501.

[11] YU J S，LIU S H，XU L，et al. Design and measurement of dichroic plate for quasi-optical network[C]. Kunming：8th International Symposium on Antennas，Propagation and EM Theory，ISAPE，2008：1310-1313.

[12] BELLAND P，CREEN J P. Changes in the characteristics of a gaussian beam weakly diffracted by a circular aperture[J]. Applied Optics，1982，21(3)：522-527.

[13] 克劳斯. 天线[M]. 3 版. 章文勋，译. 北京：电子工业出版社，2006：15-18.

[14] 孙忠良，窦文斌. 用于毫米波焦面阵成像那个的扩展半球介质透镜[J]. 中国工程科学，2000，2(3)：42-47.

[15] 邓小丹，潘君骅，窦文斌. 毫米波焦面阵成像视场扩大分析[J]. 电子学报，2003，31 (12A)：2012-2014.

[16] 梅志林，王建国，窦文斌. 小 F 数毫米波双曲透镜/扩展半球透镜成像特性分析[J]. 东南大学学报，2002，32(2)：166-171.

[17] 窦文斌，孙忠良. 用于毫米波焦面阵成像的小 F 数透镜焦区矢量衍射场分析[J]. 红外与毫米波学报，2002，21(2)：109-113.

[18] 朱佩涛. 多波束聚焦透镜天线[D]. 成都：电子科技大学，2006：39-74.

[19] TUOVINEN J，HIRVONEN T，RAISANEN A. Near-field analysis of a thick lens and horn combination：theory and measurements[J]. IEEE Trans. on Antennas and Propagation，1992，40(6)：613-619.

[20] TUOVINEN J. Accuracy of a gaussian beam[J]. IEEE Transactions on Antennas and Propagation，1992，40(4)：391-398.

[21] 程勇，张欣，曹伟. 一种新型介质透镜的优化设计方法[J]. 南京邮电学院学报(自然科学版)，2001,21(2):28-32.

[22] HOLT F S, MAYER A. A design procedure for dielectric microwave lenses of large aperture ratio and large scanning angle[J]. IRE Transactions on Antennas and Propagation，1957，5(1)：25-30.

[23] 马平，何昌伟，刘述章. 点聚焦透镜天线分辨率的分析与测量[J]. 微波学报，2004,20(3):74-76, 95.

第6章　典型被动毫米波成像系统

本书前几章对多通道毫米波焦面阵成像的关键技术进行了深入研究,其中包括对成像准光路的分析,聚焦天线理论研究、仿真与实验,8 mm波段直接检波式小型化辐射计的研制以及小截面、低副瓣馈源天线的研究。基于上述研究成果,本章对多通道毫米波焦面阵成像系统整体的相关内容进行研究,其中包括系统结构和扫描方式、采样和焦面阵排布、系统校准方法等。并以20通道和70通道8 mm波段PMMW成像系统为例,对其温度灵敏度、空间分辨率和室温下近场探测人体衣物下隐匿物品进行实验研究。

6.1　被动毫米波成像系统扫描方式

传统的机械扫描只需要一个辐射计通道,通过机械扫描完成对二维视场的覆盖。机械扫描方式尽管成本低廉,但完成一幅图像需要较长的扫描时间,不具有实时成像特性,在很多场合限制了其应用。

毫米波焦面阵成像系统中,每个辐射计类似一个像素,可以瞬间实现对视场的成像,但是需要大量的辐射计才能满足系统采样要求,在当前情况下成本过高。

因此,焦面阵结合机械扫描的方式兼具上述两种成像方式的优点,具有很广阔的应用前景。焦面阵结合机械扫描常用的方式包括:平移扫描和圆锥扫描。

1. 平移扫描

如图6.1所示,焦面阵平移扫描是指将焦面阵或线阵置于透镜照亮面的焦平面上,利用辐射计阵列的排布实现一维视场的覆盖,通过线性机械扫描带动辐射计阵列实现对另一维视场的覆盖。平移扫描方式在机械扫描方向可通过软件实现过采样,达到提高像素的目的;但接收机等随着机械扫描装置的运动,会降低系统的稳定性;同时,这种扫描方式对透镜的最大可用偏轴角提出了很高的要求。

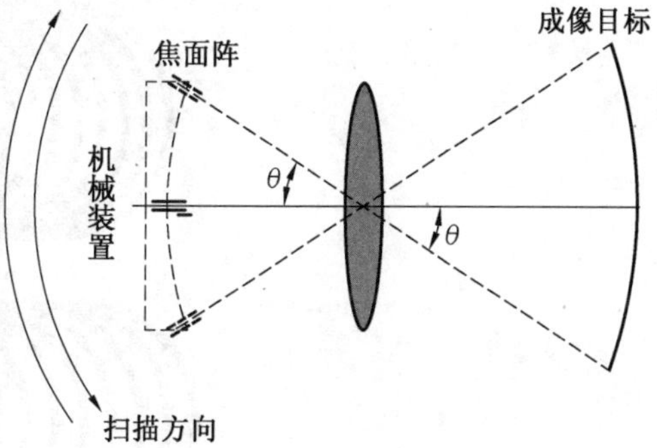

图6.1　平移扫描光路图

2. 圆锥扫描

焦面阵圆锥扫描是指将焦面阵或线阵置于透镜照亮面的焦平面上,通过楔形透镜机械旋转完成圆锥扫描,实现对二维视场的覆盖。

如图6.2所示,楔形透镜顶角为α,光轴与楔形透镜出射射线之间的夹角为s_1,则

$$s_1 = (n-1)\alpha \qquad (6.1)$$

式中 n——楔形透镜折射率。

此时,最大视场角 s 可以表示为

$$s = \frac{d}{f}(n-1)\alpha \tag{6.2}$$

由式(6.2)可见,这种圆锥扫描的最大视场角与楔形透镜的折射率 n、顶角 α 以及位置有关。为了获得较大的扫描角,需要增大楔形透镜材料的折射率或增大顶角,但这会导致入射电磁波的不匹配,或增大楔形透镜的体积和质量,因此该扫描方式的视场角不宜过大。

在图 6.2 所示的圆锥扫描光路中,楔形透镜既可以置于主透镜的右侧,也可以置于焦面阵与主透镜之间,后一种结构能获得更大的视场角,但会使电磁波在到达主透镜之前就产生偏移,导致进入主透镜的能量减少,降低准光路系统的传输效率。

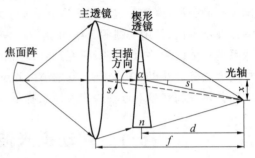

图 6.2　圆锥扫描光路图

此外,圆锥扫描的采样与焦面阵排布密切相关。如图 6.3 所示,在相同馈源数目和视场角条件下,当馈源阵列排列过于紧密时,会导致对视场的不均匀采样,尤其是对中心采样的丢失;当馈源阵列排列过于稀疏时,会导致采样率降低和部分区域重复采样;而且圆锥扫描的信号处理相对复杂。

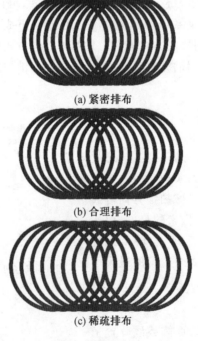

(a) 紧密排布

(b) 合理排布

(c) 稀疏排布

图 6.3　圆锥扫描焦面阵排布与采样关系

3. 折叠光路

在毫米波成像系统中,为了减小系统体积,可采用折叠光路的方法。如图 6.4 所示,在透镜与目标平面之间加入反射板,反射板进行俯仰扫描,扫描角为 θ 时,视场角为 2θ。这种方法不仅可以减小系统体积,还解决了平移扫描中焦面阵移动带来的不稳定性。

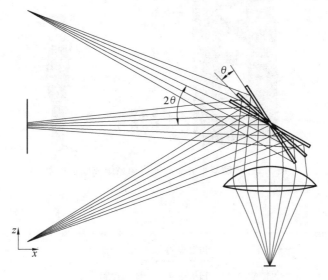

图 6.4　平移扫描折叠光路

　　如图 6.5 所示,在透镜与目标平面之间加入反射板,反射板以与其成 θ 角的轴进行旋转扫描。反射板通过旋转可获得最大扫描角为 $\pi - 2\theta$,则视场角为 $2(\pi - 2\theta)$,且反射板离主透镜越近,视域范围越大。

　　上述各种折叠光路方法在减小系统体积的同时,也引入了系统损耗,降低了系统整体的温度分辨率,但在设计合理时,可以使损耗减小,优化系统结构。因此,综合上述分析,多通道毫米波焦面阵成像系统采用了反射板平移扫描方式,该扫描方式不仅减小了系统体积,避免了由于焦面阵移动带来的不稳定性,同时使透镜在设计中无须考虑垂直视场角的要求,只需考虑馈源处于最大水平视场角时焦斑的畸变。

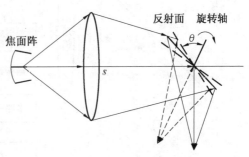

图 6.5　圆锥扫描折叠光路

6.2　人体衣物下隐匿物探测 20 通道焦面阵成像系统

6.2.1　系统构成

　　如图 6.6 所示,根据上述分析,研究多通道毫米波焦面阵成像系统。该系统工作于 8 mm 波段,采用 20 通道辐射计和馈源阵列实现对水平视场的覆盖,采用反射板 $\pm 4.75°$ 机械扫描实现对垂直视场的覆盖。利用介质透镜作为聚焦元件,将来自馈源的电磁波聚焦于 $z_2 = 3$ m 处。在 $z_2 = 3$ m 的目标平面,视场为 0.6 m(H)×1 m(V)。系统结构框图如图 6.7 所示,系统实物图如图 6.8 所示。

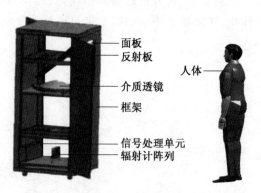

图 6.6　被动毫米波焦面阵成像系统成像示意图

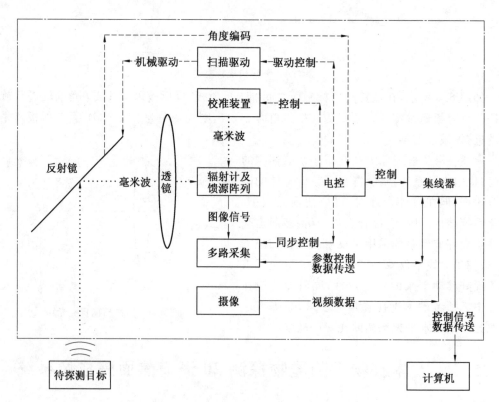

图 6.7　被动毫米波焦面阵成像系统结构框图

(a) 正视图　　　　　　　　(b) 侧视图

图 6.8　8 mm 波段 20 通道毫米波焦面阵成像系统实物图

6.2.2　系统指标与成像实验

1. 系统温度灵敏度

通过校准抵消系统增益引起的波动对温度灵敏度的影响,并根据对视在温度与有损耗天线温度的关系分析,结合辐射计接收机本身温度灵敏度的表达式,可得毫米波成像系统的温度灵敏度表达式,即

$$\Delta T_s = \frac{T_{AP} + T_R}{\eta_l \eta_m \alpha \gamma \sqrt{B\tau}} \tag{6.3}$$

式中　η_m——馈源天线波束效率;

　　　η_l——馈源天线辐射效率;

　　　α——介质透镜透射效率;

　　　γ——反射板的反射效率。

室温条件下,辐射计硬件积分时间为 0.5 ms,当馈源天线的波束效率为 0.9、辐射效率为 0.95、介质透镜透射效率为 0.8、反射板的反射效率为 0.9 时,系统的温度灵敏度理论计算值为 0.79 K。

在馈源阵列校准后,已经消除了各通道不一致性对系统温度灵敏度的影响,因此可以测试单支辐射计置于透镜焦平面时的系统温度灵敏度。采用辐射计温度灵敏度的测试方法,以 80 K 和 293 K 的吸波材料作为目标,在每一噪声温度输入点测量 N 个输出电压值,计算各输入噪声温度对应的电压均值和方差,再根据下式进行计算,可得系统的温度灵敏度 $\Delta T_{min} < 1$ K:

$$\Delta T_{min} = \frac{(\sigma_i + \sigma_j)}{2} \times \frac{T_i - T_j}{V_i - V_j} \tag{6.4}$$

2. 系统空间分辨率

如图 6.9 所示,采用恒温水箱作为背景,温度为 40 ℃,前面悬挂铁尺,铁尺宽度为 4 cm,观察其毫米波成像图,如图 6.10 所示。由图可见,该系统可以清楚地分辨 4 cm 宽度的钢尺。

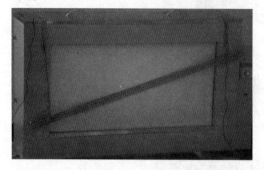

图 6.9　恒温水箱和 4 cm 宽铁尺光学图像

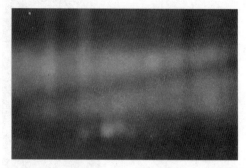

图 6.10　恒温水箱和 4 cm 宽铁尺毫米波图像

3. 人体衣物下隐匿物品成像探测

图 6.11 为 8 mm 波段 20 通道 PMMW FPA 成像系统探测人体衣物下隐匿物品的成像效果图（初期实验结果）。图 6.11(a)中，人体毛衫下藏有锡箔，脚下放一杯热水，图 6.11(b)为其对应的毫米波成像图。由图可见，锡箔反射环境温度，显示低于人体的亮温，呈现暗灰色；热水的辐射亮温较高，显示亮白色。

图 6.12 和图 6.13 为人手持金属扳手和冰毒模拟物的光学图片及毫米波成像图片，图 6.14 为人体腰间藏有手机的动态捕捉图（帧频为 2 Hz 时），图像经过滤波等简单的图像处理。实验证明，该系统可探测人体隐匿的金属和非金属违禁物品，具有小于 1 K 的温度分辨率和小于 4 cm 的空间分辨率，可实现室内探测人体隐匿物品的目的。

(a) 光学照片　　　　　　　　　(b) 毫米波成像

图 6.11　人体衣物下隐匿物品探测实验

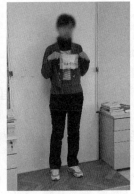
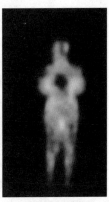

(a) 光学照片　　　　(b) 毫米波成像　　　　(a) 光学照片　　　　(b) 毫米波成像

图 6.12　人体衣物下隐匿物品探测实验(目　　　图 6.13　人体衣物下隐匿物品探测实验(目
　　　　　标为金属扳手)　　　　　　　　　　　　　　标为冰毒模拟物)

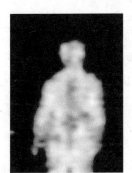
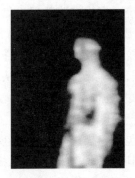
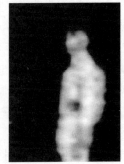

图 6.14　人体腰间藏有手机的动态捕捉图

6.3　高空间分辨率人体衣物下隐匿物探测 70 通道成像系统

　　70 通道被动毫米波成像系统结构示意图如图 6.15 所示。由图可见,整机由机柜框架
外壳、扫描反射板旋转机构、椭球面聚焦天线、辐射计阵列、标定系统和控制元器件等组成,
装配过程由下至上。

图 6.15　70 通道被动毫米波成像系统结构示意图

6.3.1 系统组成

被动毫米波成像系统的功能组成如下：

(1)系统框架分系统。设计系统框架、外壳、扫描机构，完成系统支撑、反射板扫描、系统环境营造，合理安排各个部件的位置及支撑方法。

(2)准光学分系统。综合考虑系统空间分辨率、成像距离、视场、系统尺寸等因素，设计出满足要求的聚焦天线和折叠光路，将来自于背景、人体和目标的毫米波聚焦于馈源天线阵列上，实现系统准光路各部分之间的最佳匹配，并考虑其在整体机械框架上的安装问题。

(3)辐射计阵列分系统。第一，进行辐射计电路的优化设计，使其具有高温度灵敏度、高稳定性和阵列单元的高一致性。第二，设计馈源天线阵列，减小阵列单元间的互耦，以最小的溢出损耗实现对聚焦天线的照射。第三，根据辐射计的几何形状和尺寸设计辐射计阵列的排列方式。第四，设计辐射计阵列的高低温校准模块。

(4)数据采集分系统。完成多路数据采集、多路信号和标记信号采集。包括设计采样保持电路、AD转换电路、数据传送，以及和计算机、电控系统的控制、同步信号的接口。

(5)数据处理分系统。完成计算机及软件系统设计，完成数据接收、处理、图像融合和人机界面。即实现从数据采集系统读入数据、从电控系统读入系统状态信息、设计处理上述数据和信息生成原始图像并进行图像增强的方法，设计操作界面，设计实现上述方法、操作界面和图像显示的软件。

(6)电控分系统。包括扫描控制机构、温度校准机构、数据采集同步系统，实现反射板扫描控制、温度校准、数据同步采集。设计对扫描控制机构、温度校准机构的控制方法和工作流程，控制整个系统各个部分的协同工作。

70通道被动毫米波焦面阵成像系统结构框图如图6.16所示。

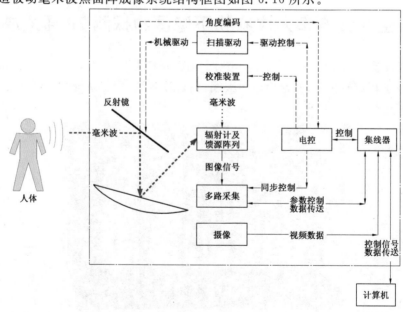

图6.16　70通道被动毫米波焦面阵成像系统结构框图

系统内部工作流程示意图如图 6.17 所示。

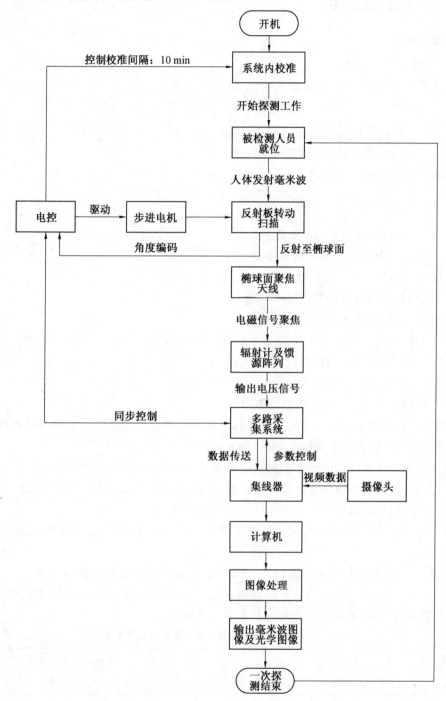

图 6.17　被动毫米波焦面阵成像系统工作流程示意图

6.3.2 系统指标分析

1. 温度灵敏度

(1)辐射计温度灵敏度。

辐射计最小可检测信号,即温度灵敏度 ΔT_{min} 可定义为

$$\Delta T_{min}=\sqrt{\Delta T_N+\Delta T_G} \tag{6.5}$$

式中　ΔT_N——系统噪声温度引起的不确定性;

　　　ΔT_G——系统增益波动引起的不确定性。

系统噪声波动引起的不确定性 ΔT_N 可定义为

$$\Delta T_N=\frac{\alpha T_{sys}}{\sqrt{B\tau}}=\frac{\alpha(T_A+T_{REC})}{\sqrt{B\tau}} \tag{6.6}$$

式中　T_{sys}——系统等效输入噪声温度;

　　　T_A——天线接收到的目标辐射亮温,$T_A=T_a$;

　　　T_{REC}——辐射计本机噪声温度,$T_{REC}=(N_f-1)T_{sl}$;

　　　B——辐射计检波前的等效噪声带宽;

　　　τ——接收机的积分时间常数;

　　　T_a——目标点亮度温度;

　　　N_f——接收机噪声系数,取线性值代入;

　　　T_{sl}——环境温度,取 293 K;

　　　α——辐射计常数,取决于辐射计类型。

由式(6.5)和式(6.6)可见,辐射计本身的温度灵敏度是决定毫米波成像系统性能的关键参数,为提高辐射计的温度灵敏度,采用如下方案:

①利用对辐射计进行校准的方法来消除由增益波动引起的不确定性 ΔT_G。

②采用直接检波式结构设计接收机射频前端,选择宽频带、高性能 LNA MMIC 和检波器,通过合理设计,增加辐射计带宽 B,降低接收机噪声系数 N_f。

③合理设计积分电路,使积分时间的选择既不严重影响辐射计温度灵敏度,又能满足实时成像的需求。

④合理设计辐射计腔体,提高辐射计的稳定性,消除辐射计的快速温度漂移。

哈尔滨工业大学微波与天线技术研究所在毫米波辐射计技术方面具有深厚的研究基础,所研制的 Ka 频段直接检波式辐射计技术参数见表 6.1。

表 6.1　哈工大 Ka 频段直接检波式辐射计技术参数

参数名称	T_a	T_{sl}	N_f	B	τ	T_A	T_{REC}	ΔT_{min}	α
参数值	302 K	293 K	3.5 dB	4 GHz	0.5 ms	302 K	363 K	0.47 K	1

前期工作中,对所研制的 Ka 频段直接检波式毫米波辐射计温度灵敏度进行了测试,由实验结果可知,所研制的 Ka 频段直接检波式辐射计温度灵敏度约为 0.5 K。本项目中也可采用上述方法来测试辐射计的温度灵敏度。

（2）成像系统温度灵敏度。

毫米波近距离成像系统温度灵敏度 ΔT_s 的计算需要在式（6.6）的基础上加以改变，即

$$\Delta T_s = \frac{T'_A + T_{REC}}{\eta_s \eta_m \alpha \gamma \sqrt{B\tau}} \tag{6.7}$$

式中　　$T'_A = \eta_m [\alpha T_a + (1-\alpha)T_{op}] + (1-\eta_m)T_{sl}$；

$T_{REC} = (N_f - 1)T_{sl}$；

η_m——馈源主瓣效率；

η_s——馈源对光路的遮挡效率；

α——机箱面板透射率；

γ——反射板反射效率；

T_{op}——机箱面板亮度温度；

其他参数同式（6.6）。

为实现室内工作条件下系统温度灵敏度小于 1 K，所设计的机箱面板采用聚四氟乙烯薄板或黑色泡沫板，要求透射率 α 小于 0.95。用于光路折叠的反射板反射率 γ 约为 0.8，馈源主瓣效率 η_m 为 0.8，采用偏置椭球面，令馈源对光路的遮挡效率 η_s 大于 0.9，系统各参数见表 6.2。

表 6.2　Ka 频段被动毫米波成像系统温度灵敏度参数

T_a	T_{op}	T_{sl}	N_f	η_m	η_s	α
302 K	293 K	293 K	3.5 dB	0.8	0.9	0.95
B	γ	τ	T'_A	T_{REC}	ΔT_s	
4 GHz	0.8	0.5 ms	300 K	363 K	0.86 K	

2. 空间分辨率

通常，采用透镜作为毫米波成像系统的聚焦天线。但由于空间分辨率越小，需要天线的口径越大，因此在 8 mm 波段要想实现较高的空间分辨率，会导致透镜焦距较小、厚度较大、质量较大、透射率较低，因此，采用偏置椭球面作为本系统的聚焦天线。

根据空间分辨率的表达式：

$$\delta = 1.22 \frac{\lambda \cdot f}{D}$$

为了在 8 mm 波段（Ka 频段）实现较好的空间分辨率，需要增大天线口径 D 或减小天线口面与人体的距离 f。根据系统设计参数需求，参数选择见表 6.3。

表 6.3　椭球反射面天线参数

天线口径 D	天线深度 t	椭球焦距 $2c$	椭球长轴 a	椭球短轴 b	空间分辨率 δ
1 300 mm	122 mm	1 650 mm	2 098 mm	1 929 mm	22.52 mm

如图 5.35 所示，选择椭球的一部分（阴影部分）作为聚焦天线，该天线为轴对称。天线

厚度为 3 mm,质量约为 10 kg。

3. 视场

如图 6.18 所示,已知人体站立于椭球天线的第二焦点,即距离天线口面 2 800 mm 的位置,水平视场 H 为 800 mm,垂直视场为 2 000 mm。

由此可得水平视场对于椭球顶点的张角 2θ:

$$\theta = \arctan\left(\frac{800}{2(2\ 800+122)}\right) = 7.795°$$

所以,在椭球的第一焦点上,馈源阵列可排布的角度为 $\pm7.795°$。

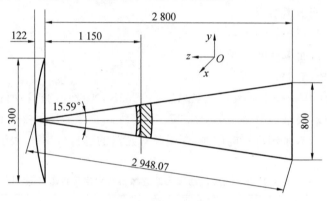

图 6.18　椭球光路图

4. 馈源阵列排布范围

馈源天线阵列与椭球口面的距离设计为 1 150 mm,椭球面深度为 122 mm。将馈源天线阵列单元的相位中心放置在以椭球顶点为圆心、以 1 272 mm(1 150 mm + 122 mm)为半径的圆周上,馈源阵列的排布范围为 $\pm7.795°$。因此,计算可得馈源阵列排布范围为

$$2x = 2f_1 \tan\theta \approx 348.25\ \text{mm}$$

5. 采样与馈源间距

根据奈奎斯特采样定律,若要完全恢复图像,采样间隔需要小于等于半功率波束宽度的一半,即每个空间分辨率里面采集 2 次。

定义:方位重叠系数 $K_{i\beta}$ = 方位采样间隔/波束投影宽度;

俯仰重叠系数 $K_{i\gamma}$ = 俯仰采样间隔/波束投影长度。

为了所成图像的质量较高,同时做到最小化冗余数据,选择 $K_{i\beta} = K_{i\gamma} = 0.5$ 为最佳。

(1) 方位采样。

已知水平视场 a = 800 mm,空间分辨率为 23 mm,方位采样间隔 = $K_{i\beta} \times$ 波束投影宽度 = 0.5 × 23 mm = 11.5 mm,故方位采样点数 $N_{i\beta}$ 应满足

$$N_{i\beta} = 800/11.5 \approx 70$$

(2)俯仰采样。

已知垂直视场 b = 2 000 mm,空间分辨率为 23 mm,俯仰采样间隔 = $K_{i\gamma} \times$ 波束投影长度 = 0.5 × 23 mm = 11.5 mm,故俯仰采样点数 $N_{i\gamma}$ 应满足

$$N_{i\gamma} = 2\ 000/11.5 \approx 174$$

6. 馈源间隔

根据馈源阵列在水平方向（x 方向）排布范围 348.25 mm，以及每个馈源天线截面外尺寸为直径 $d=9.112$ mm，为在第一焦点处 $-7.795° < \theta < 7.795°$ 范围内排列 70 个馈源，需将馈源天线设计为三排，每排馈源水平方向间距 Δx 为 15.36 mm，三排垂直方向（y 方向）间距 Δy 为 15.36 mm。两排的第一个馈源在水平方向（x 方向）错开 $\Delta x/3 = 5.12$ mm。馈源阵列排布示意图如图 5.34 所示。

7. 焦深

根据应用要求定义焦深，即空间分辨率小于 4 cm 的区域。系统采用两排馈源天线形成水平方向的一维馈源阵列，对水平视场（即人体宽度方向）进行采样，采用反射板的俯仰扫描实现对垂直方向的采样。如图 6.19 所示，反射板每转动 θ，其对应的波束转动 2θ。人高 2 m，站在距离成像系统机柜前 800 mm 处，此时反射板从 26.49°转至 62.02°（与水平方向夹角），分别令波束指向人的脚和头。人体各主要部位与椭球天线口面距离见表 6.4。

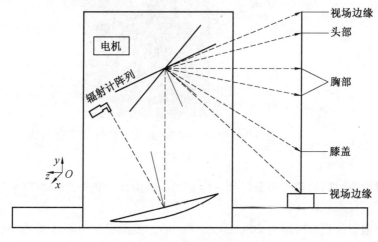

图 6.19　系统结构示意图

表 6.4　人体各主要部位与椭球天线口面距离

躯干部分（主要观测区域）		
膝盖（高 500 mm）	胸前（高 1 300 mm）	头部（高 1 800 mm）
2 976 mm	2 916 mm（最小值为 2 900 mm）	3 096 mm
头顶、小腿和脚（次要观测区域）		
头顶（高 2 000 mm）		脚（高 0 mm）
3 205 mm		3 213 mm

由此可见，人体躯干部分的主要观测区域，其焦深需求为 2 900~3 100 mm 的 200 mm 焦深，头顶（2 m 的位置）、小腿和脚等次要观测区域其焦深需求小于 350 mm。

采用 FEKO 仿真椭球反射面天线，观察不同焦深处天线的半功率波束宽度，获得人体各部分的空间分辨率分布图，如图 6.20 所示。

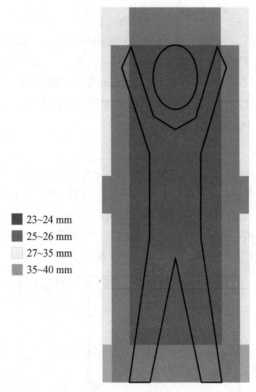

图 6.20　人体各部分空间分辨率

8. 帧频

毫米波成像系统的帧频受积分时间 τ 的制约。辐射计的积分时间必须小于或等于采样的时间。

本系统中辐射计积分时间为 $500~\mu s, 2\tau = 1~ms$。根据纵向视场采样点 $N_{iy} = 174$，当每个点采样时间选择 $1.5~ms$ 时，转速为 $137(°)/s$。反射板转动设计为变速。电机从 0 加速至最大转速 $120(°)/s$，经过一段匀速运动再减速为 0。加速和制动时间分别为 $0.1~s$，有效扫描时间为 $0.3~s$，一帧图像所用时间为 $0.5~s$，帧频为 $2~Hz$。

将人体从头到脚扫描完成，反射板指向的角度改变了 $71.06°$，由于反射板旋转 θ 角度，其指向就旋转 2θ 角度，因此，反射板的扫描范围为 $35.53°$。

6.3.3　分系统方案与性能指标

1. 系统框架分系统

系统框架分系统性能指标见表 6.5。

表 6.5　系统框架分系统性能指标

分系统名称	系统参数	系数指标
系统框架分系统	体积	宽 1.4 m×厚 1.6 m×高 2.3 m
	透波面板尺寸	V1.41 m×H0.9 m
	透波面板材质	聚四氟乙烯
	反射板尺寸	0.9 m×0.9 m
	背景尺寸(选用)	V2 m×H1 m
	背景材质(选用)	吸波材料

2. 准光学分系统

准光学分系统性能指标见表 6.6,椭球面三维结构图如图 6.21 所示。

表 6.6　准光学分系统性能指标

分系统名称	系统参数	参数指标
准光学分系统	椭球口面直径	1 300 mm
	椭球面深度	122 mm
	椭球口面与第一焦点距离	1 150 mm
	椭球口面与第二焦点距离	2 800 mm
	空间分辨率@2 800 mm	23 mm
	景深(空间分辨率小于 4 cm 范围)	2 800～3 200 mm
	可用视角范围	±8°
	一级馈源边缘照射电平	−10～−15 dB

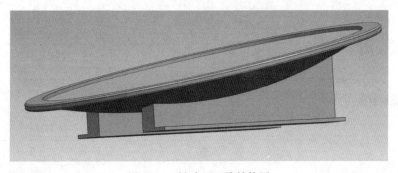

图 6.21　椭球面三维结构图

3. 辐射计分系统

辐射计分系统是人体安检用电磁波成像系统中的核心组成部分。它包括辐射计阵列和馈源天线阵列两部分。

（1）辐射计阵列。

辐射计采用直接检波式毫米波辐射计，相比超外差接收机，直接检波接收机具有噪声温度低、不需要本振、直流功耗低以及部件简单等优点，特别适合于毫米波焦平面阵列成像系统的小型化、集成化，故本系统的接收通道采用直接检波形式。

在毫米波辐射计电路的设计过程中，要求其具有较为稳定的增益，较高的温度灵敏度，积分时间满足系统要求。

辐射计的正切灵敏度根据器件的不同为 $-85 \sim -90$ dBm，动态范围大于 20 dB。采用 3 级 LNA，每级增益为 $17 \sim 20$ dB。检波器采用 HSCH-9161。视频放大器增益约为 80 dB，积分时间约为 0.5 ms。输出信号电压可调，一般为 $0 \sim 5$ V。

辐射计阵列需进行散热，本系统中采用风冷结构，稳定性更好，风冷结构如图 6.22 所示（图示为 4 排辐射计结构，本系统采用 3 排辐射计）。采用 8 个风扇进行散热，并合理设计风道，计算和仿真结果完全满足系统工作要求，辐射计表面温度远小于 40 ℃（表 6.7）。

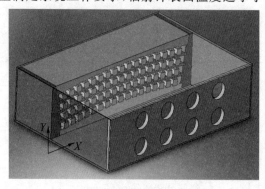

图 6.22　辐射计阵列风冷结构

表 6.7　辐射计分系统（辐射计接收机）性能指标

分系统名称	系统参数	参数指标
辐射计阵列	设计探测亮温范围	$263 \sim 343$ K
	温度灵敏度	0.5 K
		10 mV/K
	中心温度对应的输出电压	500 mV
	积分时间	0.5 ms
	中心频率	35 GHz
	工作带宽	4 GHz
	噪声系数	3.5 dB
	高频增益	60 dB
	输出电压范围	$0 \sim 5$ V
	电源	3.5 V，± 12 V

（2）馈源天线阵列。

馈源天线阵列单元采用介质杆天线，该天线具有较低的反射系数，极其对称的 E 面和 H 面方向图，小于－20 dB 的交叉极化电平，小于－20 dB 的副瓣电平，具体参数见表6.8。

表 6.8 辐射计分系统（馈源天线）性能指标

分系统名称	系统参数	参数指标
馈源天线阵列	截面长	9.112 mm
	截面宽	9.112 mm
	法兰尺寸	14 mm×14 mm
	增益	约 15 dB
	－10 dB 波束宽度	60°
	反射系数	＜－20 dB
	副瓣电平	＜－20 dB
	主瓣效率	＞0.8
	阵元数目	70
	馈源间距	10.24 mm
	两排馈源间距	10.24 mm
	阵元互耦	＜－20 dB

辐射计与馈源天线采用弯波导连接，如图6.23所示。

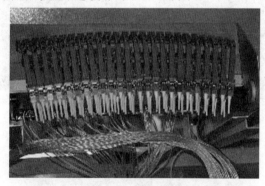

图 6.23 辐射计与馈源天线连接示意图

4. 辐射计及馈源天线阵列标定分系统

对于定标源的选取，尽可能选择接近系统可能输入的天线温度范围的两个极值。在实际定标中，"常温源"和"高温源"可以根据实际需要进行选择。本系统中，尽管系统的可探测亮温范围设置为 263～343 K，但最常接收的亮温分布在 293～313 K 内，所以，选择室温 20 ℃（293 K）和 40 ℃（313 K）作为常温源和高温源，采用吸波材料作为辐射体对辐射计阵列进行定标。

定标源的具体实现方案如下：

（1）定标源结构设计。

根据天线阵列的体积，长 360 mm，宽 21 mm，高 30 mm，设计定标源的内部体积为：长 400 mm，宽 100 mm，高 130 mm。外面采用金属支撑和屏蔽，内部采用吸波材料，达到辐射率约为 1 的目的，结构如图 6.24 所示。

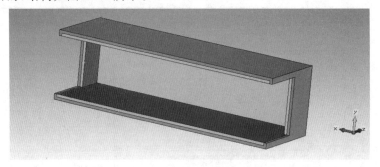

图 6.24　定标源结构示意图

（2）常温定标源的实现。

常温定标源只需在金属外壳内均匀地粘贴好吸波材料即可，实物图如图 6.25(a)所示。

（3）高温定标源的实现。

高温定标源需要在金属外部加电阻（热源），采用 FP93 可编程 PID 调节器来控制高温源温度保持在 40 ℃。实物图如图 6.25(b)和图 6.25(c)所示。

(a) 常温定标源　　　　　　　　　　(b) 高温定标源

(c) 可编程PID控制器

图 6.25　校准子系统实验

（4）定标源的工作过程。

系统工作中,需要对辐射计及馈源天线阵列定标时,将常温定标源和高温定标源分别先后置于天线阵列正前方 10 cm 处,定标源需要覆盖住整个天线阵列,如图 6.26 所示。定标的周期根据辐射计的慢漂和实际应用的需要而定(当辐射计由于温度漂移导致输出电压变化 5 mV 时,进行定标),预定为每隔 10 min 定标一次(定标时间间隔可调)。定标结束后的非定标周期内,利用如图 6.25 所示的机械手臂将定标源收拢于机箱后侧边缘。

图 6.26　定标源工作示意图

（5）分系统性能指标(表 6.9)。

表 6.9　定标分系统性能指标

分系统名称	系统参数	参数指标
常温和高温定标源	长度	40 cm
	宽度	10 cm
	高度	13 cm
	距馈源高度	10 cm

5. 数据采集分系统

数据采集分系统是完成多路辐射计积分电路输出的伏级直流图像信号的采集工作。要求采集系统多路同时周期采集,外触发启动采集。

由于辐射计预计输出 10 mV/K,要求采集系统 A/D 变换精度达到 0.1 mV,即 0.000 1 V,需要 14 bit,因此选择 16 bit 的数据采集系统。要求电控系统脉冲触发时,采集系统在一个采样点内连续采集 5 次,每次间隔 50 μs,由此可得采样频率为 20 kHz。

在采样期间,瞬时采样数据率＝20 kHz×70 通道×16 bit＝22.4 Mbit/s＝2.8 MB/s。

实际每秒获取的数据量为

　　70(H)×174(V)×16 bit×2 帧/s×5 次平均＝1.95 Mbit/s＝0.244 MB/s

为实现同步,选用 NI 公司的 8 通道采集卡,共选用 9 个,实现 70 路同步。

采用单芯屏蔽电缆将辐射计输出电压传送至采集系统,采用以太网口将数据传送至上位机。系统性能指标见表 6.10。

表 6.10　数据采集分系统性能指标

分系统名称	系统参数	参数指标
数据采集分系统	数据获取方式	70 路并行同步获取
	采样分辨率	0.000 1 V
	采样率	20 kHz

6. 数据处理分系统

数据处理分系统实现从数据采集系统读入数据、从电控系统读入系统状态信息,处理上述数据和信息生成原始图像并进行图像增强,提供操作和图像显示的界面。同时,显示与毫米波图像对应的视频图像数据。数据处理分系统性能指标见表 6.11。

表 6.11　数据处理分系统性能指标

分系统名称	系统参数	参数指标
数据处理分系统	原始毫米波图像像素	V174×H70
	存储容量	1 万人的数据
	显示图像像素	V348×H140
	图像处理功能	毫米波图像增强,包括增加反差、伪彩色、边缘增强等功能;尝试毫米波图像和光学图像的融合显示

7. 电控分系统

电控分系统包括扫描控制机构、温度定标机构、数据采集同步系统,实现反射板扫描控制、数据同步采集。设计对扫描控制机构、温度定标机构的控制方法和工作流程,控制整个系统各个部分的协同工作。

反射板转动设计为变速。电机从 0 加速至最大转速 120(°)/s,经过一段匀速运动再减速为 0。加速和制动时间分别为 0.1 s,有效扫描时间为 0.3 s,一帧图像所用时间为 0.5 s,帧频为 2 Hz。电控分系统性能指标见表 6.12。

表 6.12　电控分系统性能指标

分系统名称	系统参数	指标要求
电控分系统	有效扫描范围	26.49°～62.02°
	扫描控制方式	伺服控制
	扫描速度范围	0～3.1 rad/s
	角度反馈精度	0.01°

6.3.4　系统成像实验

70 通道被动毫米波成像系统实物如图 6.27 所示,毫米波成像系统成像图如图 6.28 所示。

图 6.27　70 通道被动毫米波成像系统实物图

(a) 金属　　　　　　(b) 洗衣粉　　　　　　(c) 透明皂

图 6.28　70 通道被动毫米波成像系统毫米波成像图

系统参数指标见表 6.13。

表 6.13　70 通道被动毫米波成像系统参数指标

参数	指标要求
图像原始像素	V174×H70
视场(FOV)	V2 m×H0.8 m
工作中心频率	35 GHz
3 dB 带宽	4 GHz
聚焦天线口径	1.3 m
系统空间分辨率	20~40 mm
系统温度灵敏度	<1 K

续表 6.13

参数	指标要求
成像距离	0.8 m（系统前面板与人体之间距离）
成像速率	2 Hz
图像输出	V348×H140
工作温度	0～40 ℃
亮温输入	263～343 K
工作湿度	10%～95%（不结露）
数据存储量	1万人的数据（视计算机内存而定）
系统尺寸	宽 1.4 m×厚 1.6 m×高 2.3 m

名词索引